Hartmut Bossel   Systemzoo 1 – Elementarsysteme, Technik und Physik

Hartmut Bossel

Systemzoo 1

Elementarsysteme, Technik und Physik

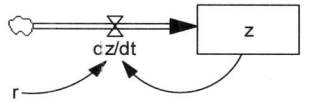

Systemzoo 1 – Elementarsysteme, Technik und Physik
© Hartmut Bossel 2004
2., überarbeitete Auflage 2007

Herstellung und Verlag:
Books on Demand GmbH, Norderstedt

ISBN 3-8334-1239-9
  978-3-8334-1239-4

Bibliografische Information Der Deutschen Bibliothek:
Die Deutsche Bibliothek verzeichnet diese Publikation
in der Deutschen Nationalbibliografie;
detaillierte bibliografische Daten sind im Internet über
http://dnb.ddb.de abrufbar.

Bibliographic information published by Die Deutsche Bibliothek:
Die Deutsche Bibliothek lists this publication
in the Deutsche Nationalbibliografie;
detailed bibliographic data are available in the Internet at
http://dnb.ddb.de

Information bibliographique de Die Deutsche Bibliothek:
Die Deutsche Bibliothek a répertorié cette publication
dans le Deutsche Nationalbibliografie;
les données bibliographiques détaillées peuvent être consultées
sur Internet à l'adresse http://dnb.ddb.de.

Vorwort

Unser tägliches Leben und die Entwicklung unserer Welt werden bestimmt durch komplexe, miteinander verkoppelte dynamische Systeme: Menschen, Tiere, Pflanzen, Wälder, Technik, Betriebe, Städte, Staaten. Obwohl oft beständig in ihrer äußeren Gestalt, werden sie von meist unsichtbaren Prozessen laufend verändert und verändern dabei ihre Umwelt. Kenntnis über die mögliche Dynamik ist in vielen Bereichen lebenswichtig. Die dynamischen Prozesse müssen mit den Mitteln der Systemanalyse erschlossen werden: mit der mathematischen Modellbildung und der Computersimulation.

Der Band *Systemzoo 1 – Elementarsysteme, Technik und Physik* ist der erste von drei Teilen des *Systemzoos*, in dem insgesamt etwa 100 Simulationsmodelle komplexer Systeme dokumentiert sind. Die Bände *Systemzoo 2 – Klima, Ökosysteme und Ressourcen* (ISBN 3-8334-1240-2) und *Systemzoo 3 – Wirtschaft, Gesellschaft und Entwicklung* (ISBN 3-8334-1241-0) vervollständigen diese Sammlung von Simulationsmodellen.

Sämtliche Modelle (im weltweit verwendeten „System Dynamics" Standard) sind ausführlich und vollständig dokumentiert, ausgeprüft und lauffähig und können mit frei verfügbarer ausgefeilter Simulationssoftware mit äußerst umfangreichen Bearbeitungsmöglichkeiten betrieben werden. Die Modelle sind vom Umfang her klein genug, um ohne großen Aufwand implementiert und bearbeitet werden zu können, aber sie zeigen meist komplexes Verhaltens, das intuitiv nicht mehr verlässlich abschätzbar wäre. Die Computersimulation verschafft auf einfache Weise einen Zugang zum Verständnis solcher Systeme und einen Einblick in die überraschende Vielfalt ihres möglichen Verhaltens – ähnlich einem Zoo voller exotischer Tiere. Umfangreiche Arbeitsvorschläge für jedes Modell erleichtern dieses Kennenlernen.

Kapitel 1 **Elementarsysteme** (im hier vorliegenden *Systemzoo 1*) stellt kleinere Systeme vor, die sich als Komponenten in vielen Systemen finden und deren Dynamik maßgeblich bestimmen (wie exponentielles und logistisches Wachstum, Schwingungen, Verzögerungen usw.). Dieses Kapitel ist auch eine Einführung in die praktische Seite der Modellbildung und Simulation. Kapitel 2 **Technik und Physik** (ebenfalls im *Systemzoo 1*) befasst sich mit einem Gebiet, in dem die mathematische Modellbildung dynamischer Systeme entstanden ist und in dem Simulationen seit jeher große Bedeutung haben. Hier werden auch die Verhaltenseigenheiten komplexer (nichtlinearer) Systeme untersucht, wie z.B. Grenzzyklen, Attraktoren, mehrfache Gleichgewichtspunkte, Chaos. Aus den Bereichen Regeltechnik, Flugdynamik, Wärmeübergang und Strömungsforschung werden komplexere Modelle dokumentiert.

In Kapitel 3 **Klima und Pflanzenwuchs** (im *Systemzoo 2*) werden Anwendungen aus den Bereichen der Klimaforschung, des globalen CO_2-Haushalts, der Photoproduktion der Pflanzen, des Waldwachstums sowie des Wasser-, Energie- und Nährstoffhaushalts der Pflanzenproduktion in der Landwirtschaft vorgestellt. Kapitel 4 **Ö-kosysteme und Ressourcen** (ebenfalls im *Systemzoo 2*) befasst sich vor allem mit der Dynamik, die sich durch die Interaktion von Pflanzen, Tieren und Menschen mit anderen Organismen und den Ressourcen der Umwelt ergibt: durch Konkurrenz um Nahrung und Nährstoffe und durch Nutzung erneuerbarer und Ausbeutung nicht erneuerbarer Ressourcen.

In Kapitel 5 **Wirtschaft und Gesellschaft** (im *Systemzoo 3*) werden dynamische Prozesse in diesem Bereich erfasst und simuliert: Produktion, Lagerhaltung, Verkauf und Konsum, Konkurrenz um Märkte, persönliche Lebensplanung, Arbeitslosigkeit, Einflüsse von Steuern auf Verkehrsentwicklung und Wirtschaft und schließlich auch sozialpsychologische Prozesse wie Eskalation, Abhängigkeit und Aggression. Kapitel 6 **Globale Entwicklung** (ebenfalls in *Systemzoo 3*) bringt Simulationsmodelle, die für die Untersuchung längerfristiger gesellschaftlicher Entwicklungen Bedeutung haben: Bevölkerung, Wohnraum, Lebensunterhalt, Renten, Staatsverschuldung, Globalisierung, internationale Konkurrenz, Weltmodelle (mit den Originalmodellen von Forrester und Meadows vom MIT). Vorgestellt wird auch die nichtnumerische Wissensverarbeitung zur Simulation von komplexen Entscheidungsvorgängen und für Folgenabschätzungen.

Der *Systemzoo* fasst Ergebnisse umfangreicher Forschungsvorhaben und jahrzehntelange Erfahrungen in der Lehre, Modellentwicklung und Simulation zusammen. Er ist besonders geeignet für Lehrveranstaltungen und Praktika in Modellbildung und Simulation, wie auch für eigenständige Projektarbeit in Schule, Hochschule und Forschung und Selbststudium. Die drei Bände des *Systemzoos* werden ergänzt durch das Begleitbuch: H. Bossel 2004: *Systeme, Dynamik, Simulation – Modellbildung, Analyse und Simulation komplexer Systeme*, Books on Demand, Norderstedt (ISBN 3-8334-0984-3), das die theoretischen und praktischen Grundkenntnisse der mathematischen Modellbildung und Computersimulation dynamischer Systeme vermittelt.

Zierenberg, im Mai 2004
Hartmut Bossel

Anmerkung zur 2. Auflage 2007:
Neben Schreibfehlern wurden in dieser Auflage einige Ergänzungen und Programmkorrekturen bei Modellen Z210, Z213 und Z214 vorgenommen. Sämtliche Modelle sind mit der Simulationssoftware auf CD verfügbar: H. Bossel: *Systemzoo CD – 100 Simulationsmodelle*, co.Tec Verlag Rosenheim 2005. Alle Systemzoo-Bücher und Programme sind 2007 auch auf Englisch erschienen (s. letzte Seite).

Inhalt

Einführung in den Systemzoo

Unser tägliches Leben und die Entwicklung unserer Welt werden bestimmt durch Myriaden komplexer und miteinander verkoppelter dynamischer Systeme. Wir sehen sie in ihrer äußeren statischen Gestalt: Menschen, Tiere, Pflanzen, Wälder, Technik, Betriebe, Städte, Staaten. Aber wir kennen sie kaum – und erkennen sie selten – als dynamische Systeme, die von meist unsichtbaren Prozessen ständig verändert werden und dabei ihre Umwelt verändern. Diese Seite entzieht sich meist der direkten Beobachtung. Sie muss mit den Mitteln der Systemanalyse erschlossen werden, so wie uns auch erst die Röntgen-Aufnahme Aufschluss über die Organe und Prozesse geben kann, die unseren Körper funktionieren lassen.

Tiere und Systeme lassen sich zwar abbilden und in Lexika und Lehrbüchern ausführlich beschreiben, aber um ihr Verhalten kennen zu lernen und zu verstehen, müssen wir sie über längere Zeit unter unterschiedlichen Bedingungen beobachten. Um vielen Menschen die Möglichkeit zur Tierbeobachtung zu geben, hat man Zoologische Gärten geschaffen. Im Zoo können wir das lernen, was Tierbücher kaum bieten können: Verhaltensdynamik des lebenden Wesens, oft sogar in direkter Interaktion mit uns. Und der Zoo bietet in seinen verschiedenen Abteilungen eine Sammlung sehr unterschiedlicher Tiere mit ganz verschiedenem Verhalten: Säugetiere und Vögel, Amphibien und Fische, große und kleine Tiere, Einzelgänger und Herdentiere.

Die drei Bände des *Systemzoos* bieten in sechs Kapiteln eine Sammlung von etwa hundert Simulationsmodellen komplexer dynamischer Systeme aus allen Lebensbereichen, in den Abteilungen: Elementarsysteme, Technik und Physik, Klima und Pflanzenwuchs, Ökosysteme und Ressourcen, Wirtschaft und Gesellschaft, Globale Entwicklung. Diese Simulationsmodelle können und sollen mit einfach zu bedienender Simulationssoftware zum Leben erweckt werden. Die Modelle sind am Beginn jeden Kapitels kurz beschrieben. Es empfiehlt sich, zunächst diese Beschreibungen zu lesen, um einen Überblick über den Systemzoo und seine Bewohner zu erhalten.

Die Modelle und ihre Simulationsprogramme sind vollständig dokumentiert. Sie können mit Hilfe frei verfügbarer interaktiver Simulationssoftware mit wenig Aufwand auf dem eigenen PC erstellt und zum Leben erweckt werden. Erst das Arbeiten mit diesen „Systemtieren" bringt die oft überraschenden Erkenntnisse über ihre Dynamik und ihre nicht selten absonderlichen Verhaltensweisen. Im Interesse der Platzersparnis ist für jedes Modell meist nur ein repräsentativer Simulationslauf dokumentiert – das Verhaltensspektrum ist aber immer viel reichhaltiger als dort gezeigt werden kann. In jeder Modellbeschreibung wird daher auf weitere interessante Untersuchungsmöglichkeiten hingewiesen, die man auch ausführlich nutzen sollte, um das Verhalten wirklich zu verstehen. Wichtig: Die meisten Modelle sind „generisch" und gelten daher auch in ganz anderen Anwendungsbereichen. Hinweise dazu finden sich in der jeweiligen Modellbeschreibung.

Wie bei einem Zoobesuch auch, so sollte man sich im Systemzoo zunächst auf diejenigen Systeme konzentrieren, die einen besonders interessieren. Wem das Gebiet der Simulation neu ist, der sollte sich zunächst mit einigen einfachen Systemen aus dem Kapitel ELEMENTARSYSTEME beschäftigen, um sich vor allem auch mit der Simulationssoftware und ihren vielen Bearbeitungsmöglichkeiten vertraut zu machen. Hierzu wird auch auf die ausführlichen Dokumentationen und Lehrbeispiele verwiesen, die mit der Simulations-Software geliefert werden. Die Modelle in den verschiedenen Kapiteln sind weitgehend unabhängig von einander und bauen selten aufeinander auf. Es ist daher nicht notwendig (und nicht empfehlenswert), die Modelle nacheinander „abzuarbeiten". Man sollte sich eher vom eigenen Interesse und der Freude am Erforschen fremder „Tiere" leiten lassen.

Die Simulationsmodelle wurden mit der Software Vensim PLE® (Personal Learning Environment) entwickelt, die für Lehrzwecke und Privatgebrauch frei im Internet verfügbar ist (http://www.vensim.com). Die hier verwendete Symbolik („System Dynamics") wird auch von anderen weit verbreiteten Simulationsverfahren wie Stella® (bzw. ithink®, http://www.hps-inc.com) und Powersim® (http://www.powersim.com) verwendet, so dass die hier vorgestellten Modelle auch ohne weiteres mit diesen (und anderen) Verfahren bearbeitet werden können. Alle Simulationsmodelle wurden ausführlich überprüft, vor allem auch auf Stimmigkeit der verwendeten Einheiten. Bei einigen Modellen wurden (auf „1") normierte dimensionslose Zustandsgrößen verwendet, die sich aber auf einfache Weise auch an reale dimensionsbehaftete Aufgabenstellungen anpassen lassen (s. hierzu Bossel[1] SDS 2004, bes. S 148-156).

Bei den Modelldokumentationen wird (mit wenigen Ausnahmen) die gleiche Notation verwendet: Veränderliche Modellgrößen sind in *Kursivschrift* angegeben; für (meist konstante) Vorgabegrößen werden KAPITÄLCHEN verwendet. In den Systemdiagrammen sind Zustandsgrößen als Kästen gezeichnet.

Die genannten Software-Systeme zeichnen sich durch große Benutzerfreundlichkeit aus. Ihr Gebrauch ist rasch und einfach erlernbar. Die Software-Systeme unterscheiden sich etwas, arbeiten aber immer nach dem gleichen Schema. Um die im *Systemzoo* dokumentierten Simulationsmodelle aufbauen und berechnen zu können, sind immer die folgenden Arbeitsschritte auszuführen:

1. ***Simulationszeitparameter eingeben und Modell unter eigenem Namen speichern***. Die Zeitabfrage erscheint meist als erstes Formular; die Angaben können später geändert werden.

2. ***Systemgrößen auf dem Bildschirm platzieren***. Hierzu entsprechende Schaltfläche für 1. Zustandsgröße („Level"), 2. Zustandsraten („Rate") oder 3. andere Systemgröße („Variable") anklicken, entsprechendes Symbol an der gewünschten Stelle auf dem Bildschirm platzieren und per Mausklick ablegen (dabei Zustandsrate (= „Ventil") durch „Rohr" mit Zustandsgröße verbinden). Namen der Systemgröße eingeben.

---

[1] H. Bossel SDS 2004: *Systeme, Dynamik, Simulation – Modellbildung, Analyse und Simulation komplexer Systeme*. Books on Demand Norderstedt (ISBN 3-8334-0984-3).

3. ***Systemgrößen durch Wirkungspfeile verbinden.*** Hierzu Schaltfläche für die Verbindungspfeile anklicken, auf Gebergröße klicken, Pfeil zur Nehmergröße ziehen und Pfeil durch Klicken ablegen. Wenn Größen im Simulationsdiagramm zu weit auseinander liegen, können sie über „Shadow" oder „Ghost" Variable verbunden werden (in den Diagrammen in <spitzen> Klammern).

4. ***Systemgrößen quantifizieren.*** Hierzu zuerst Schaltfläche für „Equations" und dann nacheinander alle Größen einzeln anklicken. Es erscheint jetzt ein Formular mit dem (im 2. Schritt eingegebenen) Namen der Größe und den Namen sämtlicher damit verbundener Eingangsgrößen (definiert durch die Wirkungspfeile). Im Formular ist die mathematische Funktion festzulegen, mit der aus den Eingangsgrößen die Systemgröße berechnet werden soll. Bei konstanten Parametern sind die Zahlenwerte einzugeben.

5. ***Simulation starten.*** Das Programmsystem prüft die Simulationsfähigkeit und meldet Fehler. Sind diese korrigiert, kann mit „Run" simuliert werden. Normalerweise wird Euler-Cauchy-Integration benutzt, aber auch das genauere Runge-Kutta-Verfahren (RK4) kann gewählt werden.

6. ***Ergebnisse und ihre Darstellung auswählen.*** Jede Systemgröße kann mit einer Vielfalt von Darstellungsmöglichkeiten (Diagramme, Tabellen) im Zeitdiagramm oder Zustandsbild einzeln oder zusammen mit anderen Größen dokumentiert werden.

Simulationsmodelle dynamischer Systeme sind mathematische Modelle, die mit Differenzen- bzw. Differentialgleichungen arbeiten, die die (zeitliche) Veränderung von „Zustandsgrößen" beschreiben. Es ist nicht unbedingt erforderlich, diesen mathematischen Apparat zu kennen, um mit Simulationsmodellen zu arbeiten und diese auch selbst zu entwickeln. Wer mit den Modellen des Systemzoos arbeitet und sich bei ersten eigenen Modellbildungsversuchen auch an den dort verwendeten Verfahren orientiert, wird bei den eigenen Versuchen auch Erfolg haben. Wer sich mit dem theoretischen und mathematischen Hintergrund der Modellbildung und Simulation dynamischer Systeme befassen möchte, den verweise ich auf das Begleitbuch Bossel SDS 2004 (s. Fußnote). Hier werden insbesondere auch Konzepte wie Zustandsgleichung, normierte und dimensionslose Größen, Gleichgewicht, Schwingung, Stabilität und Instabilität, Linearisierung, Grenzzyklus, Chaos u.s.w. besprochen, die für die intensivere Beschäftigung mit den Modellen und ihrer Dynamik notwendig sind.

Allgemeine Arbeitshinweise: Wenn auch die Modellbeschreibungen sehr unterschiedlich sind, so orientiert sich jede Dokumentation doch an dem folgenden Schema: Beschreibung der Aufgabenstellung, des Simulationsmodells und der wesentlichen Struktureigenschaften des Systems, vollständiges Simulationsdiagramm (z.T. mehrere Diagramme), vollständige Auflistung der Modellgleichungen, Beschreibung eines Referenzlaufs mit Zeitdiagrammen und Zustandsdiagrammen interessanter Ergebnisse, Hinweise auf Besonderheiten, Arbeitsvorschläge, Literaturhinweise. Zu den meisten Modellen lassen sich im Internet zusätzliche Informationen und Daten finden. Darauf wird nicht extra hingewiesen.

Alle Systeme sind mit Voreinstellungen versehen, die bereits gewisse charakteristische Eigenheiten demonstrieren. Darüber hinaus werden bei jeder Modelldokumentation Vorschläge für eigene interessante Untersuchungen gemacht. In Ergänzung dieser speziellen Vorschläge gelten für alle Modelle die folgenden allgemeinen Arbeitsvorschläge:

1. Untersuchen Sie zunächst das Verhalten des Referenzlaufs (mit den gegebenen Voreinstellungen) mit den verschiedenen Darstellungsmöglichkeiten der Simulations-Software (z.B. Zeitdiagramme, Zustandsbilder, Tabellen).

2. Untersuchen Sie die Abhängigkeit der Systementwicklung besonders von den in der Dokumentation genannten Parametern. Hierzu empfiehlt es sich, mehrere Läufe mit jeweils verändertem Parameter zu machen und abzuspeichern und die Ergebnisse dann gemeinsam (und gut vergleichbar) in Diagrammen oder Tabellen darzustellen.

3. Untersuchen Sie dabei Parameterbereiche gründlicher, in denen sich Verzweigungen des Systemverhaltens beobachten lassen (z.B. Stabilität/Instabilität, Gleichgewicht/Zusammenbruch), oder in denen andere interessante Effekte auftreten.

4. Untersuchen Sie (bei Systemen mit zwei Zustandsgrößen) das Globalverhalten im gesamten (relevanten) Zustandsraum durch eine Vielzahl von Läufen mit unterschiedlichen Anfangsbedingungen und für interessante Parameterkombinationen (hierfür gibt es eine Modellergänzung zur Erzeugung von Zustandsbildern, s. Z115). Achten Sie besonders auf Gleichgewichtspunkte im Zustandsbild und schließen Sie aus den Zustandsbahnen auf Stabilität/Instabilität.

5. Berechnen Sie (analytisch) aus den Zustandsgleichungen die Lage der Gleichgewichtspunkte in Abhängigkeit von den Parametern mit der Bedingung, dass dort alle Zustandsveränderungsraten verschwinden müssen ($dz/dt = 0$) (s. hierzu auch Bossel SDS 2004, bes. Kap. 6-2). Vergleichen Sie das theoretische Ergebnis mit den Simulationsergebnissen (für gleiche Parameterwahl).

6. Linearisieren Sie die nichtlinearen Zustandsgleichungen an den Gleichgewichtspunkten und untersuchen Sie dort das Verhalten des entsprechenden linearisierten Ersatzsystems mit dem Modell des „Linearen Schwingers" (gleicher Ordnung), indem Sie die entsprechenden Systemparameter einsetzen. Können Sie das an den Gleichgewichtspunkten des Originalsystems beobachtete Verhalten mit dem linearisierten System und seinen Eigenwerten bestätigen? (Dieser Vorschlag bezieht sich vor allem auf zweidimensionale Systeme und ist für besonders Interessierte mit etwas mathematischem Geschick gedacht).

7. Übersetzen Sie dimensionslose generische Modelle durch korrekte Dimensionierung von Parametern und Systemgrößen und Wahl geeigneter Anfangszustände und Parameter in Simulationsmodelle für reale Systeme. Vergleichen Sie die Simulationsergebnisse mit Erfahrung und Beobachtungen.

1
Elementarsysteme

Überblick

Die verhaltensbestimmende Struktur dynamischer Systeme, d.h. das Zusammenwirken ihrer Komponenten, lässt sich selten in der äußeren Gestalt des Systems erkennen. Systeme können äußerlich grundverschieden sein und trotzdem über die gleiche Systemstruktur und damit die gleichen Verhaltensweisen verfügen. Die Systemwissenschaft ist daher – wie auch die Mathematik – eine übergreifende Wissenschaft, die in allen Bereichen unserer Realität und in allen Wissenschaftsbereichen, die sich mit dieser Realität befassen, ihr Arbeitsgebiet findet. Der *Systemzoo* bringt in drei Bänden Beispiele u.a. aus Technik, Umwelt, Wirtschaft und Gesellschaft, die auf den ersten Blick nichts miteinander gemeinsam haben. Erst die Systemdiagramme zeigen häufig auftretende Gemeinsamkeiten der Systemstruktur. Gewisse „Elementarsysteme" finden sich als Systembausteine in den unterschiedlichsten Kombinationen in ganz verschiedenen Zusammenhängen. Das charakteristische Verhalten dieser Bausteine teilt sich auch dem Gesamtsystem mit, in dem sie eingebettet sind. Manchmal bestimmt es das Verhalten in entscheidender Weise mit.

Es ist deshalb wichtig, mit dem grundsätzlichen Verhalten solcher Systembausteine vertraut zu sein und ihren Einfluss auf das Verhalten des Gesamtsystems bereits aus ihrer Systemstruktur und der Art ihrer Einkopplung ins Gesamtsystem einschätzen zu können. Dieses Kapitel befasst sich mit 17 relativ einfachen Elementarsystemen, die uns in den unterschiedlichsten Systemen immer wieder begegnen.

Z101 Einfach-Integration. Das wichtigste Systemelement – Kern jedes dynamischen Systems – ist die Kombination einer Zustandsgröße mit ihrer (zeitlichen) Veränderungsrate. Der Prototyp dieses Elementarsystems ist die Badewanne: Die Wassermenge in der Wanne ist die Zustandsgröße (Speichergröße, Bestand). Sie verändert sich durch Zufluss und Abfluss. Die Veränderungsrate ist positiv, wenn der Wasserhahn offen und der Abflussstöpsel geschlossen ist. Sie ist negativ, wenn der Hahn zu und der Stöpsel gezogen ist. Mathematisch lässt sich dieser Vorgang durch eine Integration über die Zeit beschreiben: Ausgehend vom Anfangszustand (Wanne leer) werden Zufluss und Abfluss über die (Bade)Zeit integriert. Zu jedem Zeitpunkt kann so der Füllungszustand der Wanne bestimmt werden. Im Modell Z101 sind verschiedene Testfunktionen als Zustandsänderungen vorgesehen, die dann als Zeitintegrale im Zustand erscheinen.

Z102 Zustand und Zustandsänderung. Die Entwicklung des Zustands mit der Zeit hängt ganz von seiner Veränderungsrate ab. In diesem Modell werden vier häufig anzutreffende Änderungsfunktionen verwendet, um ihren Einfluss auf den Zustand zu untersuchen: 1. Der Zufluss bleibt konstant, der Zustand ändert sich dann linear; 2. der Zufluss wird in Abhängigkeit vom Zustand geregelt; 3. der Zufluss verändert sich als vorgegebene Funktion der Zeit; 4. der Zufluss muss gegen ein „Leck" im System „ankämpfen".

Z103 Exponentielles Wachstum und Zerfall. Wenn die Zustandsänderung proportional zum jeweiligen Zustand und positiv ist (positive Rückkopplung), kommt es zu exponentiellem Wachstum. Wir kennen den Vorgang vom Zins und Zinseszins: Jährlich wird das Guthaben um einen kleinen Bruchteil des bereits vorhandenen Guthabens (die Zinsrate) aufgestockt. So wächst auch ein anfangs kleines Guthaben nach langer Zeit ins Unermessliche. Wenn aber die Zustandsänderung proportional zum jeweiligen Zustand und negativ ist (negative Rückkopplung), vermindert sich die Zustandsgröße ständig. Je weniger noch vorhanden ist, umso geringer werden die Abzüge – der Bestand geht schließlich ganz allmählich gegen Null, kann aber nicht negativ werden. Das Abklingen von Radioaktivität mit einer für jeden Stoff charakteristischen Zerfallsrate ist ein solcher Vorgang.

Z104 Exponentielle Verzögerung. Eine Zustandsgröße ist ein Speicher der Auswirkungen vergangener Zu- und Abflüsse und damit so etwas wie das Gedächtnis eines Systems. Geht durch eine negative Rückkopplung wie beim exponentiellen Zerfall ständig ein Teil des Speicherinhalts verloren, so wird dies vor allem die vor längerer Zeit wirkenden Veränderungen betreffen, während jüngere Veränderungen noch relativ stark präsent sind. Eine Zustandsgröße mit einem solchen „exponentiellen Leck" „erinnert" daher Veränderungen mit einer Zeitverzögerung. Das macht man sich in Systemsimulationen oft zunutze, um damit Signale zu verzögern – wobei sich allerdings ihre Form etwas verändert.

Z105 Zeitabhängiges Wachstum. Ist der Bestand auf seine Veränderungsrate zurückgekoppelt, so entscheidet die Rückkopplung mit ihrer Größe und ihrem Vorzeichen darüber, ob und wie schnell der Bestand anwächst oder zerfällt. Die Veränderungsrate ist oft selbst eine Funktion der Systemgrößen und kann sich im Lauf der Zeit stark verändern. Sie kann aber auch als Zeitfunktion vorgegeben sein und damit die Bestandsentwicklung bestimmen (z.B. als jahreszeitlicher Einfluss auf das Pflanzenwachstum). Das Modell zeigt, wie die Zeitfunktion der Veränderungsrate als Tabellenfunktion oder logische Funktion eingegeben werden kann.

Z106 Einfachmodell der Bevölkerungsdynamik. Populationen von Organismen (Pflanzen, Tiere, Menschen), aber auch von Kapitalgütern (Häuser, Fabriken, Fahrzeuge) unterliegen den Prozessen von Geburt und Tod, Neubau und Zerfall. Überwiegen die Geburten über die Sterbefälle, wächst die Population. Geburten und Sterbefälle aber sind proportional zum Bevölkerungsbestand: je mehr Menschen, umso mehr Geburten und Sterbefälle. Dabei gibt die Geburtenrate (bzw. Sterberate) an, um welchen Prozentsatz sich die Bevölkerungszahl pro Jahr durch Geburten vermehrt (bzw. vermindert). Geburten- und Sterberate können sich im Lauf der Zeit verändern (durch Geburtenkontrolle und Fortschritte in der Medizin). Solche Veränderungen müssen bei Simulationen möglicher zukünftiger Entwicklungen als Szenarien eingegeben werden.

Z107 Ansteckungsvorgang. Die Ausbreitung einer ansteckenden Krankheit, die Verbreitung eines Gerüchts, eines neuen Produkts oder neuer Erkenntnisse und viele andere Vorgänge von grundsätzlicher Bedeutung lassen sich gut durch ein einfaches dynamisches Modell mit einer einzigen Zustandsgröße („Infizierte") beschreiben. Der Bestand der Infizierten wächst umso schneller, je mehr Infizierte es (schon) und je mehr Nichtinfizierte (d.h. der noch infizierbare Rest der Bevölkerung) es (noch) gibt. Wenn der größere Teil der Population bereits infiziert worden ist, flaut die Ansteckungswelle wieder ab. Die Ausbreitungsgeschwindigkeit hängt von der Kontakthäufigkeit und der Übertragungswahrscheinlichkeit bei jedem Kontakt ab.

Z108 Überlastung eines Speichers. Bei den bisher betrachteten Wachstumsprozessen war keine obere Begrenzung der Zustandsgröße vorgesehen. In der Realität gibt es aber immer Begrenzungen. Eine häufig vorkommende Begrenzung ist der Überlauf bei Überlastung: die überlaufende Badewanne oder Talsperre, Flutspitzen wenn Böden einen Starkregen nicht mehr aufnehmen können, Kurzschluss bei hoher Spannung, Kurzschlusshandlungen bei zu hohem Stress. Typisch für diesen Vorgang ist der sehr stark erhöhte Abfluss des Speicherinhalts (Zustandsgröße), sobald eine kritische Grenze überschritten ist. Dadurch können meist auch stark erhöhte Zuflüsse (Zustandsänderungen) abgefangen werden.

Z109 Logistisches Wachstum bei konstanter Ernte. Eine (besonders bei Organismen und gesellschaftlichen Vorgängen) sehr häufige Wachstumsbegrenzung entsteht durch Rückwirkung des Bestands auf die Wachstumsrate. Besiedeln z.B. erst wenige Organismen ein günstiges Terrain (oder wird ein neues attraktives Produkt eingeführt), so hat der anfängliche Zuwachs seine maximale Wachstumsrate. Da nun immer mehr Organismen sich die gleiche Nahrungsbasis teilen müssen (oder immer weniger Käufer zu finden sind, die das Produkt noch nicht haben), sinkt die Wachstumsrate allmählich auf Null. Die Wachstumsrate wird hier also durch den Sättigungsgrad (mit Organismen oder Produkten) in Bezug auf den augenblicklichen Bestand gesteuert. Das Modell beschreibt z.B. in etwa das Anwachsen von Fischpopulationen, und es kann auch Auskunft darüber geben, was beim Abfischen eintreten kann. Wird bis zu einer bestimmten kritischen Menge pro Jahr abgefischt, so ist der Bestand nicht gefährdet: der Fischfang wäre nachhaltig. Wird aber über diese kritische Grenze hinaus abgefischt, so bricht der Fischbestand in kurzer Zeit und unaufhaltsam zusammen.

Z110 *Logistisches Wachstum bei bestandsabhängiger Ernte*. Eine kleine Veränderung im System kann oft dazu führen, dass sich sein Verhalten radikal ändert. Wird z.B. bei einer vom logistischen Wachstum bestimmten Population dafür gesorgt, dass die Erntemenge immer am vorhandenen Bestand ausgerichtet wird (je weniger vorhanden, um so weniger wird geerntet), so bleibt die Population auf jeden Fall erhalten und kann nicht ausgelöscht werden.

Z111 *Dichte-abhängiges Wachstum (Michaelis-Menten)*. Gewisse biologische und chemische Sättigungsprozesse werden zutreffend mit einer anderen Formulierung des Sättigungsterms dargestellt. In dieser Formulierung bestimmt eine „Halbsättigungskonstante" das Sättigungsverhalten.

Z112 *Zweifache Integration und exponentielle Verzögerung*. Die zweifache Zeitintegration einer Größe ist besonders in physikalischen Vorgängen häufig: Die Zustandsveränderung der Position ist die Geschwindigkeit, die Zustandsveränderung der Zustandsgröße Geschwindigkeit ist die Beschleunigung. Wird die Beschleunigung also über die Zeit integriert, so erhält man (nach Vorgabe der Anfangsgeschwindigkeit) die Geschwindigkeit als Funktion der Zeit. Wird diese über die Zeit integriert, so folgt daraus (nach Vorgabe der Anfangsposition) die Position als Funktion der Zeit. Falls die Zustände zu ihren Zustandsänderungen negativ rückgekoppelt sind, und sich über diese „Lecks" „Verluste" (Dämpfungen) ergeben, so entsteht wieder (wie bei Z104 EXPONENTIELLE VERZÖGERUNG) ein Verzögerungseffekt.

Z113 *Übergang zwischen zwei Zuständen*. Oft bleiben Organismen oder Gegenstände eine Zeitlang in einem bestimmten Zustand, um dann in einen anderen überzugehen (und später u.U. noch in weitere). Beispiele: Kinder werden erwachsen, Erwachsene werden alt; Schmetterlingseier werden zu Raupen, Raupen zu Puppen, Puppen zu Schmetterlingen; leere Flaschen aus dem Lager kommen zur Abfüllung, werden verpackt und verschifft, kommen ins Lager des Händlers und dann in den Kühlschrank des Käufers. Bei solchen Übergängen bleiben (bis auf einige Sterbefälle oder zerbrochene Flaschen) die Individuen erhalten; sie werden also nur von einem Zustand in einen anderen geschoben, wenn bestimmte Kriterien erfüllt sind. Die Verluste (Zustandsänderung: Individuen pro Zeiteinheit) des früheren Zustands erscheinen als Gewinn (Zustandsänderung: Individuen pro Zeiteinheit) des späteren Zustands. Im Unterschied zu Z112 ZWEIFACHE INTEGRATION behalten hier die Zustandsgrößen nach der Integration über die Zeit die gleiche Dimension (Individuen). Der Übergang zwischen zwei Zuständen ist das Kernelement jedes Bevölkerungsmodells.

Z114 *Linearer Schwinger 2. Ordnung*. Schwingungsfähige Systeme haben enorme Bedeutung in allen Bereichen der Technik und Physik, aber auch in anderen Bereichen. Schwingungen können immer dann auftreten, wenn Systemgrößen verzögert rückgekoppelt werden und sich damit Schwingungen erregen und aufschaukeln können. Bei kontinuierlichen Systemen (zu jedem Zeitpunkt definierten Systemen, wie wir sie im Allgemeinen in der Natur vorfinden) sind dazu mindestens zwei verkoppelte Zustandsgrößen notwendig. Zwei Zustandsgrößen lassen sich mit insgesamt vier Rückkopplungen verbinden. Je nach Stärke und Vorzeichen der Rückkopplungen ergibt sich gänzlich unterschiedliches, stabiles oder instabiles, periodisches oder aperiodisches Verhalten, das die grundsätzlichen Verhaltensmöglichkeiten schwingungsfähiger (linearer) Systeme demonstriert.

Z115 Zustandsbild. Das Verhalten von Systemen ist von ihrem Anfangszustand abhängig. Während ein lineares System sich für alle Anfangszustände qualitativ gleich verhält, kann ein nichtlineares System in Abhängigkeit vom Anfangszustand sein Verhalten drastisch verändern. Um den globalen Verhaltensbereich nicht mühsam mit Einzelsimulationen abtasten zu müssen, empfiehlt es sich bei Modellen mit wenigen Zustandsgrößen, die Anfangsbedingungen über den interessierenden Bereich systematisch zu variieren und so mit einem Simulationsvorgang das Verhalten global zu untersuchen. Da diese Möglichkeit in Simulations-Software normalerweise nicht geboten wird, wird ein entsprechender Zusatzmodul entwickelt, der an Simulationsmodelle gekoppelt werden kann, um Zustandsbilder des Globalverhaltens zu erzeugen.

Z116 Dreifache Integration und exponentielle Verzögerung. Die exponentielle Verzögerung dritter Ordnung wird (wie auch die erster Ordnung, Z104) in vielen Simulationen zur Verzögerung von Signalen verwendet. Analog zu den Modellen Z104 und Z112 sind hier drei Integratoren hintereinander geschaltet. Bei Simulationen mit Verzögerungen muss beachtet werden, dass diese durch Zustandsgrößen dargestellt werden, deren Anfangswerte (genau wie bei anderen Zustandsgrößen) vorgegeben werden müssen. (Oft werden sie einfach anfangs auf Null gesetzt, aber das ist nicht immer zulässig!)

Z117 Linearer Schwinger 3. Ordnung. Schwinger dritter und höherer Ordnung (d.h. mit drei und mehr linear verkoppelten Zustandsgrößen) spielen in vielen (vor allem wieder technischen) Bereichen eine Rolle. Sie unterscheiden sich in ihren Verhaltensmöglichkeiten aber prinzipiell nicht vom linearen Schwinger 2. Ordnung (Z114). Es gelten für sie die gleichen mathematischen Ansätze mit entsprechenden Verhaltensmöglichkeiten (stabil, instabil, periodisch, aperiodisch).

Z101 Einfache Integration

Aufgabenstellung

Der Kern jeder Simulation eines dynamischen Systems ist die Berechnung von Systemzuständen aus den Differentialgleichungen für die Zustandsveränderungen pro Zeiteinheit, den „Zustandsraten". Diese Berechnung entspricht der Integration der Veränderungsraten über die Zeit, beginnend mit bestimmten Anfangswerten für die Zustände. In Computersimulationen wird diese Integration numerisch (nicht analytisch) vorgenommen. Zwei weit verbreitete Integrationsverfahren, die sich in jeder Simulations-Software finden, sind das (einfache aber grobe) Euler-Cauchy-Verfahren und das (programmintern kompliziertere aber sehr viel genauere) Runge-Kutta-Verfahren 4. Ordnung (RK4) (s. hierzu Bossel SDS 2004, S. 130-136, S. 182-183, S. 300-301).

Anschauliches Beispiel für eine Integration über die Zeit ist die Ermittlung des Inhalts eines Speichers (z.B. Badewanne) als Funktion der Zeit und der sich mit der Zeit verändernden Zu- und Abflüsse.

Selbstverständlich gilt, dass die numerische Integration die gleichen Ergebnisse wie die bekannten Formeln der analytische Integration liefern muss, soweit diese anwendbar sind, beispielsweise

$$\int_0^T c\,dt = ct\Big|_0^T = cT$$

$$\int_0^T ct\,dt = \frac{1}{2}ct^2\Big|_0^T = \frac{1}{2}cT^2$$

$$\int_0^T \sin at\,dt = -\frac{1}{a}\cos at\Big|_0^T = \frac{1}{a}\left(-\cos aT + \cos 0\right) = \frac{1}{a}\left(1 - \cos aT\right)$$

Wir modellieren im Folgenden den elementaren Integrationsvorgang und überprüfen die Übereinstimmung der Ergebnisse der numerischen Integration mit den analytischen Formeln, indem wir mit dem Modell verschiedene Testfunktionen über die Zeit integrieren. Integrationen dieser Art spielen bei jeder Art von Zustands- oder Bestandsänderung (Speicherinhalte, Konten, Populationen, usw.) eine wichtige Rolle.

Simulationsmodell

Das Modell ist in Abb. Z101a gezeigt. Die Modellgleichungen sind im Folgenden wiedergegeben. Die *Zustandsänderung* besteht hier ausschließlich aus der *Eingangsfunkti-*

on. Je nach eingegebenen Parametern kann diese eine Pulsfolge, eine Stufe, eine Rampe oder eine Sinusfunktion (oder eine Summe dieser Funktionen) darstellen. Die entsprechende (zeitabhängige) Zustandsänderung wird, ausgehend vom ANFANGSZUSTAND, zum *Zustand* als Funktion der Zeit (= *Time*) aufintegriert.

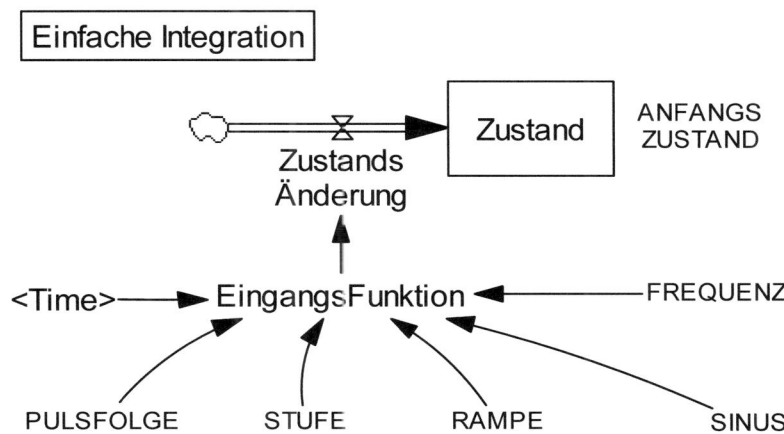

Abb. Z101a: Simulationsdiagramm für das Modell EINFACHE INTEGRATION.

Parameter und Anfangswert
PULSFOLGE = 1 [Zustand/Day]
STUFE = 0 [Zustand/Day]
RAMPE = 0 [Zustand/Day]
SINUS = 0 [Zustand/Day]
FREQUENZ = 0.1 [1/Day]
ANFANGS ZUSTAND = 0 [Zustand]

Zustandsänderung und Zustand
EingangsFunktion = PULSFOLGE *50 *PULSE TRAIN(1, 0.02, 1, 20)
        +STUFE*STEP(1, 1) +RAMPE *RAMP(1, 1, 5) +SINUS *SIN(2 *3.14159
        *FREQUENZ *Time) [Zustand/Day]
ZustandsÄnderung = EingangsFunktion [Zustand/Day]
Zustand = INTEG (+ZustandsÄnderung, ANFANGS ZUSTAND) [Zustand]

Simulationszeitschritte
INITIAL TIME = 0 [Day]
FINAL TIME = 10 [Day]
TIME STEP = 0.02 [Day]
SAVEPER = TIME STEP [Day]

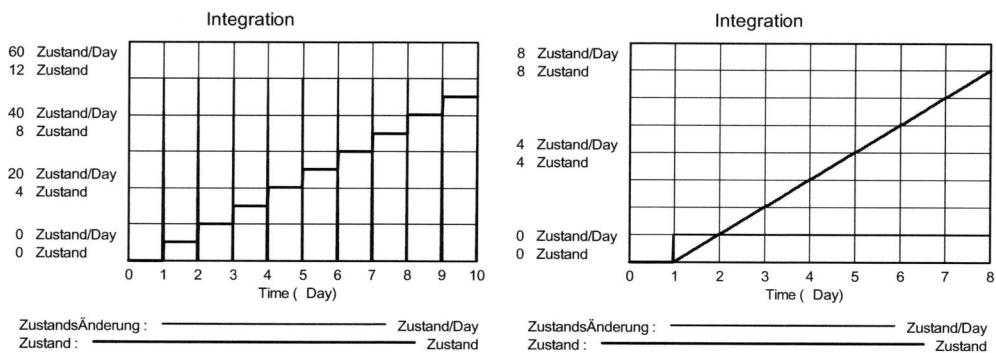

Abb. Z101b: Integration einer Pulsfolge ergibt eine Stufenfunktion.
Abb. Z101c: Integration eines Sprungs ergibt eine Rampenfunktion.

Simulationsergebnisse

Abb. Z101b-e zeigen die Ergebnisse für die verschiedenen Eingangsfunktionen. Zu den hier verwendeten Testfunktionen s. auch Bossel SDS 2004, S. 179-181.

Im ersten Fall (Abb. Z101b) ist die Eingangsfunktion eine Pulsfolge mit Pulshöhe 50, die bei $t = 1$ [day] beginnt, die Dauer von 0.02 [day] hat und in Abständen von 1 [day] wiederholt wird bis zur Zeit $t = 20$ [day]. (Werte in der Reihenfolge, wie sie in der Gleichung für *Eingangsfunktion* erscheinen.) Dabei ist die Pulsstärke = Pulshöhe * Pulsdauer = 50 * 0.02 = 1. Jeder dieser Pulse vermehrt im Abstand von 1 [day] den Zustand schlagartig um den Wert 1. Daher beschreibt eine Treppenkurve mit Stufenhöhe = 1 die Zeitfunktion des Zustands.

Im zweiten Fall (Abb. Z101c) ist die Eingangsfunktion eine Sprungfunktion (Stufenfunktion, das Zeitintegral eines Pulses), die mit Sprunghöhe 1 zum Zeitpunkt $t = 1$ zu einer mit der Zeit linear ansteigenden Zustandsentwicklung führt. Entsprechend dem nach dem Zeitpunkt $t = 1$ konstant bleibenden Wert der Sprungfunktion (hier = 1) vermehrt sich der Zustand linear und erreicht bei $t = 8$ den Wert 7.

Im dritten Fall (Abb. Z101d) ist die Eingangsfunktion eine (lineare) Rampe (das Zeitintegral einer Sprungfunktion) mit der Steigung 1, die zur Zeit $t = 1$ beginnt und nach der Zeit $t = 5$ auf dem dann erreichten Wert (hier = 4) verharrt. Sie führt zu einem anfänglichen Anwachsen des Zustands als quadratische Funktion der Zeit. Nach $t = 5$ steigt bei der dann gleich bleibenden Zustandsänderung von 4 der Zustand nur noch linear mit der Zeit.

Im vierten Fall (Abb. Z101e) ist die Eingangsfunktion eine Sinusfunktion sin at, wobei hier (mit den Werten der Voreinstellung) $a = 2 \pi (0.1) = 0.2 \pi$. Mit Anfangszustand $z = 0$ für $t = 0$ folgt z.B. für $t = 5$ aus obiger Integrationsformel $z(5) = 1/(0.2 \pi) (1 - \cos (5 \cdot 0.2 \pi) = 10/ \pi = 3.183$. Diesen Wert liefert auch die Simulation bei $t = 5$.

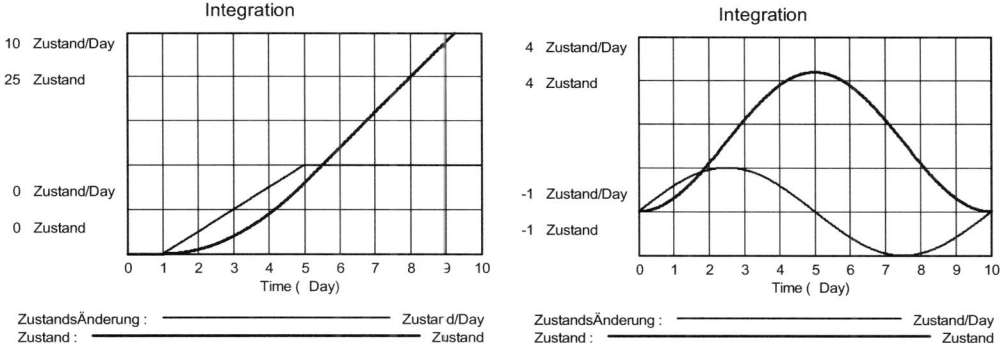

Abb. Z101d: Integration einer Rampe ergibt eine Parabelfunktion.
Abb. Z101e: Integration einer Sinusfunktion ergibt eine Kosinusfunktion.

Wir notieren einige Beobachtungen aus dieser Simulation:
1. Die Integration „glättet" die Eingangsfunktion. Besonders deutlich ist dies bei der Puls- und bei der Sprungfunktion. Schwankungen bei Zu- und Abflüssen werden daher durch Speicher (Integratoren) teilweise abgepuffert und ausgeglichen.
2. Positives Vorzeichen der Eingangsfunktion führt zu Zuwächsen, negatives zu Verlusten beim Bestand (der Zustandsgröße).
3. Die Eingangsfunktion kann eine beliebige Funktion der Zeit sein.

Arbeitsvorschläge

1. Bestätigen sie die korrekte numerische Integration auch anderer Eingangsfunktionen durch Vergleich der Simulationsergebnisse mit den Ergebnissen aus analytischen Integrationsformeln.
2. Untersuchen Sie den Einfluss der gewählten Rechenschrittweite (TIME STEP) auf die Genauigkeit des Ergebnisses bei der Integration der Sinusfunktion. Wie viele Rechenschritte sollten für die Integration über eine Schwingungsdauer der Sinusschwingung mindestens gewählt werden, um den Rechenfehler der Zustandsgröße unter 1 % zu halten, (a) bei Euler-Cauchy, (b) bei Runge-Kutta-4?

Z102 Zustand und Zustandsänderung

Aufgabenstellung

Der Vorgang der Berechnung des (zeitveränderlichen) Zustands aus seinem Anfangs-zustand und der Zustandsveränderungsrate lässt sich durch einen einfachen physikali-schen Vorgang am ehesten verdeutlichen: durch die Veränderung der Bestandsmenge in einem Behälter als Folge seiner (meist mit der Zeit veränderlichen) Zu- und Abflüs-se. Ein einleuchtendes Beispiel ist der Füllvorgang einer Badewanne. Damit lassen sich bereits einige dynamische Effekte demonstrieren, die auch in komplexen Systemen völlig anderer Natur immer wieder eine wichtige Rolle spielen. Wir befassen uns hier mit vier einfachen Systemen, bei denen Zu- und Abfluss eines Behälters auf unter-schiedliche Weise modelliert werden müssen.

Z102A Konstanter Zufluss, linearer Zuwachs

Das Simulationsdiagramm Z102Aa und die folgenden Programmzeilen stellen den konstanten Zufluss in einen Behälter dar. Der Behälter ist anfangs leer. Zum Zeitpunkt $t = 0$ beginnt ein konstanter Zufluss von 10 [Liter/Minute]. Der Bestandspegel steigt damit linear an und erreicht nach 10 Minuten den Stand von 100 [Liter], s. die Simula-tionsergebnisse in Abb. Z102Ab.

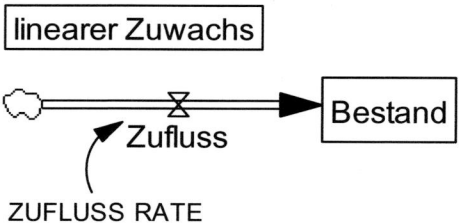

Abb. Z102Aa: Simulationsdiagramm für einfachen Zufluss.

Parameter
ZUFLUSS RATE = 10 [Liter/Minute]

Dynamik
Zufluss = ZUFLUSS RATE [Liter/Minute]
Bestand = INTEG (Zufluss, 0) [Liter]

Simulationszeitparameter
INITIAL TIME = 0 [Minute]
FINAL TIME = 10 [Minute]
TIME STEP = 0.01 [Minute]

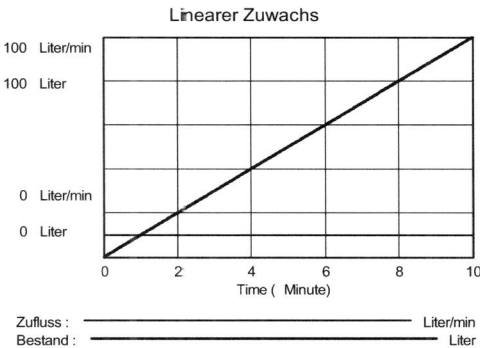

Abb. Z102Ab: Bei konstantem Zufluss wächst der Bestand linear an.

Z102B Zufluss abhängig vom Bestand

Im vorigen Beispiel ist implizit angenommen, dass der Behälter nicht überläuft, weil er entweder sehr groß ist oder der Überlaufpegel in der Simulationszeit nicht erreicht wird. Reale Behälter sind aber endlich groß, und diese Tatsache muss in Modellen berücksichtigt werden, um nicht zu unrealistischen Aussagen zu kommen.

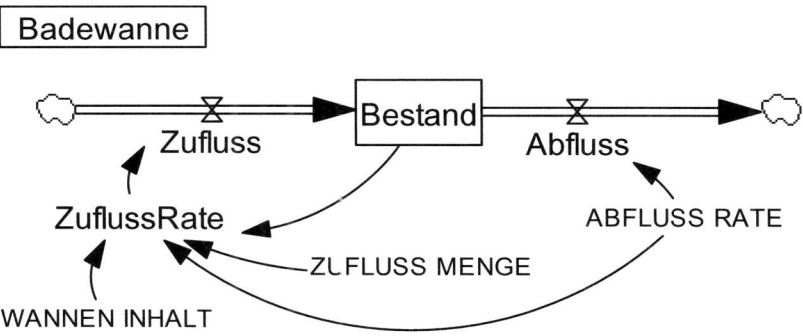

Abb. Z102Ba: Simulationsdiagramm für vom Bestand abhängigen Zufluss.

Im Simulationsdiagramm Z102Ba und in den folgenden Programmzeilen wird die Fülldynamik eines Behälters (Badewanne) simuliert, der ein begrenztes Fassungsvermögen (von 100 [Liter]) und außerdem einen leckenden Abfluss hat, durch den ständig eine gewisse Menge verloren geht. Da die *Zuflussmenge* größer als die *Abflussrate* ist, füllt sich die Wanne zunächst, bis der maximale WANNENINHALT erreicht ist. Danach wird die *Zuflussrate* auf den Wert der ABFLUSSRATE geregelt, so dass die Wanne weiterhin trotz ständiger Leckverluste „voll" bleibt. Abb. Z102Bb zeigt die entsprechenden Simulationsergebnisse.

Parameter
WANNEN INHALT = 100 [Liter]
ZUFLUSS MENGE = 20 [Liter/Minute]
ABFLUSS RATE = 5 [Liter/Minute]

Dynamik
ZuflussRate = IF THEN ELSE (Bestand < WANNEN INHALT, ZUFLUSS MENGE,
    ABFLUSS RATE) [Liter/Minute]
Zufluss = ZuflussRate [Liter/Minute]
Abfluss = ABFLUSS RATE [Liter/Minute]
Bestand = INTEG (Zufluss -Abfluss, 0) [Liter]

Simulationszeitparameter
INITIAL TIME = 0 [Minute]
FINAL TIME = 10 [Minute]
TIME STEP = 0.01 [Minute]

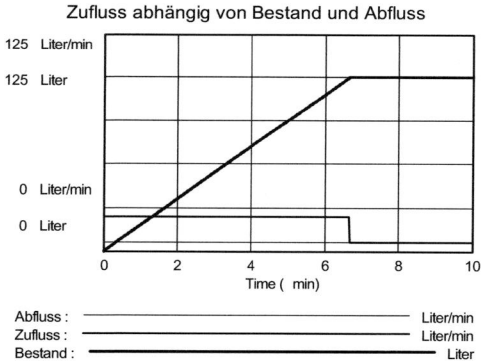

Abb. Z102Bb: Wenn die Wanne gefüllt ist, wird der Nettozufluss gleich Null.

Z102C Zeitabhängiger Abfluss

In vielen Anwendungsfällen sind Zustandsveränderungsraten (empirische) Funktionen der Zeit – wie z.B. langjährige Beobachtungen über Sonneneinstrahlung, Temperatur und Niederschläge. Solche Zeitfunktionen müssen als Tabellenfunktionen in das Simulationsmodell eingeführt werden (s. hierzu Bossel SDS 2004, S. 115-116, S. 177-178). Die Eingabe wird bei gängiger Simulationssoftware sehr erleichtert durch die Möglichkeit, die Tabellenfunktion am Bildschirm zu zeichnen und zu verändern.
    Im Simulationsdiagramm Z102Ca und den folgenden Programmzeilen wird der

Zufluss durch die zeitabhängige ZUFLUSSFUNKTION geregelt, die bei der Modellerstellung eingegeben wurde, die aber auch vor weiteren Simulationsläufen geändert werden kann, um den Einfluss auf das Modellverhalten zu untersuchen. Abb. Z102Cb zeigt das Simulationsergebnis. Hier wird auch wieder deutlich, dass bei der Integration zur Ermittlung des Bestands die „eckige" Zuflussrate geglättet wird. Die hier verwendete Zeitfunktion hat nur beispielhafte Bedeutung – der Benutzer sollte mit eigenen Eingaben experimentieren.

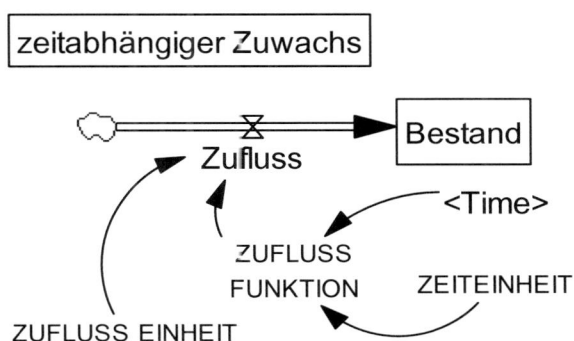

Abb. Z102Ca: Simulationsdiagramm für zeitabhängigen Zufluss.

Parameter
ZEITEINHEIT = 1 [Minute]
ZUFLUSS EINHEIT = 1 [Liter/Minute]
ZUFLUSS FUNKTION = WITH LOOK JP (Time /ZEITEINHEIT, ([(0, 0) -(10, 10)], (0, 0), (0.6, 1.8), (1.3, 3.8), (1.8, 7.2), (2.2, 8.9), (2.9, 9.3), (3.3, 6.4), (3.6, 3.8), (4.3, 1.9), (4.8, 2.2), (5.6, 4.3), (6.1, 6.5), (6.3, 9), (7.1, 9.1), (7.4, 7.3), (7.7, 4.4), (8.2, 1.5), (9.5, 0), (10, 0))) [1]
> Anmerkung: Die ZEITEINHEIT ist hier eingeführt worden, um eine dimensionslose unabhängige Veränderliche in der Tabellenfunktion zu definieren. Dies ist nicht unbedingt erforderlich, aber es vermeidet eine Warnung beim Dimensions-Check mit der hier verwendeten VenPLE-Software.

Dynamik
Zufluss = ZUFLUSS FUNKTION *ZUFLUSS EINHEIT [Liter/Minute]
Bestand = INTEG (Zufluss, 0) [Liter]

Simulationszeitparameter
FINAL TIME = 10 [Minute]
INITIAL TIME = 0 [Minute]
TIME STEP = 0.01 [Minute]

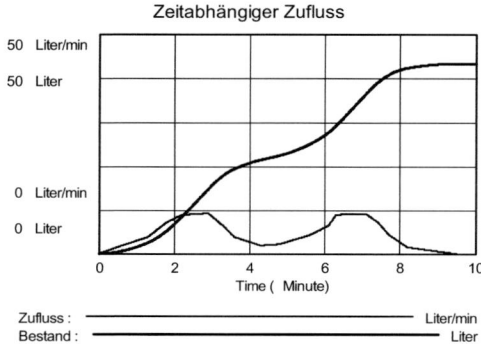

Abb. Z102Cb: Entsprechend dem zeitvariablen Zufluss steigt der Bestand.

Z102D Behälter mit Leck

In vielen Anwendungsfällen hat eine Zustandsgröße „Leckverluste", die sich mit zunehmendem Bestand proportional verstärken. Durch den mit größerer Füllhöhe steigenden Wasserdruck erhöht sich beispielsweise der Abfluss aus einem Behälter entsprechend. Der Vorgang spielt auch in gänzlich anderen Zusammenhängen eine Rolle, z.B. beim natürlichen Abbau von Schadstoffen im Boden.

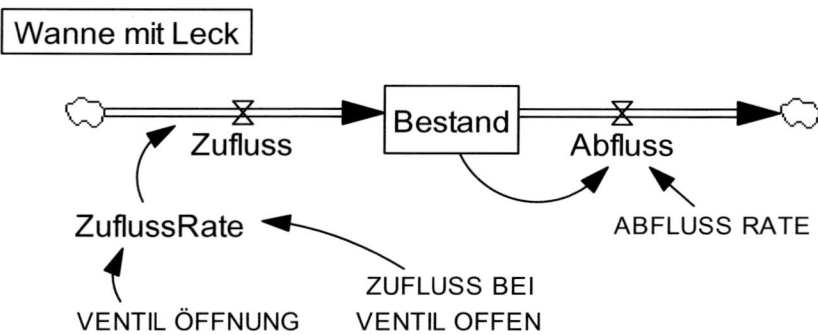

Abb. Z102Da: Simulationsdiagramm für einen Behälter mit Leck.

Im Simulationsdiagramm Z102Da wird die Bestandsdynamik für einen Behälter simuliert, in den ab dem Zeitpunkt $t = 1$ [Minute] eine konstanter *Zufluss* von 20 [Liter/Minute] strömt. Gleichzeitig verliert der Behälter aber eine Menge, die proportional zu seinem Bestand ist. Die Simulation zeigt, dass der *Bestand* solange ansteigt, bis der konstante *Zufluss* gerade den bestandsabhängigen *Abfluss* ausgleichen kann (Abb. Z102Db). Bei den angenommenen Parametern kann der *Bestand* im Behälter nicht über

40 [Liter] steigen. Dort ergibt sich ein Fließgleichgewicht zwischen *Zufluss* und *Abfluss*; der *Bestand* bleibt konstant.

Parameter
ZUFLUSS BEI VENTIL OFFEN = 20 [Liter/Minute]
VENTIL ÖFFNUNG = STEP (1, 1) [1]
ABFLUSS RATE = 0.5 [1/Minute]

Dynamik
ZuflussRate = ZUFLUSS BEI VENTIL OFFEN *VENTIL ÖFFNUNG [Liter/Minute]
Zufluss = ZuflussRate [Liter/Minute]
Abfluss = ABFLUSS RATE *Bestand [_iter/Minute]
Bestand = INTEG (Zufluss -Abfluss, 0) [Liter]

Simulationszeitparameter
FINAL TIME = 10 [Minute]
INITIAL TIME = 0 [Minute]
TIME STEP = 0.01 [Minute]

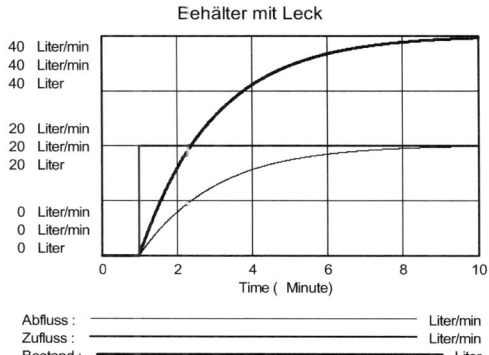

Abb. Z102Db: Der Bestand bleibt konstant wenn Zufluss = Abfluss.

Arbeitsvorschläge

1. Verändern Sie bei den Modellen die verschiedenen Parameter, beobachten Sie das Ergebnis in der Simulation und vergewissern Sie sich, dass Sie den jeweiligen Vorgang und die Konsequenzen der Parameteränderungen verstehen.
2. Geben Sie Tabellenfunktionen für den (positiven und negativen) Zufluss ein, die am Ende der Simulation genau wieder den Anfangswert des Bestands erreichen. Welche Bedingung muss offensichtlich für das Verhältnis der positiven und negativen Anteile der Zeitintegrale des Zuflusses gelten?

3. Formulieren Sie den Füllvorgang im Behälter mit Leck mathematisch und zeigen Sie, dass der Zeitverlauf für den Bestand durch eine e-Funktion bestimmt ist. Ermitteln sie analytisch den Gleichgewichtswert für den Bestand.

4. Entwickeln Sie ein Simulationsmodell zur Berechnung eines Rinderbestands über mehrere Jahre als Funktion von Kälberzahlen, die proportional zum Rinderbestand sind, und Schlachtzahlen, die als Zeitfunktion (Tabellenfunktion) vorgegeben werden.

Z103 Exponentielles Wachstum und Zerfall

Aufgabenstellung

Bei vielen Prozessen ist die Zustandsveränderung abhängig vom Zustand selbst: Eine große Hasenpopulation hat auch viele Jungtiere und nimmt damit zahlenmäßig mehr zu als eine kleine Population. Aus einem Ballon entweicht Luft umso langsamer, je weniger noch darin ist. Eine große Volkswirtschaft kann mehr neue Infrastruktur schaffen als eine kleine. Je geringer die Menge einer radioaktiven Substanz, umso weniger zerfällt pro Zeiteinheit.

Bei diesen Systemen bestimmt der jeweilige Zustand die Veränderungsrate des Zustands, der Zustand ist also mit sich selbst zurückgekoppelt (Eigenkopplung). Es ergibt sich ohne äußeren Einfluss eine selbsterzeugte Eigendynamik. Wenn durch eine solche Beziehung ein (positiver) Bestand zu einer Zunahme des Bestands führt, so spricht man von einer positiven Rückkopplung. Bei einer negativen Rückkopplung verringert sich der Bestand. Mit der positiven Rückkopplung sind also Wachstumsvorgänge verbunden, während negative Rückkopplung zu Zerfallsvorgängen führt.

Simulationsmodell

Das Simulationsmodell für diesen Vorgang ist im Simulationsdiagramm Abb. Z103a und in den folgenden Modellgleichungen wiedergegeben. Die *Zustandsänderung* ist proportional zum *Zustand*. Der Proportionalitätsfaktor ist die (spezifische) ÄNDE-RUNGSRATE. Sie kann groß oder klein, positiv oder negativ sein. Das Vorzeichen bestimmt, ob es sich um einen Wachstums- oder einen Zerfallsvorgang handelt. Die ÄN-DERUNGSRATE hat immer die Dimension [1/Zeiteinheit]. Entsprechend hat die *Zustandsänderung* immer die Dimension [Zustandseinheit/Zeiteinheit].

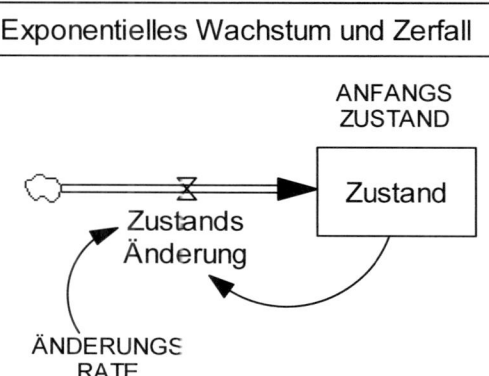

Abb. Z103a: Simulationsdiagramm für exponentielles Wachstum oder Zerfall.

Parameter und Anfangszustand
ÄNDERUNGS RATE = -1 [1/Year]
ANFANGS ZUSTAND = 1 [Menge]

Dynamik
Zustand = INTEG (+ZustandsÄnderung, ANFANGS ZUSTAND) [Menge]
ZustandsÄnderung = ÄNDERUNGS RATE *Zustand [Menge/Year]

Simulationszeitparameter
FINAL TIME = 10 [Year]
INITIAL TIME = 0 [Year]
TIME STEP = 0.02 [Year]

Simulationsergebnisse

Das Ergebnis für diese Parameterwahl zeigt die Abb. Z103b. In diesem Fall einer stark negativen Rückkopplung verschwindet der Bestand in kurzer Zeit fast völlig. Der Zerfall folgt einer Exponentialfunktion der Zeit mit der Veränderungsrate r = −1:

$$x(t) = x_0 \, e^{rt} = 1 \cdot e^{-1 \cdot t}$$

Für $t = 1$ ergibt sich damit $x(1) = 1/e = 0.3678$, wie auch das Simulationsergebnis bestätigt. Wird die Formel nach der Zeit differenziert, so folgt die Differentialgleichung der Zustandsveränderung, d.h. *Zustandsänderung* = ÄNDERUNGSRATE · *Zustand*.

$$\frac{dx}{dt} = r\left(x_0 e^{rt}\right) = rx$$

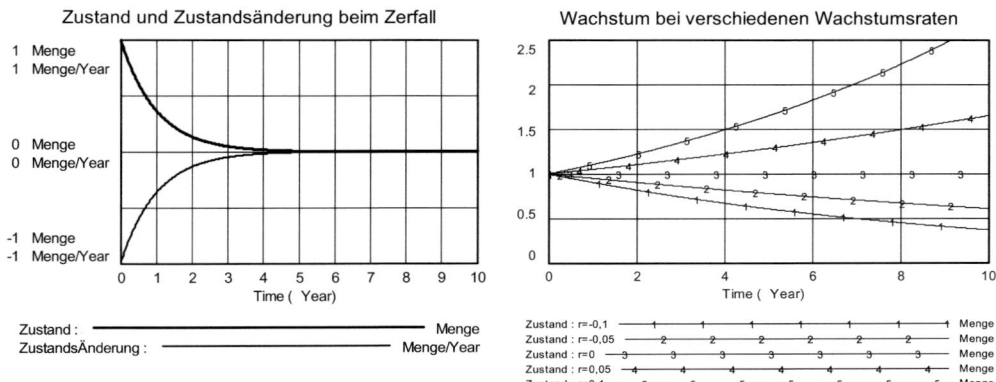

Abb. Z103b: Bei negativer Rückkopplung vermindert sich der Bestand exponentiell.
Abb. Z103c: Zeitverläufe für verschiedene positive und negative Wachstumsraten.

Wird das Vorzeichen verändert ($r = 1$), so zeigt sich rasches exponentielles Wachstum. Typisches Kennzeichen des exponentiellen Wachstums ist die ständig steigende Zunahme mit sehr hohen Werten gegen Ende der Simulationsperiode (hier: $x \approx$ 22'000 bei $t = 10$).

Ist die Änderungsrate positiv, so wächst also der Zustand mit der Zeit exponentiell gegen Unendlich. Ist sie negativ, so verschwindet der Zustand mit der Zeit exponentiell gegen Null. Bei exponentiellem Wachstum ist zu beachten, dass die absolute Zustandsänderung auch bei gleich bleibender spezifischer Zuwachsrate ständig selber exponentiell wächst.

Abb. Z103c zeigt die Zeitverläufe für verschiedene Wachstums- und Zerfallsraten im Bereich zwischen –0.1 und +0.1. In diesem Bereich zwischen 0 und ±10% Zerfall oder Wachstum pro Zeiteinheit befinden sich viele wichtige dynamische Vorgänge, wie z.B. Wirtschafts- und Bevölkerungswachstum.

Das Vorzeichen der Rückkopplung entscheidet offensichtlich über die Stabilität ($r < 0$) oder Instabilität ($r > 0$) der Zustandsveränderung und der Systementwicklung. Der Betrag der Rückkopplung $|r|$ bestimmt die Wachstums- bzw. Zerfallsgeschwindigkeit. Der Kehrwert $T = 1/|r|$ wird als „Zeitkonstante" des Systems bezeichnet.

Simulationstechnischer Hinweis: Eine Rückkopplung dieser Art führt dazu, dass auch bei negativer ÄNDERUNGSRATE ein (positiver) *Zustand* nie negativ werden kann, da die Zustandsänderung mit dem Verschwinden des Bestands ebenfalls gegen Null geht. Andere Formulierungen der *Zustandsänderung* können dagegen leicht zu negativen Beständen (von Kühen, etwa) und damit zu Fehlern führen.

Arbeitsvorschläge

1. Untersuchen Sie die Zeitverläufe des *Zustands* in Abhängigkeit vom Rückkopplungsparameter ÄNDERUNGSRATE r im Bereich von –1 bis +1.
2. Untersuchen Sie das Wachstum einer Volkswirtschaft bei verschiedenen Wachstumsraten (ÄNDERUNGSRATE) zwischen 0 und 10 % pro Jahr über 100 Jahre. Auf das Wievielfache des Anfangswerts wachsen die wirtschaftlichen Aktivitäten bei verschiedenen Wachstumsraten in diesem Bereich in 100 Jahren? Diskutieren Sie, wie realistisch das jeweils in Anbetracht der damit verbundenen Rohstoff- und Energieverbräuche und Konsumströme sein kann.
3. Leiten Sie folgende Faustformel für exponentielles Wachstum oder Zerfall aus der mathematischen Formel des Vorgangs ab, und bestätigen Sie sie durch Simulationen:
„Die Zahl 70 geteilt durch die Änderungsrate (in Prozent pro Zeiteinheit) ergibt die Verdopplungszeit (Halbierungszeit bei Zerfall) eines Bestandes."
4. Von einem Umweltschadstoff zerfalle jährlich 1 %. Wie lange dauert es, bis eine ursprünglich vorhandene Menge von 100 Tonnen (a) auf die Hälfte, (b) auf 1/ 10, (c) auf 1/ 100 reduziert worden ist? Überprüfen Sie das Ergebnis der Simulation mit einer mathematischen Rechnung.

5. Um 1980 wurde von Wissenschaftlern behauptet, der Primärenergieverbrauch der Industrieländer würde bis weit ins nächste Jahrhundert hinein mit 3.5% pro Jahr, der Elektrizitätsverbrauch mit 7% pro Jahr steigen. Wenn Sie den Anfangswert auf 100 Prozent setzen, wie viel Prozent werden dann nach 10, 20, 50 und 100 Jahren erreicht? Vergleichen Sie das Ergebnis mit der tatsächlichen Entwicklung. Wie konnte es zu solch unsinnigen Prognosen kommen?

Z104 Exponentielle Verzögerung

Aufgabenstellung

Im Modell Z103 WACHSTUM ergab sich eine Dynamik *ohne* jeglichen äußeren Einfluss. Wachstum oder Zerfall wurden vom Bestand selbst angetrieben, der sich mit der Zeit entsprechend veränderte. Solche autonom ablaufenden Vorgänge sind häufig anzutreffen. Oft verwirren sie den Betrachter, da er keinen äußeren Antrieb erkennen kann.

Wenn Systeme mit einer solchen Eigendynamik außerdem Eingänge von außen zu verarbeiten haben, wird ihr Verhalten noch undurchschaubarer, da die Einflüsse von Eigendynamik und äußerer Einwirkung sich vermischen und ihrer Quelle kaum noch zuzuordnen sind.

Ein erstes einfaches Beispiel ist ein System, bei dem die Zustandsveränderung sowohl durch den Zustand selbst (wie bei Z103) als auch durch eine zeitabhängige Einwirkung von außen (Eingangsfunktion) hervorgerufen wird. Man denke beispielhaft an das zeitabhängige Füllen eines Speichers bei gleichzeitigem zustandsproportionalem Verlust aus dem Speicherbestand (z.B. durch ein Leck). Andere Beispiele sind: die Dynamik des Bodenwassers bei bestandsabhängiger Versickerung und gleichzeitigem Eintrag durch zeitabhängigen Niederschlag; Einträge von Dünger und Chemikalien im Boden und deren Abbau oder Versickerung. Bei mechanischen Systemen bedeutet die negative Rückkopplung eine Dämpfung der Bewegung.

Wir betrachten hier diese Modifikation des Modells Z103 mit negativer Rückkopplung. Die Systemdynamik ergibt sich aus zwei unterschiedlichen Veränderungsraten: 1. dem exponentiellen Zerfall (exponentielle Dämpfung), der durch die Rate der Eigenkopplung bestimmt ist, und 2. einer vom Systemzustand unabhängigen zeitabhängigen Eingangsfunktion. Der Zustand unterliegt so einem ständigen exponentiellen Zerfall, wird aber laufend durch einen zeitabhängigen Zufluss wieder „aufgefüllt". Da der augenblickliche Bestand das Zeitintegral vergangener Veränderung darstellt, entsprechen die Verluste der „Geschichte" des Systems, während die Zuwächse durch die Eingangsfunktion als Umwelteinwirkung die Gegenwart repräsentieren. Im Systemzustand schlagen sich daher vorwiegend die jüngsten Veränderungen nieder; der Zustand folgt damit verzögert der Umwelteinwirkung. Diese Systemstruktur hat daher die Wirkung einer Verzögerung.

Simulationsmodell

Das Simulationsmodell ist in Abb. Z104a und den folgenden Simulationsgleichungen wiedergegeben. Es besteht aus dem Modell Z103, dem jetzt aber eine *Eingangsfunktion* hinzugefügt ist. Diese kann aus Pulsfunktion, Stufenfunktion, Rampenfunktion oder Sinusschwingung (oder linearen Kombinationen dieser Funktionen) bestehen. Die *Zu-*

standsänderung setzt sich aus der *Eingangsfunktion* und der mit der RATE DER EIGEN-KOPPLUNG multiplizierten Rückkopplung des *Zustands* zusammen.

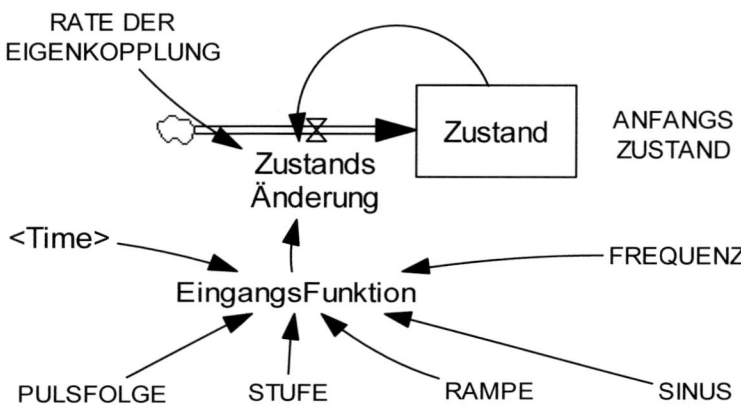

Abb. Z104a: Simulationsdiagramm für exponentielle Verzögerung.

Parameter und Anfangszustand
RATE DER EIGENKOPPLUNG = -1 [1/Year]
ANFANGS ZUSTAND = 0 [Menge]
FREQUENZ = 0.1 [1/Year]
PULSFOLGE = 0 [Menge/Year]
STUFE = 1 [Menge/Year]
RAMPE = 0 [Menge/Year]
SINUS = 0 [Menge/Year]

Dynamik
EingangsFunktion = PULSFOLGE *50 *PULSE TRAIN (1, 0.02, 1, 20) +STUFE
        *STEP(1, 1) +RAMPE *RAMP(1, 1, 5) +SINUS *SIN (2 *3.14159 *FREQUENZ
        *Time) [Menge/Year]
ZustandsÄnderung = EingangsFunktion +RATE DER EIGENKOPPLUNG *Zustand
        [Menge/Year]
Zustand = INTEG (+ZustandsÄnderung, ANFANGS ZUSTAND) [Menge]

Simulationszeitparameter
INITIAL TIME = 0 [Year]
FINAL TIME = 10 [Year]
TIME STEP = 0.02 [Year]

Simulationsergebnisse

Abb. Z104b zeigt die Reaktion des Systems auf eine Sprungfunktion (STUFE = 1 zur Zeit t = 1) bei einem ANFANGSZUSTAND = 0. Die *Zustandsänderung* entspricht anfangs der Eingangsfunktion und verursacht einen linearen Anstieg des Zustands z. Die Eingangsfunktion bleibt nach dem Sprung konstant und würde zu weiterem linearem Anwachsen des Zustands führen. Wegen der negativen Rückkopplung wird von ihr aber ein mit wachsender Zustandsgröße zunehmender Betrag abgezogen. Die *Zustandsänderung* vermindert sich so exponentiell asymptotisch gegen Null, wenn der Beitrag der Eingangsfunktion und der der Rückkopplung zur Zustandsänderung sich aufheben. An diesem Punkt ergibt sich Fließgleichgewicht mit *Zustand z** = const. Der Übergang auf den Gleichgewichtswert folgt einem exponentiellen Verlauf $z(t) = (u/r)(1 - e^{-rt})$. Der *Zustand* nimmt hier also asymptotisch den Wert des konstanten Eingangs u geteilt durch die Rückkopplungsrate r an.

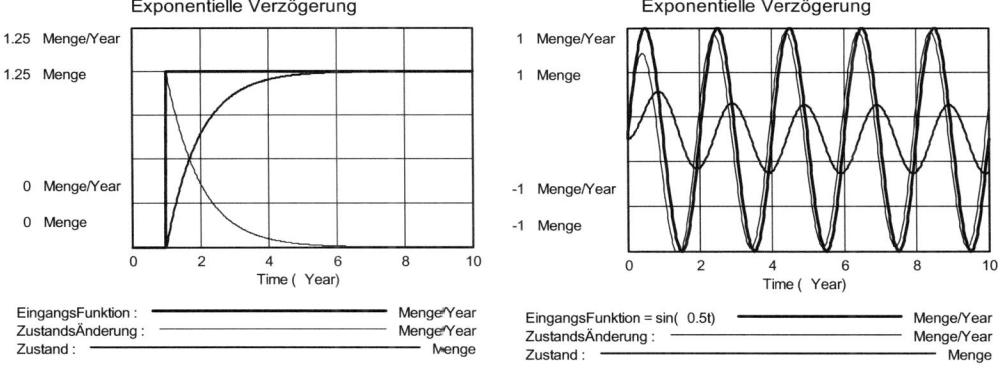

Abb. Z104b: Reaktion auf eine Sprungfunktion.
Abb. Z104c: Verzögerung bei periodischer Eingangsfunktion.

Dieser Verzögerungseffekt kommt deutlicher zum Ausdruck, wenn wir die Entwicklung des Zustands als Funktion einer Sinusschwingung als *Eingangsfunktion* betrachten (mit FREQUENZ f = 0.5, Abb. Z104c). Nach einer kurzen Einstellphase schwingt der *Zustand* ebenfalls mit der Frequenz der Eingangsschwingung, allerdings phasenverschoben und mit kleinerer Amplitude.

Wegen dieses Verzögerungseffekts wird die exponentielle Verzögerung (1. Ordnung wie hier, aber auch 3. Ordnung) gern dort eingesetzt, wo Verzögerungen simuliert werden müssen. Die Stärke der negativen Rückkopplung (RATE DER EIGENKOPPLUNG r) ist hier der kritische Parameter. Dieser Parameter entscheidet über das Fließgleichgewicht z^* des Zustands bei konstantem Eingang u, das sich aus der Bedingung $dz/dt = 0$, d.h. $rz^* = u$ ergibt, woraus folgt: $z^* = u/r$ (mit $r > 0$). Je größer also der Betrag von r (je größer die Verlustrate), umso niedriger ist der Gleichgewichtswert z^*.

Der Kehrwert der Rückkopplung $(1/r) = T =$ Zeitkonstante des Systems ist der wichtigste Systemparameter. Je größer r wird, umso kleiner T, umso schneller erfolgt die Einstellung auf einen neuen Wert der exogenen Veränderungsrate $u(t)$, umso kürzer ist die Verzögerung des Systems.

Arbeitsvorschläge

1. Ermitteln Sie die Form der Systemantwort und die Verzögerung der Systemantwort auf verschiedene Testfunktionen (Pulsfunktion, Sprungfunktion, Rampenfunktion, Sinusfunktion mit verschiedenen Frequenzen).
2. Untersuchen Sie, wie die Systemantwort und die Signalverzögerung vom Betrag der RATE DER EIGENKOPPLUNG r abhängen.
3. Leiten Sie analytisch Ausdrücke ab für Phasenverschiebung und Amplitudenverhältnis einer Sinusschwingung als Eingangsfunktion als Funktion des Rückkopplungsparameters. Bestätigen Sie das Ergebnis mit Simulationen.

Z105 Zeitabhängiges Wachstum

Aufgabenstellung

Von der Systemstruktur her exponentielles Wachstum kann – wenn sich die Wachstumsraten mit der Zeit ändern – ein Verhalten zeigen, das nicht mehr als exponentielles Wachstum (oder Zerfall, je nach Vorzeichen der Rückkopplung) erkennbar ist. Eine Zeitabhängigkeit der spezifischen Wachstumsrate ergibt sich beispielsweise in der Bevölkerungsentwicklung mit zeitabhängigen Geburten- und Sterberaten als Funktion der medizinischen Versorgung. Ein weiteres Beispiel ist die pflanzliche Nettoproduktion in Abhängigkeit von der jahreszeitlich veränderlichen Sonneneinstrahlung. Auch die Wirtschaftsentwicklung hängt von zeitveränderlichen Investitionsentscheidungen ab.

Die Grundstruktur des hier betrachteten Modells entspricht der des exponentiellen Wachstums oder Zerfalls in Z103 und Z104. Die *Zustandsänderung* ist einmal proportional zum jeweilig vorhandenen *Zustand*, zum anderen aber auch zu einer *Änderungsrate*, die als Funktion der Zeit vorgegeben ist. Da sich die *Änderungsrate* mit der Zeit ändert, kann der *Zustand* im Verlauf der Zeit sowohl anwachsen als sich auch verringern. Für die Entwicklung entscheidend ist daher neben der Stärke der Änderungsrate ihr (zeitlich veränderbares) Vorzeichen.

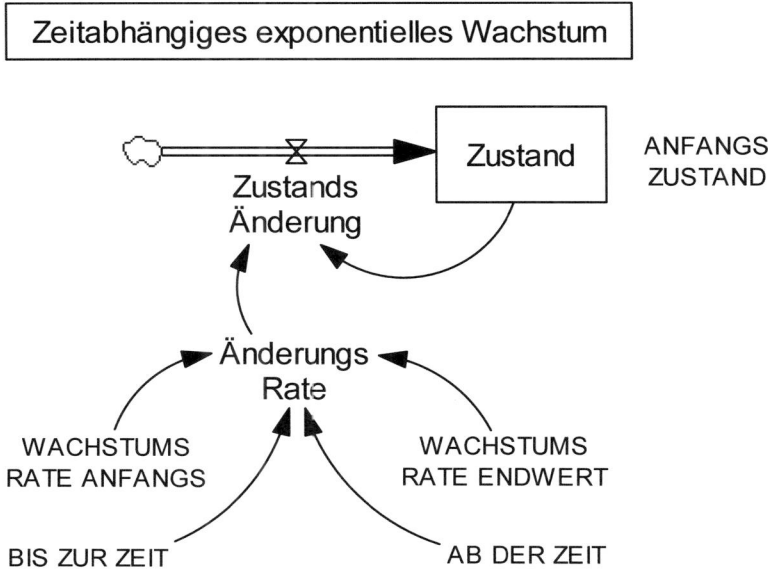

Abb. Z105a: Simulationsdiagramm für zeitabhängige Zustandsänderung.

Simulationsmodell

Das Modell ist im Simulationsdiagramm der Abb. Z105a und in den folgenden Modellgleichungen dokumentiert. Die Zeitabhängigkeit der *Änderungsrate* ist hier mit einer Rampenfunktion modelliert. Ihr Zeitverlauf ist wie folgt: Die *Änderungsrate* verbleibt anfangs bis zum Zeitpunkt BIS ZUR ZEIT auf dem Wert WACHSTUMSRATE ANFANGS und verändert sich dann linear auf WACHSTUMSRATE ENDWERT. Ab diesem Zeitpunkt AB DER ZEIT verbleibt sie auf diesem Wert. Die vier Parameter dieser Zeitfunktion sind beliebig veränderbar, so dass damit eine große Zahl sehr unterschiedlicher Fälle simuliert werden kann. Die hier gewählte Voreinstellung schreibt ein anfängliches Wachstum von 10% pro Jahr bis zum Jahr 2 vor, das danach auf den Wert 1% pro Jahr bis zum Jahr 8 absinkt und danach konstant bleibt.

Parameter und Anfangszustand
WACHSTUMS RATE ANFANGS = 0.1 [1/Year]
BIS ZUR ZEIT = 2 [Year]
WACHSTUMS RATE ENDWERT = 0.01 [1/Year]
AB DER ZEIT = 8 [Year]
ANFANGS ZUSTAND = 1 [Menge]

Dynamik
ÄnderungsRate = WACHSTUMS RATE ANFANGS +RAMP ((WACHSTUMS RATE
    ENDWERT -WACHSTUMS RATE ANFANGS) /(AB DER ZEIT -BIS ZUR ZEIT),
    BIS ZUR ZEIT, AB DER ZEIT) [1/Year]
ZustandsÄnderung = ÄnderungsRate *Zustand [Menge/Year]
Zustand = INTEG (+ZustandsÄnderung, ANFANGS ZUSTAND) [Menge]

Simulationszeitparameter
INITIAL TIME = 0 [Year]
FINAL TIME = 10 [Year]
TIME STEP = 1 [Year]

Simulationsergebnisse

Aus dem hier vorgegebenen Zeitverlauf der *Änderungsrate* ergibt sich zunächst ein starker, dann abfallender und schließlich nur noch schwacher Anstieg des *Zustands*. Die Abbildung Z105b zeigt die entsprechenden Verläufe von *Änderungsrate*, *Zustandsänderung* und *Zustand*.

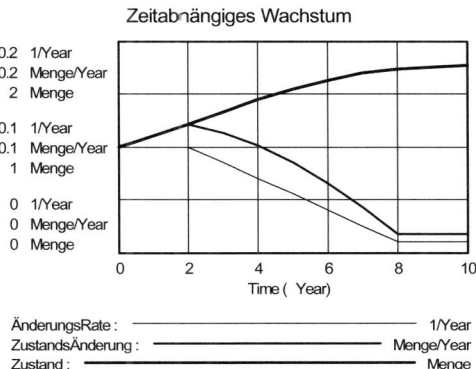

Abb. Z105b: Zustandsverlauf bei linear sinkender Wachstumsrate.

Arbeitsvorschläge

1. Untersuchen Sie die Wachstumsentwicklung für verschiedene Vorgaben der Szenarioparameter (WACHSTUMSRATE ANFANGS, BIS ZUR ZEIT, WACHSTUMSRATE END-WERT, AB DER ZEIT) für einen ANFANGSZUSTAND = 1.

2. Setzen Sie für die fünf Parameter relativ realistische Werte (Jahreszahlen, Wachstumsraten und Anfangsbestand) ein, und berechnen Sie damit z.B. die folgenden Entwicklungen: (a) Bevölkerungsentwicklung in Deutschland 1950 bis 2050, (b) Wirtschaftsentwicklung in Deutschland 1950 bis 2010 (mit Zustandsindex 1950 = 100), (c) Entwicklung der Weltbevölkerung 1950 bis 2050. Für die in der Zukunft liegenden Bedingungen sollten unterschiedliche Szenario-Annahmen getroffen werden.

3. Ersetzen Sie die Berechnung von *Änderungsrate* durch eine Tabellenfunktion, in der sie historische Werte für die Fälle unter 2. eintragen können. Vergleichen Sie das Ergebnis der Simulationen mit der realen Entwicklung. Für zukünftige Entwicklungen sind wieder unterschiedliche Szenario-Annahmen zu treffen, um die Bandbreite möglicher Entwicklungen zu untersuchen.

Z106 Einfachmodell der Bevölkerungsdynamik

Aufgabenstellung

Die Dynamik vieler Systeme wird bestimmt durch gleichzeitig ablaufende exponentielle Wachstums- und Zerfallsprozesse, d.h. die Existenz von Eigenkopplungen mit sowohl positiven wie negativen Vorzeichen. Fließgleichgewicht ergibt sich dann, wenn zu jeder Zeit die Gewinne gleich den Verlusten sind. Beispiele sind die Bevölkerungsentwicklung als Funktion von zeitabhängigen Veränderungen der Geburten- und Sterberate wie auch der demographische Übergang, d.h. die Bevölkerungsstabilisierung durch Angleichung der Geburten- an die Sterberate. Generell gilt diese Systemstruktur für alle Prozesse mit einer bestandsabhängigen Zustandsentwicklung als Funktion von Zuwachs und Abbau mit zeitabhängigen spezifischen Raten (z.B. Schadstoffkonzentration, CO_2 in der Atmosphäre). Der gleiche Ansatz gilt auch in der Betriebswirtschaft bei der Berechnung von Auftrags-, Lager-, Konto- und Kapitalbeständen und in vielen anderen Bereichen.

Strukturkennzeichen eines solchen Systems sind bestandsabhängige Zu- und Abgänge, wobei aber die spezifischen Zugangs- und Abgangsraten zeitabhängig exogen bestimmt und unabhängig voneinander sind. Die absolute Zustandsveränderung ist die Differenz der momentanen Zu- und Abgänge. Der Bestand kann daher auch bei hohen Zuwächsen sinken, wenn die Verluste größer als die Zuwächse sind, bzw. der Bestand kann auch bei kleiner Zuwachsrate ansteigen, wenn die Verlustrate kleiner als die Zuwachsrate ist. Bestimmend für die Entwicklung des Systems (den Zeitverlauf der Zustandsgröße) ist daher die Nettozuwachsrate = Zuwachsrate – Zerfallsrate. Durch Steuerung einer oder beider Änderungsraten lassen sich verschiedene Verläufe der Zustandsgröße bis hin zum Fließgleichgewicht erreichen.

Verändert sich ein Bestand exponentiell mit konstanten Zuwachs- und Zerfallsraten, so stehen Gewinne und Verluste pro Zeiteinheit in einem festen Verhältnis zum jeweiligen Bestand (z.B. + 3 % oder – 2 % pro Jahr). An der Differenz zwischen Zugängen und Abgängen entscheidet sich, ob der Bestand exponentiell ansteigt oder exponentiell zerfällt. Sind Zu- und Abgangsrate gleich, so bleibt der Bestand in gleicher Größe erhalten. Damit ergeben sich bei dieser einfachen Formulierung drei mögliche Verhaltensmodi: Wachstum, Konstanz, Zerfall.

Weitere Verhaltensmöglichkeiten, die sich zum Teil qualitativ von diesen drei Modi völlig unterscheiden, ergeben sich dann, wenn die prozentualen Zu- oder Abgänge (die Zugangs- bzw. Abgangsraten) zeitlich veränderlich sind. Die Bevölkerungsentwicklung als Folge der sich historisch verändernden Geburtenraten und Sterberaten ist hierfür ein Beispiel. Insbesondere kann sich durch eine entsprechende Abstimmung der Zu- und Abgangsraten eine Stabilisierung auf höherem oder niedrigerem Niveau ergeben. Dies hat z.B. für die Bevölkerungsstabilisierung erhebliche Bedeutung. Das Modell Z106 POPULATIONSDYNAMIK erlaubt die Untersuchung der Entwicklungsmöglichkeiten bei sich zeitlich verändernden Zugangs- und Abgangsraten.

Die sich aus der Konkurrenz zeitveränderlicher Zuwachs- und Zerfallsraten ergebende Entwicklungsdynamik hat grundsätzliche Bedeutung in vielen Anwendungsbereichen. Sie wird hier zwar auf die Populationsdynamik angewendet, lässt sich aber in anderen Zusammenhängen leicht entsprechend formulieren.

Simulationsmodelle

Wir untersuchen hier zwei Simulationsmodelle grundsätzlich gleicher Bauart, die sich lediglich dadurch unterscheiden, dass im ersten (Abb. Z106Aa) Geburtenrate und Sterberate konstant sind, während sie im zweiten (Abb. Z106Ba) zeitlich veränderlich sind. In diesem Fall wird die zeitliche Veränderung (lineare Veränderung von einem Anfangswert auf einen Endwert) in der gleichen Weise berechnet wie im Modell Z105 ZEITABHÄNGIGES WACHSTUM.

Bei einer Verdoppelung der Bevölkerungszahl verdoppelt sich auch die Zahl der Eltern und, wenn man (im Modell Z106A) von einer konstanten Geburtenzahl pro Elternpaar ausgeht, auch die Zahl der *Geburten*. Die Zahl der *Geburten* pro Jahr hängt außer vom jeweiligen Bestand der *Bevölkerung* offensichtlich entscheidend von der GEBURTENRATE ab, d.h. von der Zahl der Geburten pro Jahr bezogen auf eine bestimmte Einwohnerzahl (z.B. 1000). In Deutschland ist diese Geburtenrate heute etwa 9/1000, d.h. 0.009.

Ähnliche Überlegungen gelten für die Berechnung der Zahl der *Sterbefälle* pro Jahr. Sie sind wiederum proportional zur *Bevölkerung*. Ihre genaue Zahl ergibt sich durch Multiplikation der *Bevölkerung* mit der STERBERATE, die meist ebenfalls als Zahl der Todesfälle pro 1000 Einwohner angegeben wird. In Deutschland ist die Sterberate gegenwärtig etwa 12/1000, d.h. 0.012.

Die Bevölkerungszahl nach einer gewissen Zeitperiode (z.B. 1 Jahr) ergibt sich aus dem alten Bevölkerungsstand nach Hinzufügen der Geburten pro Jahr und Abzug der Sterbefälle pro Jahr. Entsprechend zeigt der Pfeil der Zustandsänderung durch *Geburten* in den Kasten für den Zustand *Bevölkerung*, während der Pfeil der Zustandsänderung durch *Sterbefälle* aus dem Kasten hinaus führt.

Das Simulationsdiagramm der Bevölkerungsdynamik zeigt zwei in sich geschlossene Rückkopplungsschleifen. Bei der Geburtenrückkopplung haben wir es mit einer positiven Rückkopplung zu tun: Je höher die Bevölkerungszahl, um so höher die Geburtenzahl; je höher die Geburtenzahl, um so höher die Bevölkerungszahl; usw. Gäbe es keine Sterbefälle, käme es zu einer ständig (exponentiell) anwachsenden Bevölkerungszahl. Dieser Zuwachs wird jedoch zumindest teilweise durch die über die Sterbefälle laufende negative Rückkopplungsschleife kompensiert: Je höher die Bevölkerungszahl, um so größer die Zahl der Sterbefälle; umso kleiner die Bevölkerungszahl. Offensichtlich kommt es zu einem Fließgleichgewicht, wenn die Zahl der Geburten exakt gleich der Zahl der Sterbefälle ist. Überwiegt die Zahl der Geburten, so steigt

die Bevölkerungszahl; überwiegt die Zahl der Sterbefälle, so sinkt die Bevölkerungszahl. Dieses Zusammenspiel von Wachstumsrate und Zerfallsrate findet sich in vielen
Bereichen. Für ökologische Vorgänge typisch ist anfängliche Dominanz des Wachstums, bis schließlich ein Gleichgewichtszustand (Klimax) eintritt, bei dem sich Wachstum und Zerfall die Waage halten.

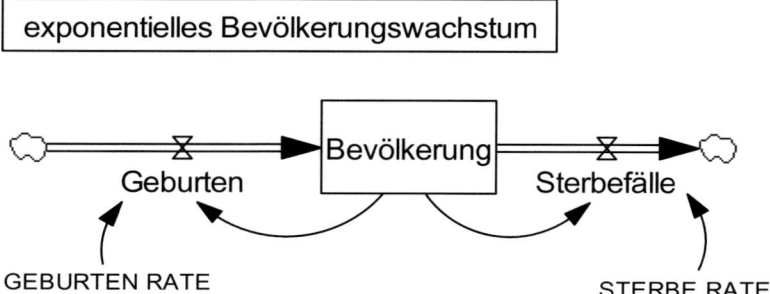

Abb. Z106Aa: Simulationsdiagramm für konstante Veränderungsraten.

Für die Berechnung der Bevölkerungsdynamik bei konstanten Veränderungsraten (Z106A) gelten die folgenden Modellgleichungen:

Parameter
GEBURTEN RATE = 0.035 [1/Year]
STERBE RATE = 0.01 [1/Year]

Dynamik
Bevölkerung = INTEG (Geburten -Sterbefälle,1e+006) [Menschen]
Geburten = GEBURTEN RATE *Bevölkerung [Menschen/Year]
Sterbefälle = STERBE RATE *Bevölkerung [Menschen/Year]

Simulationszeitparameter
INITIAL TIME = 0 [Year]
FINAL TIME = 20 [Year]
TIME STEP = 0.05 [Year]

Wird die lineare zeitliche Veränderung der Geburten- und Sterberaten vorgesehen (Z106B), so gelten die folgenden Modellgleichungen:

Parameter und Anfangszustand
ANFANGSJAHR = 2010 [Year]
GEBURTENRATE ANFANGSWERT = 0.04 [1/Year]
ENDJAHR = 2060 [Year]

GEBURTENRATE ENDWERT = 0.01 [1/Year]
ANFANGSZEIT = 2010 [Year]
STERBERATE ANFANGSWERT = 0.015 [1/Year]
ENDZEIT = 2030 [Year]
STERBERATE ENDWERT = 0.012 [1/Year]
ANFANGSWERT BEVÖLKERUNG = 1000 [Menge]

Dynamik
GeburtenRate = GEBURTENRATE ANFANGSWERT +RAMP ((GEBURTENRATE
    ENDWERT -GEBURTENRATE ANFANGSWERT) /(ENDJAHR -
    ANFANGSJAHR), ANFANGSJAHR, ENDJAHR) [1/Year]
SterbeRate = STERBERATE ANFANGSWERT +RAMP ((STERBERATE ENDWERT -
    STERBERATE ANFANGSWERT) /(ENDZEIT -ANFANGSZEIT), ANFANGS-
    ZEIT, ENDZEIT) [1/Year]
NettoWachstumsRate = GeburtenRate -SterbeRate [1/Year]
Geburten = GeburtenRate *Bevölkerung [Menge/Year]
Sterbefälle = SterbeRate *Bevölkerung [Menge/Year]
Bevölkerung = INTEG (+Geburten -Sterbefälle, ANFANGSWERT BEVÖLKERUNG)
    [Menge]

Simulationszeitparameter
INITIAL TIME = 2000 [Year]
FINAL TIME = 2100 [Year]
TIME STEP = 0.1 [Year]

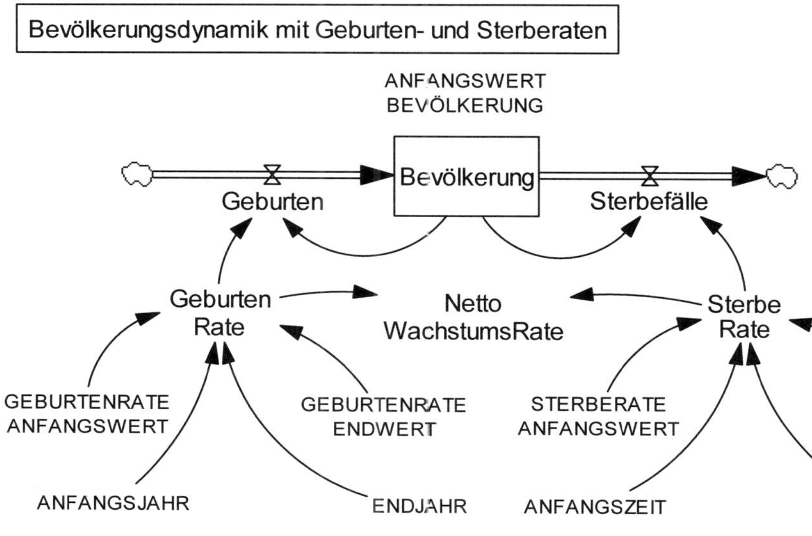

Abb. Z106Ba: Simulationsdiagramm für zeitabhängige Veränderungsraten.

In diesen einfachen Modellen steckt offensichtlich eine Reihe vereinfachender Annahmen. Um die Anwendungsgültigkeit in einem konkreten Falle abschätzen zu können, muss geprüft werden, ob diese Annahmen zutreffen. So werden weder Rückwirkungen einer begrenzten Tragfähigkeit noch Auswirkungen etwa der Altersstruktur oder der Versorgungslage einer Bevölkerung, noch zufällige Ereignisse berücksichtigt.

Simulationsergebnisse

Abb. Z106Ab zeigt beispielhaft die Entwicklung über 20 Jahre für eine Anfangspopulation von 1 Million Menschen, bei konstanter Geburtenrate von 0.035 und Sterberate von 0.01 (für Entwicklungsländer typisch). Mit diesen Parametern wächst die Bevölkerung auf etwa 165 % des Ausgangswertes. Jährlich kommen nach 20 Jahren netto etwa 32'000 Menschen dazu.

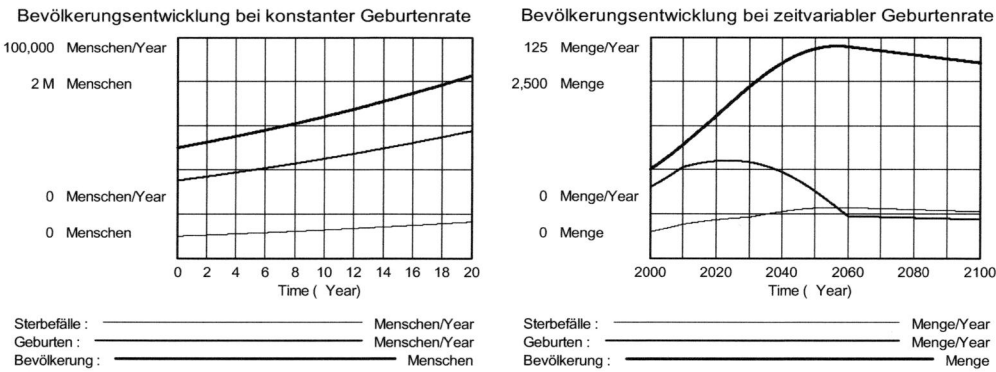

Abb. Z106Ab: Bevölkerungsentwicklung bei konstanten Veränderungsraten.
Abb. Z106Bb: Bevölkerungsentwicklung bei zeitveränderlichen Veränderungsraten.

Anders sieht es aus, wenn anfangs hohe Geburten- und Sterberaten im Laufe der Zeit verringert werden, und wenn vor allem die Geburtenrate stärker absinkt als die Sterberate (Abb. Z106Bb). Bei diesem Beispiel wurde angenommen, dass die Geburtenrate in 50 Jahren von anfangs 0.04 auf 0.01, die Sterberate in 20 Jahren von 0.015 auf 0.012 reduziert wird. Die Anfangsmenge war hier 1000. (Wenn dies als 1000 Millionen gelesen wird, entspricht dies etwa der Bevölkerung von China oder Indien.)

Anmerkung: Im Bevölkerungsgleichgewicht entspricht die Sterberate dem Kehrwert der Lebenserwartung, d.h. 0.012 entspricht einer Lebenserwartung von $1/0.012 = 83$ Jahren. Bei dieser Lebenserwartung bedeutet eine Geburtenrate von 0.01, dass jede Frau (die Hälfte der Bevölkerung) im Durchschnitt $0.01 \cdot 2 \cdot 83 = 1.66$ Kinder zur Welt bringen würde. Zur Stabilisierung der Bevölkerung wären als „Ersatz" etwa 2.3 Kinder pro Frau erforderlich. Das historische Angleichen der ursprünglich höheren Geburtenraten an die sinkenden Sterberaten in vielen Ländern bezeichnet man übrigens als demographischen Übergang.

Arbeitsvorschläge

1. Beschaffen Sie sich die gegenwärtigen Bevölkerungszahlen sowie die Geburten- und Sterberaten für verschiedene Industrie- und Entwicklungsländer und berechnen Sie zunächst die Bevölkerungszahlen, die sich bei unveränderten Geburten- und Sterberaten in 50 Jahren ergeben würden.

2. Machen Sie für diese Länder sinnvolle Annahmen über die weitere Entwicklung der Geburten- und Sterberaten und approximieren Sie diese linear, so dass Sie jeweils die Anfangs- und Endwerte in das Programm eingeben können. Berechnen Sie die sich damit ergebende Bevölkerungsentwicklung.

3. Wie erklärt sich, dass die statistischen Sterberaten in Entwicklungsländern oft niedrig sind (z.B. 0.01, was auf eine Lebenserwartung von 1/0.01 = 100 Jahren deuten würde), obwohl die tatsächliche Lebenserwartung nur relativ kurz ist? (Annehmen, dass die Sterbedaten korrekt sind!)

Literaturhinweis

Wesentlich genauere Bevölkerungsmodelle mit Altersklassen finden sich in
Bossel, H. 2004: *Systemzoo 3 – Wirtschaft, Gesellschaft und Entwicklung*. Books on Demand, Norderstedt.

Z107 Ansteckungsvorgang

Aufgabenstellung

Die Ausbreitung einer ansteckenden Krankheit, die Verbreitung eines Gerüchts oder eines guten Witzes, die Weitergabe neuer Erkenntnisse und andere Vorgänge in einer Bevölkerung sind bei genauer Betrachtung Sättigungsprozesse, die mit einem entsprechenden Modell berechnet werden können. Wir wollen dieses Modell hier speziell für den Ansteckungsvorgang formulieren.

Ist ein Bevölkerungsteil mit einem Krankheitserreger oder einer neuen Information „infiziert", so kann er diese bei Kontakt mit dem nicht infizierten Teil der Bevölkerung an diesen weitergeben. Wie rasch sich die „Epidemie" ausbreitet, hängt von der Zahl der Kontakte der beiden Bevölkerungsteile und der Übertragungswahrscheinlichkeit pro Kontakt ab. Wir können zunächst einmal qualitativ sagen, dass die Ausbreitungsgeschwindigkeit sicher dann am kleinsten ist, wenn entweder die Zahl der Infizierten oder die Zahl der noch Infizierbaren klein ist, d.h. am Beginn und am Ende der Epidemie. Die Ausbreitung läuft am schnellsten, wenn sowohl die Zahl der Infizierten wie die der Nichtinfizierten so hoch wie möglich ist, d.h., wenn genau die Hälfte der Bevölkerung infiziert ist.

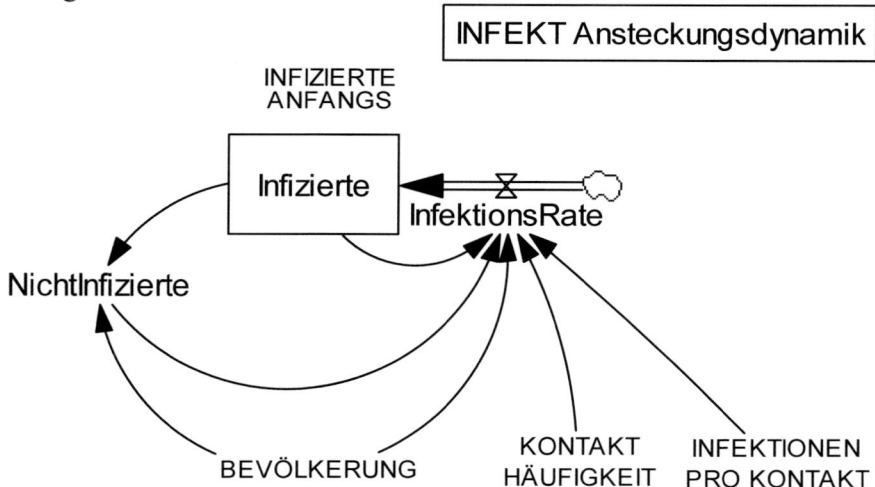

Abb. Z107a: Simulationsdiagramm des Ansteckungsvorgangs.

Simulationsmodell

Das Simulationsdiagramm dieser Zusammenhänge zeigt die Abb. Z107a. Wir haben es mit zwei Beständen zu tun, die allerdings nicht unabhängig voneinander sind. Da die

Gesamtzahl der Bevölkerung konstant bleibt, muss die Zahl der *Nichtinfizierten* zwangsläufig abnehmen, wenn die der *Infizierten* zunimmt. Es genügt also, wenn wir eine dieser Größen als Zustandsgröße wählen. Wir entscheiden uns für die Zahl der *Infizierten*. Der Übergang von der Kategorie „nicht infiziert" zur Kategorie „infiziert" wird durch die *Infektionsrate* bestimmt. Diese hängt von der Zahl der *Infizierten*, von der Zahl der noch nicht *Infizierten*, von der KONTAKTHÄUFIGKEIT und von der Zahl der INFEKTIONEN PRO KONTAKT ab.

Das entsprechende vollständige Simulationsprogramm ist im Folgenden wiedergegeben. Die für die Simulation notwendigen Parameterwerte können vor jedem Simulationslauf verändert werden.

Parameter
BEVÖLKERUNG = 4e+007 [Menschen]
INFIZIERTE ANFANGS = 10 [Menschen]
INFEKTIONEN PRO KONTAKT = 0.1 [1]
KONTAKT HÄUFIGKEIT = 0.2 [1/Day]

Infektionsprozess
InfektionsRate = NichtInfizierte *Infizierte *KONTAKT HÄUFIGKEIT *INFEKTIONEN
        PRO KONTAKT /BEVÖLKERUNG [Menschen/Day]
Infizierte = INTEG (InfektionsRate, INFIZIERTE ANFANGS) [Menschen]
NichtInfizierte = BEVÖLKERUNG -Infizierte [Menschen]

Simulationszeitschritte
INITIAL TIME = 0 [Day]
FINAL TIME = 1500 [Day]
TIME STEP = 1 [Day]
SAVEPER = TIME STEP [Day]

Simulationsergebnisse

Abb. Z107b zeigt den Verlauf der Ausbreitung einer Krankheit, einer Information oder eines Witzes unter 40 Millionen Menschen. Die Zeiteinheit der Simulation ist der Tag. Anfangs seien 10 Menschen „infiziert". Jeder Mensch treffe alle 5 Tage einen neuen Menschen (KONTAKTHÄUFIGKEIT 0.2 Kontakte pro Mensch und Tag). Bei jedem 10. Kontakt bestehe die Gefahr einer Ansteckung (0.1 INFEKTIONEN PRO KONTAKT). Der Simulationszeitraum ist 1500 Tage, also etwas mehr als 4 Jahre. Bemerkenswert ist, dass sich in den ersten 600 Tagen die Infektion nur sehr langsam ausbreitet und sich im Gesamtbild noch nicht bemerkbar macht. Dann allerdings schreitet sie sehr rasch voran, um etwa innerhalb eines Jahres fast die gesamte Bevölkerung erfasst zu haben. Das Bild ändert sich selbstverständlich, wenn andere Parameterwerte gewählt werden.

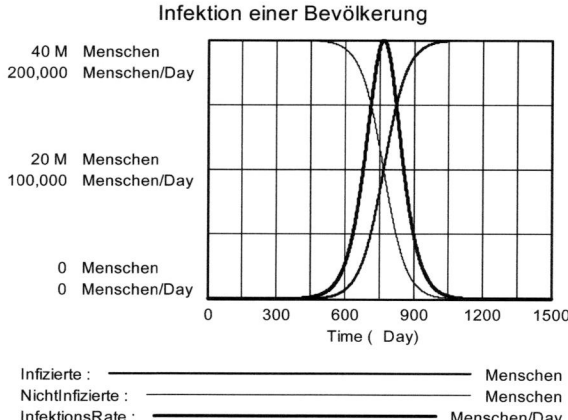

Abb. Z107b: Simulationsergebnisse für den Ansteckungsvorgang.

Arbeitsvorschläge

1. Ändern Sie den Anfangswert, den Zeitraum und die Parameter, um die Ausbreitung eines Gerüchts in einer Kleinstadt zu simulieren.
2. Verwandeln Sie einen Teil der Bevölkerung durch Impfung in NICHT-INFIZIERBARE. Sie müssen diese anfangs zu den *Infizierten* rechnen, da sie nicht mehr infizierbar sind. Entsprechend ihrem Anteil an der Gesamtbevölkerung muss der Wert für INFEKTIONEN PRO KONTAKT verringert werden. Wie sieht die Ausbreitung der Epidemie jetzt aus? Untersuchen Sie die Wirkungen verschiedener Impfstrategien. Welcher Anteil der Bevölkerung sollte mindestens geimpft werden, um die Ausbreitung einer Epidemie zu verhindern?
3. Erweitern Sie das Modell, um Polarisierungseffekte zwischen zwei gesellschaftlichen Gruppen untersuchen zu können, die jeweils untereinander hohe, miteinander aber geringe Kontakthäufigkeit haben.

Literaturhinweis

K. Kalgraf: Yellow Fever Model. In M.R. Goodman: *Study Notes in System Dynamics*. Wright-Allen Press, Cambridge, Mass. 1974, pp. 365-375.

Z108 Überlastung eines Speichers

Aufgabenstellung

In der Realität sind ständige Zunahmen von Zustandsgrößen nicht möglich – irgendwann wird eine Kapazitätsgrenze ihrer Speicher erreicht. In vielen Fällen macht sich die Kapazitätsgrenze schon lange vor Erreichen bemerkbar und beschränkt den Zufluss so, dass die Grenze nicht überschritten wird. Einige Modelle in folgenden Abschnitten befassen sich mit der Simulation solcher Vorgänge. Oft ist es aber auch so, dass der Speicherzustand keinen Einfluss auf den Zufluss hat. Dann kann sich der Speicher bei ungewöhnlich starkem Zufluss ungehindert bis an seine Kapazitätsgrenze füllen und schließlich überlaufen. Der Abfluss im Überlauf ist erheblich größer als der Normalabfluss, so dass sich bei Normalisierung des Zuflusses allmählich auch wieder die normale Dynamik von Zufluss und Abfluss einstellen kann.

Systeme mit dieser Überlaufdynamik finden sich relativ häufig: Überlauf einer Talsperre nach der Schneeschmelze oder nach Starkregen; rascher Regenwasserablauf bei durchnässtem, nicht mehr speicherfähigem Boden; Überlastung von Körperorganen (z.B. Jodaufnahme der Schilddrüse) – Stoffmengen, die nicht mehr zusätzlich aufgenommen werden können, werden rascher ausgeschieden. Auch im Alltagsleben gibt es viele Vorgänge, die „das Fass zum Überlaufen bringen" können.

Simulationsmodell

Um die Dynamik des Überlaufvorgangs zu erfassen, muss zusätzlich zum Normalabfluss auch der Überlaufvorgang modelliert werden. Das entsprechende Simulationsdiagramm ist in Abb. Z108a wiedergegeben; die Modellgleichungen sind im Folgenden aufgelistet.

In diesem Modell wird angenommen, dass der *Normalabfluss* proportional zum jeweiligen *Speicherinhalt* und einer NORMALABFLUSSRATE ist. Bei geringerem Speicherinhalt fließt also entsprechend weniger ab. Wenn aber der *Speicherinhalt* die SPEICHERKAPAZITÄT übersteigt, so fließt der Überschuss als *Überlauf* mit einer ÜBERLAUFRATE ab, die erheblich über der NORMALABFLUSSRATE liegt – solange, bis der *Speicherinhalt* wieder unter die SPEICHERKAPAZITÄT gesunken ist und sich der Abfluss normalisiert hat.

Um Stoßbelastungen zu simulieren, wird zum NORMALZUFLUSS ein starker pulsförmiger zusätzlicher Zufluss der Menge PULSHÖHE addiert, der zum Zeitpunkt PULSBEGINN beginnt und eine vorgegebene PULSDAUER hat.

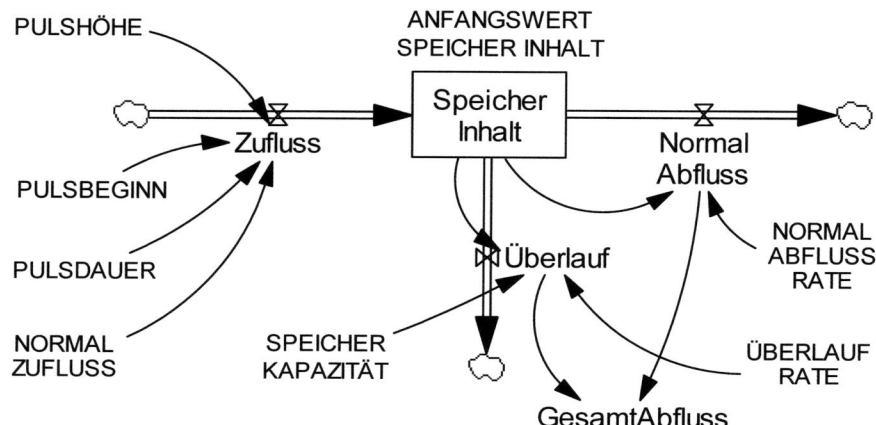

Abb. Z108a: Simulationsdiagramm für Speicher mit Überlauf.

Parameter und Anfangszustand
SPEICHER KAPAZITÄT = 1 [Menge]
ANFANGSWERT SPEICHER INHALT = 0.3 [Menge]
NORMAL ZUFLUSS = 0.25 [Menge/Day]
NORMAL ABFLUSS RATE = 0.5 [1/Day]
ÜBERLAUF RATE = 10 [1/Day]
PULSBEGINN = 5 [Day]
PULSDAUER = 0.2 [Day]
PULSHÖHE = 10 [Menge/Day]

Dynamik
Zufluss = NORMAL ZUFLUSS +PULSHÖHE *PULSE (PULSBEGINN, PULSDAUER)
        [Menge/Day]
NormalAbfluss = NORMAL ABFLUSS RATE *SpeicherInhalt [Menge/Day]
Überlauf = IF THEN ELSE (SpeicherInhalt > SPEICHER KAPAZITÄT, ÜBERLAUF
        RATE *(SpeicherInhalt -SPEICHER KAPAZITÄT) , 0) [Menge/Day]
GesamtAbfluss = NormalAbfluss +Überlauf [Menge/Day]
SpeicherInhalt = INTEG (+Zufluss −NormalAbfluss -Überlauf, ANFANGSWERT SPEI-
        CHER INHALT) [Menge]

Simulationszeitparameter
INITIAL TIME = 0 [Day]
FINAL TIME = 20 [Day]
TIME STEP = 0.02 [Day]

Simulationsergebnisse

In Abb. Z108b und Z108c sind die Simulationsergebnisse für die Parameter der Voreinstellung des Modells gezeigt. Im zweiten Bild ist der Zeitausschnitt zwischen dem 4. und 6. Tag mit gestreckter Zeitachse wiedergegeben, um die Überlaufdynamik genauer darzustellen.

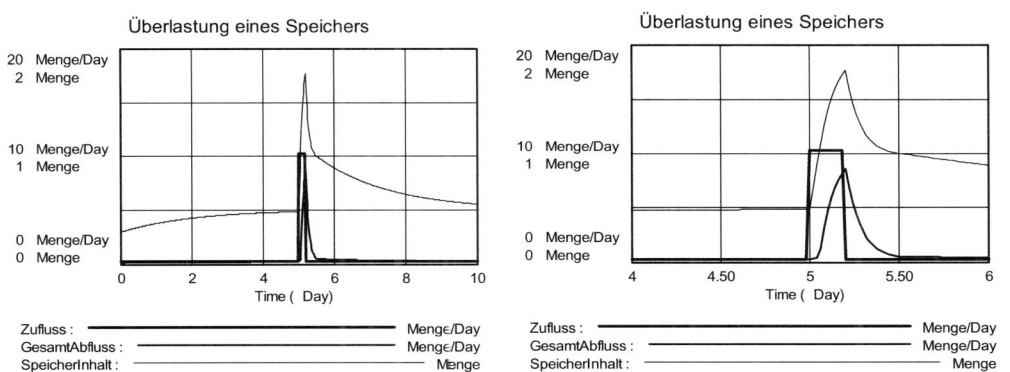

Abb. Z108b: Überlastung und Überlauf bei plötzlicher Pulsbelastung.
Abb. Z108c: Der gleiche Vorgang bei gestreckter Zeitachse.

Bei dem hier angenommenen NORMALZUFLUSS = 0.25 und dem *Normalabfluss* von (NORMALABFLUSSRATE · *Speicherinhalt*) = 0.5 *Speicherinhalt* würde sich im Gleichgewichtszustand ein Speicherinhalt von 0.5 einstellen. Da hier der ANFANGSWERT SPEICHERINHALT auf 0.3 gesetzt ist, füllt sich der Speicher zunächst noch weiter, um etwa am 5. Tag den Gleichgewichtswert zu erreichen. Zu diesem Zeitpunkt tritt auch der zusätzliche Zuflusspuls von 10 auf, der für 0.2 Tag andauert und nach kurzer Zeit den Speicher zum Überlaufen bringt. Damit beginnt der stark erhöhte *Überlauf* der sich auch nach Aufhören des Pulses solange fortsetzt, bis der *Speicherinhalt* unter die SPEICHERKAPAZITÄT ($k = 1$) gesunken ist. Danach stellt sich wieder der Normalabfluss ein. Bis der Gleichgewichtszustand (bei *Time* > 10 Tage) wieder erreicht ist, sinkt der Speicherinhalt erst noch weiter ab (bis auf 0.5).

Das Verhalten des Systems ist stark abhängig von der SPEICHERKAPAZITÄT k und der NORMALABFLUSSRATE r : Solange k und/oder r groß sind, kommt es nicht so leicht zur Überlastung. Keine Überlastung ergibt sich, wenn die Bedingung $kr > u(t)$ erfüllt ist, wenn also kr immer größer als der *Zufluss u* bleibt. Flutkatastrophen lassen sich also durch ausreichend große Stauseen und Retentionsbecken vermeiden. Auf die Bodenwasserhaltung angewendet bedeutet das Ergebnis, dass keine Überlastung (Staunässe) zu erwarten ist, wenn die Wasserkapazität des Bodens hoch ist, die Aussickerungsrate r hoch ist und/oder der Niederschlagseintrag $u(t)$ klein bleibt. Diese Bedingungen sind z.B. nicht erfüllt, wenn die Bodenschicht dünn ist, aus Ton besteht und ein Starkregen stattfand.

Die Bedeutung der SPEICHERKAPAZITÄT zeigt sich, wenn diese soweit (auf 2.5) erhöht wird, dass sie den Zuflusspuls aufnehmen kann, ohne überzulaufen (Abb. Z108d). Unter sonst gleichen Bedingungen findet die „Flut" nicht statt; es ergibt sich nur eine geringe Erhöhung des *Normalabflusses*. Diese durch (unterirdische) Speicher verursachte Stetigkeit lässt sich z.B. bei vielen Quellen beobachten, die trotz starker Niederschlagsschwankung über das ganze Jahr eine fast konstante Quellschüttung haben. (Siehe hierzu das Modell Z301 REGIONALER WASSERHAUSHALT in Bossel 2004 *Systemzoo* 2.)

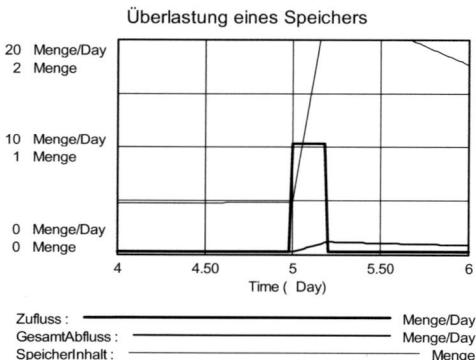

Abb. Z108d: Bei ausreichend großem Speicher gibt es keine „Flutspitze".

Arbeitsvorschläge

1. Untersuchen Sie den Einfluss der SPEICHERKAPAZITÄT auf die Vermeidung von Flutspitzen im Abfluss aus dem Speicher.
2. Setzen Sie die Modellparameter auf realistische Werte (mit korrekt abgestimmten Dimensionen!) für einen Ihnen bekannten Stausee, seine Zuflüsse und die durch Schneeschmelze oder Starkregen möglichen Zuflusspulse. Bekommen Sie plausible Simulationsergebnisse für das Überlaufverhalten und mögliche Flutspitzen im Abfluss? Wenn nicht, suchen Sie die Ursache für stärkere Abweichungen von Beobachtungen.
3. Untersuchen Sie wiederholte Starkregenfälle durch Verwendung einer Serie von Pulsen. Untersuchen Sie hierbei besonders den Einfluss des Pulsabstands und der Puls-fläche auf das Ergebnis und mögliche Flutspitzen.

Z109 Logistisches Wachstum bei konstanter Ernte

Aufgabenstellung

In den Modellen Z105 ZEITABHÄNGIGES EXPONENTIELLES WACHSTUM und Z106 EINFACHMODELL DER BEVÖLKERUNGSDYNAMIK wurden die Zuwachs- bzw. Verlustraten als konstante oder zeitabhängige Größen vorgegeben. Die Raten (nicht die Absolutwerte der Zuwächse oder Verluste) waren also unabhängig vom jeweiligen Bestand. Eine Rückwirkung der Bestandsgröße auf die Wachstumsrate ist aber dann zu erwarten, wenn der Bestand an die Grenze der Tragfähigkeit seiner Umwelt gerät (Übervölkerung) oder wenn der Bestand umgekehrt eine Mindestgröße unterschreitet, die wegen zu geringer Dichte eine Fortpflanzung nicht mehr möglich macht (Aussterben seltener Tiere). In beiden Fällen ist also die Zuwachs- bzw. Abgangsrate auch eine Funktion der Bestandsgröße selbst.

Wachstum mit Sättigung wegen Kapazitäts- oder Tragfähigkeitsbegrenzung begegnet uns in sehr vielen Prozessen. Beispiele sind das Wachstum von Organismen (Tieren und Pflanzen) bis zu einer gewissen, genetisch vorbestimmten Größe, die Anpassung einer Pflanzenfresserpopulation an die vorhandene Weide, die Marktsättigung eines neuen Produktes usw. Ein umgekehrter, aber strukturell ähnlicher Prozess kann sich ergeben, wenn sich die Verlustrate bei Unterschreiten einer gewissen Mindestgröße erhöht bzw. die Zuwachsrate stark verringert. Verwandt sind hiermit schließlich auch Erosionsprozesse, bei denen sich die Abbaurate mit fortschreitender Erosion ständig erhöht.

Der logistische Wachstumsprozess ist von grundlegender Bedeutung; er findet sich in fast allen Bereichen: Ökologie, Ökonomie, Technik usw. Er zeichnet sich dadurch aus, dass bei zunächst kleinem Bestand das Wachstum fast exponentiell stattfindet. Nähert sich der Bestand seiner Kapazitätsgrenze, so tritt zunehmend eine negative Rückkopplung in Kraft, die schließlich den Bestand an der Kapazitätsgrenze einregelt. Die Entwicklungsdynamik des Bestands hat hier einen typischen S-förmigen Verlauf. Falls der Bestand mit einer konstanten Ernterate beerntet wird, so liegt das Fließgleichgewicht unter der Kapazitätsgrenze, falls die Ernterate klein genug ist. Überschreitet die Ernterate aber einen kritischen Betrag, so kommt es unaufhaltsam zum Zusammenbruch des gesamten Bestandes.

Simulationsmodelle und Simulationsergebnisse

Wir entwickeln zunächst das Simulationsmodell für die logistische Wachstumsdynamik eines Bestandes ohne Verluste (z.B. durch Beerntung), s. Simulationsdiagramm in Abb. Z109Aa und die folgenden Modellgleichungen.

Die ZUWACHSRATE eines exponentiellen Wachstumsprozesses mit positiver Eigenkopplung des *Bestandes* wird multipliziert mit dem *Restkapazitätsfaktor* = (1 –

Bestand /KAPAZITÄT). Wenn der *Bestand* sich der KAPAZITÄT nähert, reduziert sich dieser Faktor gegen Null und verringert damit das Wachstum ebenfalls auf Null. Der *Bestand* bleibt dann auf dem Wert seiner KAPAZITÄT.

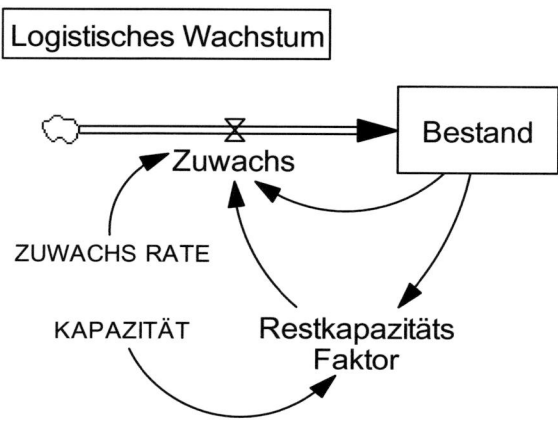

Abb. Z109Aa: Simulationsdiagramm für logistisches Wachstum.

Abb. Z109Ab zeigt den Zeitverlauf von *Zuwachs* und *Bestand* für die Parameter der Voreinstellung. Der Anfangswert ist hier als sehr kleiner Wert (0.01) in der Integrationsbeziehung (INTEG) für den *Bestand* angegeben. (Ein Anfangsbestand von „0" würde zu keinem Ergebnis führen.) Der Zeitverlauf des Bestandes beschreibt eine S-Kurve, deren anfänglicher Anstieg durch die ZUWACHSRATE geprägt ist. Während die mit dem Faktor (*Bestand · Restkapazitätsfaktor*) modifizierte Zuwachsrate vom Anfangswert ZUWACHSRATE auf den Endwert Null sinkt, steigt der *Zuwachs* von Null auf ein Maximum am Wendepunkt der S-Kurve für den *Bestand*, um dann wieder auf Null abzusinken.

Das System hat noch eine andere interessante Variante: Wird der Parameter KAPAZITÄT negativ gewählt (er hat dann nicht mehr die Bedeutung einer Kapazitätsgrenze oder Tragfähigkeit), so wächst der Zustand in endlicher Zeit auf unendlich (endliche Fluchtzeit).

Parameter
KAPAZITÄT = 1 [Menge]
ZUWACHS RATE = 1 [1/Year]

Dynamik
RestkapazitätsFaktor = 1-(Bestand/KAPAZITÄT) [1]
Zuwachs = ZUWACHS RATE *Bestand *RestkapazitätsFaktor [Menge/Year]
Bestand = INTEG (Zuwachs, 0.01) [Menge]

Simulationszeitparameter
INITIAL TIME = 0 [Year]
FINAL TIME = 20 [Year]
TIME STEP = 0.05 [Year]

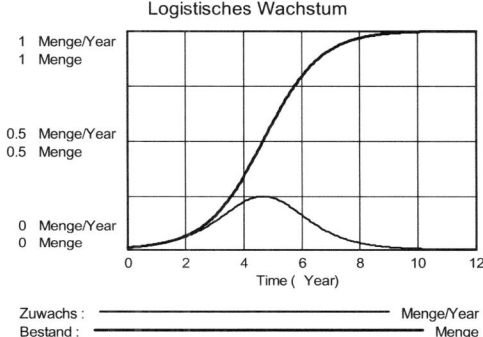

Abb. Z109Ab: Logistisches Wachstum eines Bestandes.

Die logistische Wachstumsfunktion beschreibt viele Vorgänge in der Natur recht genau, wie z.B. das Wachstum von Organismen oder Populationen bis an ihre genetische oder ökologische Kapazitätsgrenze. Was geschieht aber, wenn eine solche Population beerntet wird, wenn also z.B. von einem Fischbestand ständig eine bestimmte Menge pro Jahr abgefischt wird?

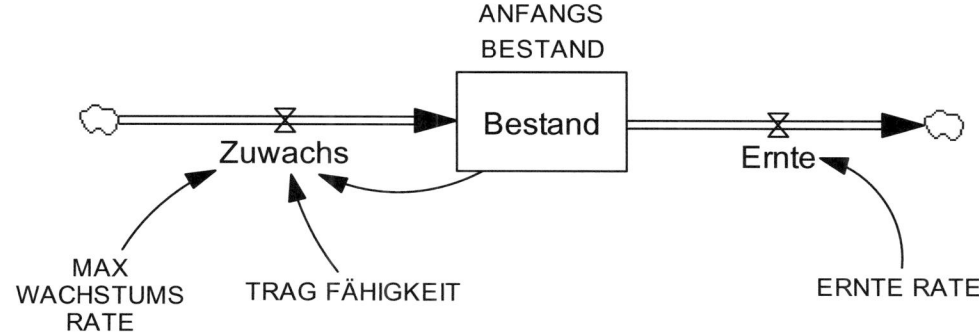

Abb. Z109Ba: Simulationsdiagramm für bestandsunabhängige Beerntung.

Im Simulationsdiagramm Z109Ba und in den folgenden Modellgleichungen ist eine entsprechende Ergänzung durch Beerntung eingeführt worden. Hier wird die *Ernte* mit einer konstanten ERNTERATE entnommen. Simulationsergebnisse für verschiedene Werte der ERNTERATE zeigt die Abb. Z109Bb. Es fällt auf, dass sich bei geringer ERNTERATE ein Gleichgewichtszustand des Bestands unterhalb der TRAGFÄHIGKEIT *k* einstellt. Wird allerdings eine kritische ERNTERATE *e* überschritten (hier deutlich bei *e* = 0.27), so bricht der *Bestand z* in kurzer Zeit vollständig zusammen. Dieser Erosionsvorgang ist ebenfalls ein häufig anzutreffendes Phänomen: Wenn die Belastung eine kritische Grenze überschreitet, ist ein System nicht mehr vor dem völligen Zusammenbruch zu retten.

Parameter und Anfangszustand
ANFANGS BESTAND = 1 [Menge]
TRAG FÄHIGKEIT = 1 [Menge]
MAX WACHSTUMS RATE = 1 [1/Month]
ERNTE RATE = 0 [Menge/Month]

Dynamik
Bestand = INTEG (+Zuwachs-Ernte, ANFANGS BESTAND) [Menge]
Ernte = ERNTE RATE [Menge /Month]
Zuwachs = MAX WACHSTUMS RATE *Bestand *(1 −Bestand /TRAG FÄHIGKEIT)
        [Menge/Month]

Simulationszeitparameter
INITIAL TIME = 0 [Month]
FINAL TIME = 20 [Month]
TIME STEP = 0.05 [Month]

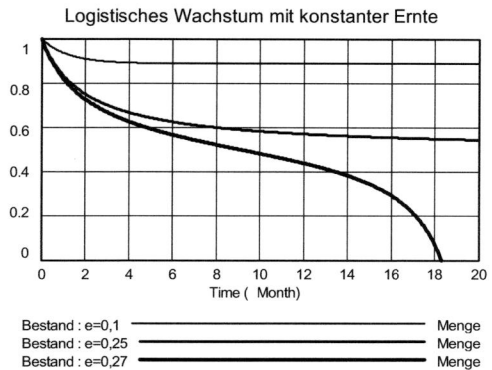

Abb. Z109Bb: Bestandsunabhängige Ernte kann zum Zusammenbruch führen.

Bei konstanter ERNTE e ergibt sich ein stabiles Gleichgewicht, solange $e < rz(1 - z/k)$. Die Stabilitätsgrenze ist durch die maximal zulässige Ernterate $e = rk/4$ definiert. Wird sie auch nur minimal überschritten, so bricht das System zusammen. Der maximale Ertrag liegt also genau an der Stabilitätsgrenze. Das System hat zwei Gleichgewichtspunkte, von denen aber nur einer stabil ist.

Arbeitsvorschläge

1. Untersuchen Sie die Entwicklung des Bestands und seiner Wachstumsrate ausgehend von verschiedenen Anfangsbedingungen, bei ERNTERATEN von $0.1 < e < 0.9$.
2. Untersuchen Sie die Wachstumsverläufe verschiedener Populationen mit unterschiedlichen Anfangsbeständen, Sättigungswerten und Zuwachsraten. Verwenden Sie die korrekten Zeiteinheiten im Modell.
3. Verwenden Sie das System zur Untersuchung der endlichen Fluchtzeit mit KAPAZITÄT bzw. TRAGFÄHIGKEIT $k = -1$ (ERNTERATE $e = 0$), und untersuchen Sie das Verhalten für verschiedene Werte von ZUWACHSRATE bzw. MAX WACHSTUMSRATE r ($0.1 < r < 0.5$) (Ergebnisse verschiedener Läufe speichern und in ein Diagramm zeichnen).
4. Der logistische Wachstumsprozess lässt sich auch als Prozess mit einer positiven und einer negativen Rückkopplung deuten, bei der zunächst die positive Rückkopplung für exponentielles Wachstum sorgt und vor Erreichen der Kapazitätsgrenze eine negative Rückkopplung ein Wachstumsgleichgewicht herbeiführt. Entwickeln Sie das entsprechende Simulationsmodell (Simulationsdiagramm und Modellgleichungen) und zeigen Sie, dass es mit dem Modell Z109A identisch ist.
5. Erweitern Sie das Modell, um den folgenden Fall berechnen zu können (Jahr als Zeiteinheit): Die Tragfähigkeitsgrenze für eine Walpopulation sei 100'000; der Minimalwert (Erosionsgrenze) der Population 5000. Liegt der Walbestand darunter, so findet keine Fortpflanzung mehr statt (Geburtenrate = 0), da sich Partner nicht mehr finden können (entsprechende IF-Bedingung einfügen). Die normale (spezifische) Geburtenrate sei 0.1, die (spezifische) Sterberate sei 0.05 (Modell durch Sterbeverluste ergänzen). Der Bestand sei durch Überjagen auf 20'000 reduziert. Ermitteln Sie die weitere Entwicklung des Bestandes bei Fangquoten von 20, 10, 5, 2.5 und 0 Prozent pro Jahr (Sterberate entsprechend erhöhen).
6. Simulieren Sie mit dem Modell das Wachstum eines Weizenfelds von Beginn der Vegetationsperiode (15. April) bis zur Ernte (15. August) (Tage als Zeiteinheit). Die Biomasse (organische Trockensubstanz) sei anfangs 150 kg/ha (Saatgut) und bei der Ernte 12'000 kg/ha (Körner, Stroh, Pflanzenreste = KAPAZITÄT). Wählen Sie die ZUWACHSRATE so, dass die logistische Wachstumskurve kurz vor dem Erntetermin auf ihren Sättigungswert = KAPAZITÄT einläuft.

Literaturhinweise

Richter, O. 1985: *Simulation des Verhaltens ökologischer Systeme*. VCH Weinheim.

France, J., Thornley, J. H. M. 1984: *Mathematical Models in Agriculture*. Butterworths, London (bes. Ch. 5).

Luenberger, D. G. 1979: *Introduction to Dynamic Systems – Theory, Models, and Applications*. John Wiley, New York (S. 317-319)

Kormondy, E. J. 1976: *Concepts of Ecology*. Prentice-Hall, Englewood Cliffs, N.J., 1976, S. 75-132.

Ehrlich, B. R., Ehrlich, H. H., Holdren, P. 1977: *Ecoscience: Population, Resources, Environment*. Freeman, San Francisco. S. 97-122, S. 181-246.

Busch, K.F., Uhlmann, D., Weise, G. (Hrg.) 1983: *Ingenieurökologie*. G. Fischer, Jena 1983 (S. 53-63).

Colinvau, P. 1993: *Ecology 2*. John Wiley, New York (S. 141-149).

Z110 Logistisches Wachstum bei bestandsabhängiger Ernte

Aufgabenstellung

Die Ergebnisse mit dem Modell Z109 LOGISTISCHES WACHSTUM MIT KONSTANTER ERNTE haben gezeigt, dass eine beerntete Population rasch zusammenbrechen kann, wenn die Verluste durch die Ernte (z.B. durch Befischen) nicht mehr durch den Zuwachs der Population wettgemacht werden können. Besonders bedenklich: Der maximale Ertrag ergibt sich genau an dieser Zusammenbruchsgrenze. Mit der Orientierung am maximalen Ertrag ist damit der Zusammenbruch praktisch vorprogrammiert.

Die nachhaltige Beerntung von Populationen – z.B. nachhaltiger Fischfang – muss daher so angelegt sein, dass 1. der Zusammenbruch der Population vermieden und 2. trotzdem ein dauerhaft hoher Ernteertrag erzielt wird. Das kann nur erreicht werden, wenn auf die jeweilige Populationsgröße Rücksicht genommen wird. Das heißt: Die Ernte muss sich am vorhandenen Bestand orientieren. Im Folgenden wird das logistische Modell so modifiziert, dass diese Bedingung erfüllt ist.

Generell beschreibt das Modell das logistische Wachstum von Beständen mit bestandsabhängiger Verlustrate. Wichtige Anwendung z.B. bei Fischfang oder Jagd: Während bei Verwendung einer Ortungstechnik der Fischbestand zusammenbrechen kann, sinkt ohne Anwendung einer Ortungstechnik die Fangmenge, wenn sich die Populationsdichte verringert. Dadurch kann die Population nicht zusammenbrechen (vgl. hierzu Bossel SDS 2004, S. 202-225, S. 267-279). Beispiel aus der Wirtschaft: Um die wirtschaftliche Existenz von Betrieben nicht zu gefährden, sollten Abgaben (Steuern) nur abhängig von der jeweils aktiven Produktionskapazität sein.

Simulationsmodell

Das Modell ist im Simulationsdiagramm Z110a und in den folgenden Modellgleichungen dokumentiert. Ein *Bestand z* mit (durch MAX WACHSTUMSRATE *r* und TRAGFÄHIGKEIT *k* parametrisiertem) logistischem Wachstum verliert Anteile durch die *Ernte*, die mit einer spezifischen ERNTERATE *e* proportional zum vorhandenen Bestand bleibt. Das Verhältnis ERNTERATE/MAX WACHSTUMSRATE = e/r kann einen beliebigen Wert haben. Bei dieser Form der Beerntung kann sich kein Zusammenbruch des Systems ergeben: Wenn der *Bestand* immer kleiner wird, so wird durch die Rückkopplung mit dem Bestand die *Ernte* reduziert, so dass der Bestand nicht verschwinden kann.

Parameter und Anfangszustand
ANFANGS BESTAND = 0.01 [Menge]
MAX WACHSTUMS RATE = 1 [1/Year]
ERNTE RATE = 0.2 [1/Year]
TRAG FÄHIGKEIT = 1 [Menge]

Dynamik
Zuwachs = MAX WACHSTUMS RATE *Bestand *(1 –Bestand /TRAG FÄHIGKEIT)
    [Menge/Year]
Ernte = ERNTE RATE *Bestand [Menge/Year]
NettoZuwachs = Zuwachs -Ernte [Menge/Year]
Bestand = INTEG (+Zuwachs -Ernte, ANFANGS BESTAND) [Menge]

Simulationszeitparameter
INITIAL TIME = 0 [Year]
FINAL TIME = 20 [Year]
TIME STEP = 0.02 [Year]

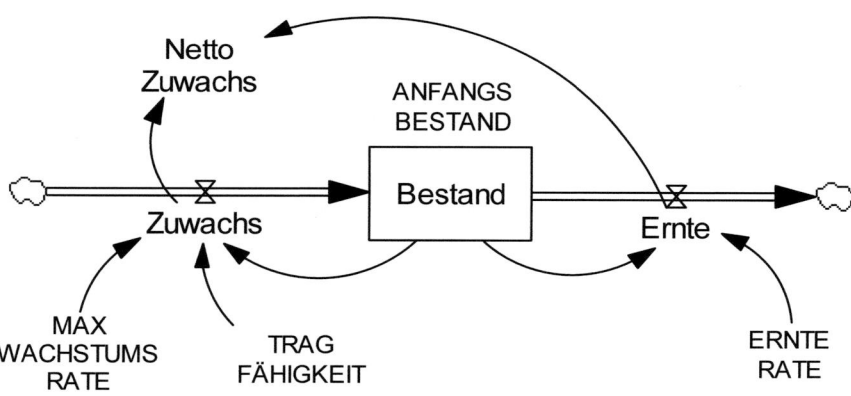

Logistisches Wachstum mit bestandsabhängiger Ernte

Abb. Z110a: Simulationsdiagramm für bestandsabhängige Ernte.

Simulationsergebnisse

Abhängig von der spezifischen Ernterate nähert sich der Systemzustand einem entsprechenden Gleichgewichtswert. Abb. Z110b zeigt das Ergebnis für die Werte der Voreinstellung. Die Ernterate von $e = 0.2$ führt zu einem Gleichgewichtswert $z^* = 0.8$ und zu einer entsprechenden nachhaltigen Ernte von 0.16. Generell ergibt sich Gleichgewicht bei $z^* = k (1 - e/r)$, falls $e \leq r$.

    Von praktischer Bedeutung ist die Frage, für welche ERNTERATE e sich die höchstmögliche *Ernte* E_{max} ergibt. Dies ist der Fall für $e/r = 0.5$. Damit folgt $e\, z^* = E_{max} = e\, k (1 - e/r) = e\, k(1 - 0.5) = e\, k/2$. Dies wird durch die Simulation (mit $k = 1$) in Abb. Z110c bestätigt: Für $e = 0.25$ und $e = 0.75$ ergeben sich niedrigere Werte für *Ernte*. Diese ist bei $e = 0.5$ am größten und erreicht dort den Wert $E_{max} = 0.25$.

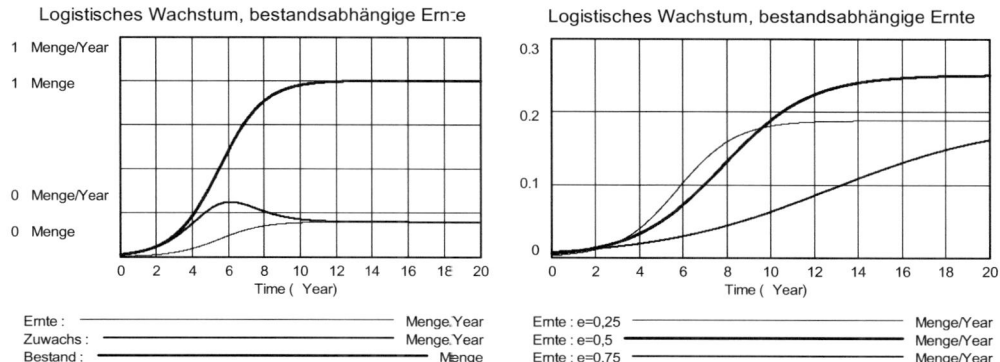

Abb. Z110b: Kein Zusammenbruch wenn sich die Ernte am Bestand ausrichtet.
Abb. Z110c: Der maximale dauerhafte Ertrag ergibt sich bei mittlerer Ernterate.

Die spezifische ERNTERATE e ist bei der bestandsabhängigen Ernte nicht kritisch für die Bestandsexistenz, wohl aber für den *Bestand* im Fließgleichgewicht und die Höhe der *Ernte*. Für maximalen Ertrag sollte e auf die halbe MAX WACHSTUMSRATE r eingestellt sein. Die maximale Ernte ist gleich der im Fall bestandsunabhängiger konstanter Ernte, doch ist im Gegensatz dazu dieser Erntezustand hier stabil; der Bestand ist nicht durch Zusammenbruch gefährdet. Für $e = 0$ und $k < 0$ ergibt sich auch hier wieder endliche Fluchtzeit (s. Z109A).

Arbeitsvorschläge

1. Leiten Sie die oben angegebenen Beziehungen für den Gleichgewichtswert $z*$ und die maximal erzielbare *Ernte E_{max}* her.
2. Vergleichen Sie das Verhalten, die erzielbare Ernte und die Stabilität mit dem System Z109 LOGISTISCHES WACHSTUM MIT KONSTANTER ERNTE.
3. Untersuchen Sie die Entwicklung eines *Bestandes* für unterschiedliche ANFANGSBEDINGUNGEN, MAX WACHSTUMSRATEN r und ERNTERATEN e.
4. Verwenden Sie das Modell mit realistisch geschätzten Daten, die z.B. den nachhaltigen Fischfang in einem kleinen Binnensee oder nachhaltige Jagd auf Rehwild in einem Waldgebiet beschreiben. Bestimmen Sie in beiden Fällen die erforderliche ERNTERATE für maximalen Ernteertrag und die entsprechende *Ernte*.

Literaturhinweise

s. Z109 LOGISTISCHES WACHSTUM MIT KONSTANTER ERNTE.

Z111 Dichte-abhängiges Wachstum (Michaelis-Menten)

Aufgabenstellung

Sättigungsprozesse finden sich in vielen Bereichen, aber sie lassen sich nicht immer durch eine logistische Formulierung korrekt beschreiben. Die Reaktionsgeschwindigkeit V chemischer Prozesse und besonders katalytischer Reaktionen ist außer von Umweltfaktoren wie Temperatur, pH-Wert usw. vor allem abhängig von der Substratkonzentration S. Sie lässt sich mit einer Michaelis-Menten Kinetik darstellen:

$$\frac{V}{V_{max}} = \frac{S}{c+S}$$

Hierbei ist c die sog. Halbsättigungskonstante, d.h. die Substratkonzentration bei $V_{max}/2$. Für den Zustand $S = c$ ergibt sich der halbe Sättigungseffekt. Der Michaelis-Menten-Term (rechte Seite) ist 0 wenn $S = 0$, 1/2 bei $S = c$ und 1 bei $S \to \infty$.

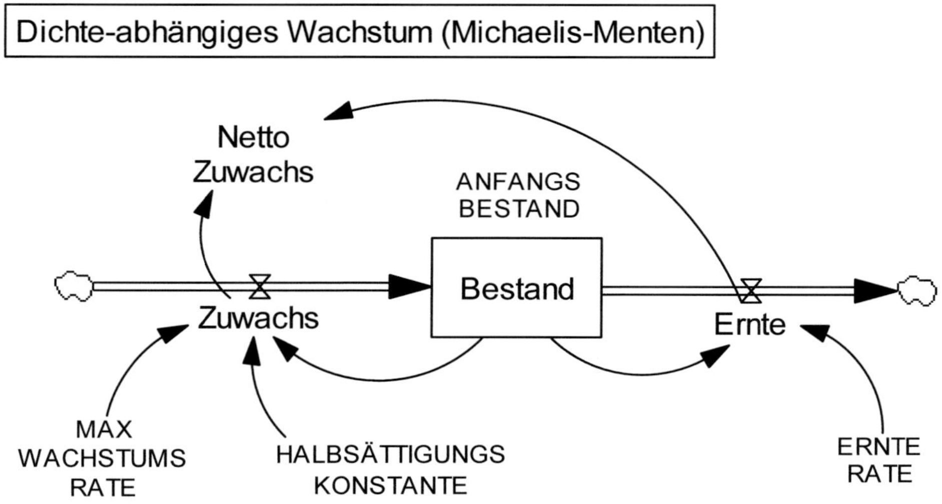

Abb. Z111a: Simulationsdiagramm für Michaelis-Menten-Kinetik

Simulationsmodell

Im Modell Z111 (s. Simulationsdiagramm in Abb. Z111a und die folgenden Modellgleichungen) wird ein Sättigungsterm der Michaelis-Menten-Form $z/(z + c)$ verwendet, um den S-förmigen Sättigungsverlauf des *Bestands* z zu erreichen. Die übrige Struktur ähnelt dem des logistischen Wachstumsprozesses mit einer exponentiellen Wachstums-

schleife *rz* und einer von der Populationsdichte abhängigen *Ernte ez* (oder entsprechenden Sterbefällen). (*r* = MAX WACHSTUMSRATE, *z* = *Bestand*, *e* = ERNTERATE)

Parameter und Anfangszustand
ANFANGS BESTAND = 0.02 [Menge]
MAX WACHSTUMS RATE = 1 [1/Day]
ERNTE RATE = 0.5 [1/Day]
HALBSÄTTIGUNGS KONSTANTE = 1 [Menge]

Dynamik
Zuwachs = MAX WACHSTUMS RATE *Bestand *(1-Bestand /(HALBSÄTTIGUNGS
       KONSTANTE +Bestand)) [Menge/Day]
Ernte = ERNTE RATE *Bestand [Menge/Day]
NettoZuwachs = Zuwachs -Ernte [Menge/Day]
Bestand = INTEG (+Zuwachs-Ernte, ANFANGS BESTAND) [Menge]

Simulationszeitparameter
INITIAL TIME = 0 [Day]
FINAL TIME = 50 [Day]
TIME STEP = 0.02 [Day]

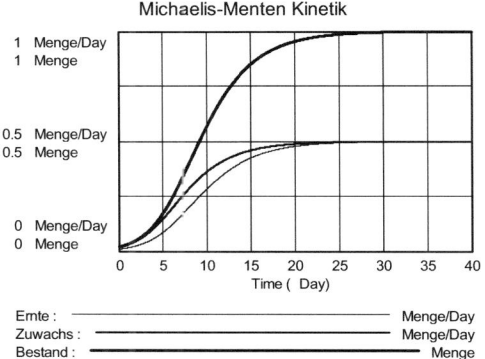

Abb. Z111b: Wachstum eines Bestandes mit Michaelis-Menten-Kinetik.

Simulationsergebnisse

Abb. Z111b zeigt das Simulationsergebnis für die oben angegebenen Voreinstellungen.
Da der *Zuwachs* anfangs größer ist als die *Ernte*, wächst der *Bestand* in einer S-Kurve
von seinem ANFANGSBESTAND auf seinen Sättigungswert. Für den Gleichgewichtzu-
stand *z** (Sättigungswert) gilt die Bedingung

$$z^* = (\frac{cr}{e}) \cdot (1 - \frac{e}{r})$$

Offensichtlich kann kein endlicher Sättigungswert erreicht werden, wenn das System nicht beerntet wird ($e = 0$). Dies ergibt sich auch aus der Simulation mit ERNTERATE = 0 (Abb. Z111c). In diesem Fall ergibt sich für *Time* → ∞ ein konstanter Zuwachs. Dies ist ein wichtiger Unterschied zum logistischen Modell, das bei fehlender Beerntung immer einen endlichen Gleichgewichtszustand erreicht. Eine Sättigung kann sich nur ergeben, wenn $e > 0$ ist.

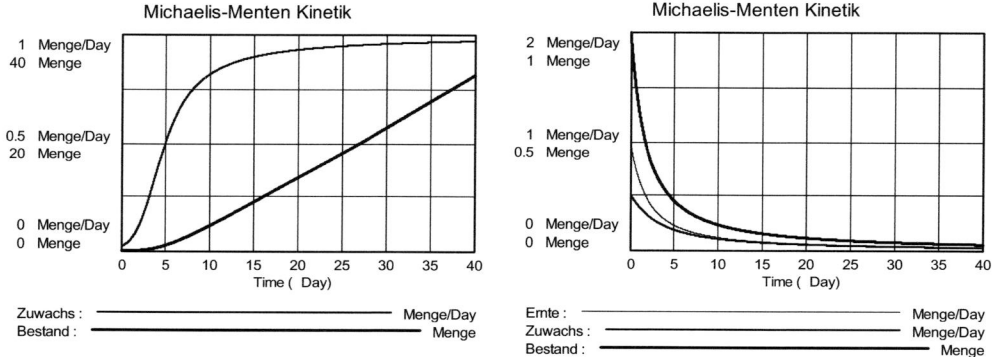

Abb. Z111c: Ungehemmtes Wachstum bei fehlender Beerntung.
Abb. Z111d: Zerfall des Bestandes (ANFANGSBESTAND = 1) bei hoher ERNTERATE = 1.

Ist die ERNTERATE e größer als die MAXIMALE ZUWACHSRATE r, so zerfällt der Bestand in einem (etwa) exponentiellen Verlauf (s. Abb. 111d). Solange $e < r$ bleibt, kann der Bestand nicht zusammenbrechen. Der Gleichgewichtszustand ist kritischer vom Verhältnis r/e abhängig als beim logistischen System.

Arbeitsvorschläge

1. Untersuchen Sie das Verhalten des Systems für verschiedene MAX WACHSTUMSRATE r bei konstanter ERNTERATE $e > 0$. Speichern Sie die Ergebnisse jedes Laufs und zeichnen sie die Ergebnisse gemeinsam in ein Zeitdiagramm.
2. Untersuchen Sie auf gleiche Weise das Verhalten für verschiedene ERNTERATEN $e > 0$ bei konstanter MAX WACHSTUMSRATE r.
3. Untersuchen Sie das Verhalten für verschiedene Werte der HALBSÄTTIGUNGSKONSTANTE c.
4. Untersuchen Sie das Verhalten bei unterschiedlichen Anfangsbedingungen.
5. Finden Sie in einem Chemie-Lehrbuch die Beschreibung einer einfachen Reaktion

mit Michaelis-Menten Kinetik mit den notwendigen Daten und entwickeln Sie ein Simulationsmodell für den Prozess. Vergleichen Sie Ihr Simulationsergebnis mit dem in Ihrer Quelle, um eventuelle Fehler zu finden und zu korrigieren.

Literaturhinweise

Richter, O. 1985: *Simulation des Verhaltens ökologischer Systeme*. VCH Weinheim (bes. S. 178-187)
Straŝkraba, M., Gnauck, A. 1983: *Aquatische Ökosysteme – Modellierung und Simulation*. Gustav Fischer, Jena (S. 100-102).

Z112 Zweifache Integration und exponentielle Verzögerung

Aufgabenstellung

Bei vielen wichtigen physikalischen Vorgängen ist eine zweifache Integration von Zustandsgrößen über die Zeit anzutreffen. In der Mechanik z.B. ergibt sich aus der Integration der Beschleunigung die Geschwindigkeit einer Masse; aus der weiteren Integration der Geschwindigkeit folgt der Weg der Masse. Eine äquivalente Darstellung ist die Zeitintegration der Beschleunigungskraft $m(dv/dt)$ zum Impuls mv; die weitere Zeitintegration ergibt die kinetische Energie $mv^2/2$. Eine strukturell gleichartige zweifache Integration ergibt sich aus der Summierung der Spannungsabfälle in einem aus Kondensator, Widerstand und Drosselspule bestehenden elektrischen System.

Die Zustandsentwicklung an jedem Integrator verläuft gänzlich anders, wenn der Zustand mit einer Eigenkopplung auf den Integratoreingang zur Berechnung der Zustandsänderung rückgekoppelt wird. Das ist beim Modell Z103 EXPONENTIELLES WACHSTUM UND ZERFALL deutlich geworden und wurde im Modell Z104 EXPONENTIELLE VERZÖGERUNG dazu benutzt, um (durch negative Eigenkopplung, d.h. Dämpfung) einen Verzögerungseffekt zu erreichen. Auch bei zweifacher Integration ist bei Eigenkopplung der zwei Zustandsgrößen ein ähnlicher Effekt zu erwarten.

Die ungedämpfte Integration (keine Eigenkopplung) entspricht den analytischen Integrationsregeln. Haben die beiden Integratoren dagegen eine Dämpfung (d.h. negative Eigenkopplung), so wird das im ersten Integrator modifizierte und verzögerte Signal im zweiten Integrator noch einmal modifiziert und verzögert. Das Ergebnis unterscheidet sich qualitativ und quantitativ erheblich von der ungedämpften Integration.

Simulationsmodell

Das Modell ist im Simulationsdiagramm Abb. Z112a und in den folgenden Modellgleichungen dokumentiert. Mit der *Eingangsfunktion* wird die *Änderung Zustand 1* berechnet und zum *Zustand 1* integriert. Mit *Zustand 1* wird die *Änderung Zustand 2* ermittelt und zum *Zustand 2* integriert. Bei beiden Integrationen wird der jeweilige *Zustand* auf die jeweilige *Änderung Zustand* durch eine Eigenkopplung mit entsprechendem EIGENKOPPLUNGSFAKTOR rückgemeldet um damit *Änderung Zustand* zu berechnen. Als *Eingangsfunktion* sind die üblichen Testfunktionen vorgesehen, die mit entsprechenden Parametern PULSFOLGE, STUFE, RAMPE, SINUS und FREQUENZ spezifiziert oder auch deaktiviert (Wert = 0) werden können (wie bereits in Z101).

Parameter und Anfangszustand
FREQUENZ = 0.1 [1/Month]
PULSFOLGE = 0 [Bestand/Month]
RAMPE = 0 [Bestand/Month]

SINUS = 0 [Bestand/Month]
STUFE = 1 [Bestand/Month]
EIGENKOPPLUNGS FAKTOR 1 = 1 [1/Month]
EIGENKOPPLUNGS FAKTOR 2 = 1 [1/Month]
ANFANGS ZUSTAND 1 = 0 [Bestand]
ANFANGS ZUSTAND 2 = 0 [Bestand*Month]

Dynamik
EingangsFunktion = PULSFOLGE *50 *PULSE TRAIN (1, 0.02, 1, 20) +STUFE *STEP
    (1, 1) +RAMPE *RAMP (1, 1, 5) +SINUS *SIN (2 *3.14159 *FREQUENZ *Time)
    [Bestand/Month]
Änderung Zustand 1 = EingangsFunktion -EIGENKOPPLUNGS FAKTOR 1 *Zustand 1
    [Bestand/Month]
Änderung Zustand 2 = Zustand 1 -EIGENKOPPLUNGS FAKTOR 2 *Zustand 2 [Be-
    stand]
Zustand 1 = INTEG (Änderung Zustand 1, ANFANGS ZUSTAND 1) [Bestand]
Zustand 2 = INTEG (Änderung Zustand 2, ANFANGS ZUSTAND 2) [Month*Bestand]

Simulationszeitparameter
INITIAL TIME = 0 [Month]
FINAL TIME = 10 [Month]
TIME STEP = 0.02 [Month]

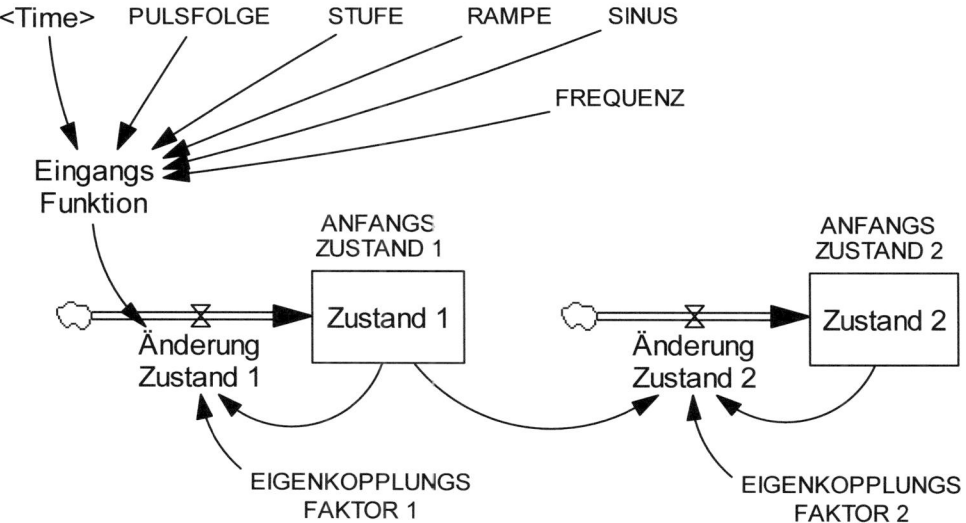

Abb. Z112a: Simulationsdiagramm für zweifache Integration und Verzögerung

Simulationsergebnisse

Als erstes soll überprüft werden, ob das Simulationsmodell die zweifache Integration korrekt durchführt. Hierzu müssen die beiden EIGENKOPPLUNGSFAKTOREN auf Null, der ANFANGSZUSTAND 1 auf den korrekten Anfangswert (hier = 0) und der ANFANGS-ZUSTAND 2 auf Null gesetzt werden. Als Eingangsfunktion wird eine Sprungfunktion (STUFE = 1) zur Zeit *Time* = 1 gewählt (s. Voreinstellung). Das Ergebnis zeigt Abb. Z112b. Entsprechend den Integrationsregeln ergibt sich für *Time* = 10 das Integrationsergebnis *Zustand* 1 = 9 und *Zustand* 2 = $9^2/2 = 81/2 = 40.5$.

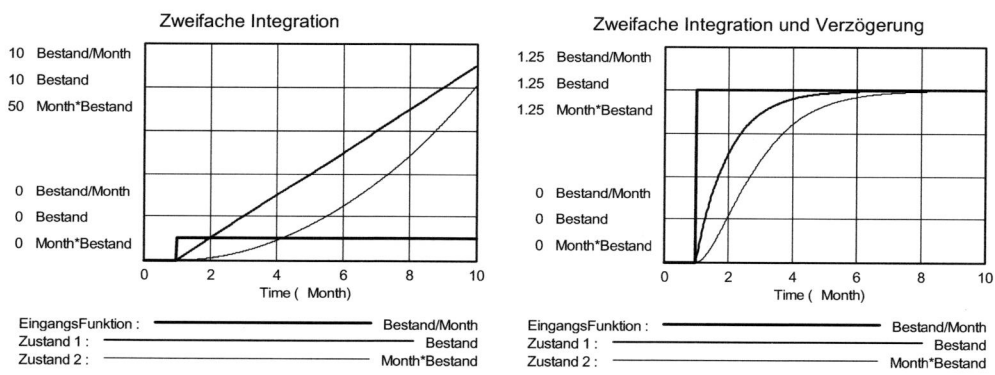

Abb. Z112b: Zweifache Integration einer Sprungfunktion.
Abb. Z112c: Verzögerungseffekt der zweifachen Integration.

Als nächstes soll die Wirkung der Dämpfung untersucht werden. Hierzu werden die beiden EIGENKOPPLUNGSFAKTOREN auf den gleichen Wert ($a = 1$ in der Voreinstellung) gesetzt. Wenn jetzt das gleiche Signal (Sprung der STUFE = 1 bei *Time* = 1) als *Eingangsfunktion u* verwendet wird, so ergibt sich ein völlig anderes Bild (Abb. Z112c) als in Abb. Z112b. *Zustand* 1 und *Zustand* 2 wachsen nicht stetig weiter an, sondern passen sich mit einiger Verzögerung dem Eingangssignal an. *Zustand* 1 zeigt einen anfangs linearen Anstieg, *Zustand* 2 einen anfangs parabolischen Anstieg. Abb. Z112d zeigt *Änderung Zustand* 1 und *Änderung Zustand* 2 für diesen Fall. Die Zustandsänderungen verschwinden nach einiger Zeit, wenn *Zustand* 1 und *Zustand* 2 ihre Gleichgewichtswerte erreicht haben.

Der Dämpfungsfaktor a bestimmt die Gleichgewichtswerte der beiden Zustandsgrößen *Zustand* 1 = z_1 und *Zustand* 2 = z_2 bei konstantem Input u = const. Es ergibt sich $z_1^* = u/a$, $z_2^* = u/a^2$. Dies sollte durch Eingabe von z.B. $a = 0.5, 2, 3$ usw. für die beiden EIGENKOPPLUNGSFAKTOREN überprüft werden. Deren Werte bestimmen auch den Verzögerungseffekt: Bei starker negativer Rückkopplung (Betrag von a groß) ist der Verzögerungseffekt klein, da die Zeitkonstante des Systems $T = 1/a$ klein ist.

Die Verzögerungszeit über beide Integratoren ergibt sich aus der Summe der beiden Zeitkonstanten $T_D = 1/a + 1/a = 2/a$.

Der Verzögerungseffekt wird noch deutlicher, wenn eine Sinusfunktion (SINUS = 1, FREQUENZ = 0.5) als *Eingangsfunktion* gewählt wird (Abb. Z112e). Die Sinusschwingung der Eingangsfunktion wird von den beiden Zustandsgrößen mit gleicher Frequenz, aber mit unterschiedlicher Phasenverschiebung und Amplitude wiedergegeben.

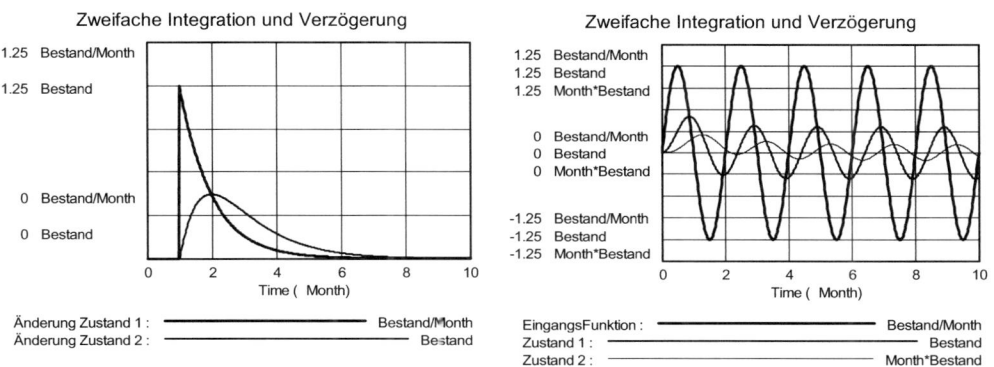

Abb. Z112d: Zustandsänderungen für Sprungfunktion als Eingangsfunktion.
Abb. Z112e: Verzögerungseffekt bei periodischer Eingangsfunktion.

Arbeitsvorschläge

1. Wählen Sie verschiedene Anfangsbedingungen und verschiedene Eingangsfunktionen und berechnen Sie die Systemantwort. Überprüfen Sie das Ergebnis mit den bekannten mathematischen Integralformeln. Woraus erklären sich eventuelle kleine Abweichungen?
2. Bestätigen Sie die Angaben für die Gleichgewichtswerte bei konstanter Eingangsfunktion für verschiedene (positive) Werte von a.
3. Konstruieren Sie eine eigene Testfunktion $u(t)$ mit einer interessanten Form als Summe der Testfunktionen Pulsfolge, Stufe, Rampe und/oder Sinus-Schwingung. Integrieren Sie diese ein- und zweimal numerisch ($a = 0$).
4. Untersuchen Sie, wie eine Sprungfunktion bei kleinen und großen Dämpfungsfaktoren a verändert und verzögert wird. Leiten Sie die Anfangssteigungen und Gleichgewichtswerte von *Zustand* 1 und *Zustand* 2 analytisch ab (s.o.) und prüfen Sie, ob sie sich mit den Simulationsergebnissen decken.
5. Welche Bedingungen muss ein Eingangssignal erfüllen, damit nach seinem Durchlauf wieder der ursprüngliche Systemzustand (z.B. $z_1 = z_2 = 0$) erreicht wird?
6. Welche Phasenverschiebung erfährt ein Sinus-Signal im 1. und 2. Integrator (*Zustand* 1, *Zustand* 2)? (Analytisch berechnen und mit Simulation überprüfen!)

7. Wie verändert sich in Abhängigkeit von den Anfangswerten der beiden Integratoren (z_1 und/oder $z_2 > 0$) der Integratorzustand mit der Zeit, wenn das Eingangssignal $u = 0$ ist?

8. Welche Strecke legt ein Körper zurück, der mit einer konstanten Beschleunigung von 1 [m/sec^2] (etwa 1/10 der Erdbeschleunigung) 100 Sekunden lang beschleunigt wird? Überprüfen Sie das Simulationsergebnis durch eine exakte Rechnung. Woraus erklärt sich der Unterschied? Wie lässt er sich (fast) vermeiden?

Literaturhinweis

Bossel, H. 2004: *Systeme, Dynamik, Simulation – Modellbildung, Analyse und Simulation komplexer Systeme*. Books on Demand, Norderstedt (bes. S. 178-179).

Z113 Übergang zwischen zwei Zuständen

Aufgabenstellung

Menschen, Organismen, Produkte und andere Dinge verweilen oft für eine gewisse Zeit in einem bestimmten Zustand oder an einem bestimmten Ort, um dann in einen anderen Zustand und später möglicherweise noch in weitere zu wechseln. Beispiele: Aus Kleinkindern werden Schüler, dann Erwerbsfähige und Eltern, dann Rentner; aus Eiern werden Raupen, dann Puppen, dann Schmetterlinge; Konsumgüter werden an einem Ort produziert, dann gelagert, dann verschickt, dann zwischengelagert, dann zum Händler transportiert, dort an einen Kunden verkauft; beim Sickerdurchlauf von Wasser, Nährstoffen und Chemikalien durch verschiedene Bodenschichten werden diese je nach Bodeneigenschaften länger oder kürzer festgehalten, bevor sie in die nächste Schicht sickern.

Jedes dieser Stadien ist durch Übergangsprozesse mit dem vorhergehenden und dem nachfolgenden verkoppelt. Der momentane Bestand in jedem Stadium ergibt sich aus dem Anfangszustand, den Gewinnen durch Zuflüsse und den Verlusten durch Abflüsse während der Untersuchungsperiode. Die einzelnen Bestände sind also wieder durch eine Integration ihrer Zu- und Abflüsse über die Zeit zu ermitteln. Wichtig ist bei diesem Prozess allerdings, dass alle Bestände ihre Identität beibehalten, d.h. die Dimension aller Bestände muss identisch sein. Die Übergangsprozesse müssen daher entsprechend definiert sein. Dieser Prozess unterscheidet sich daher grundsätzlich von der Integration in Reihe wie bei Z112 ZWEIFACHE INTEGRATION, wo sich mit jeder weiteren Integration die Dimension um den Faktor [Zeiteinheit] verändert.

Simulationsmodell

Das Modell ist im Simulationsdiagramm Z113a und in den folgenden Modellgleichungen dokumentiert. Das Modell beschreibt den allmählichen Übergang des Inhalts eines Speichers in den nächsten. Der *Eingang* 1 zum *Zustand* 1 entspricht der vorzugebenden *Eingangsfunktion*. Im ersten Speicher akkumuliert der *Zustand* 1 entsprechend dem *Eingang* 1 und dem *Übergang* an den zweiten Speicher. Dort baut sich der *Zustand* 2 entsprechend den Gewinnen durch den *Übergang* und den Verlusten durch *Ausgang* 2 auf.

Sowohl der *Übergang* wie der *Ausgang* 2 sind durch den Zustand des jeweilig vorgelagerten Speichers (*Zustand* 1, *Zustand* 2) und die entsprechende spezifische Durchflussrate (ÜBERGANGSRATE, AUSGANGSRATE 2) der Dimension [1/Zeiteinheit] definiert. Damit sind alle drei Flüsse (*Eingang* 1, *Übergang*, *Ausgang* 2) dem vorgelagerten Zustand proportional und haben außerdem die korrekte Dimension [Zustandseinheit/Zeiteinheit]. Die Verluste von *Zustand* 1 durch den *Übergang* sind gleich den Gewinnen von *Zustand* 2 durch diesen *Übergang*.

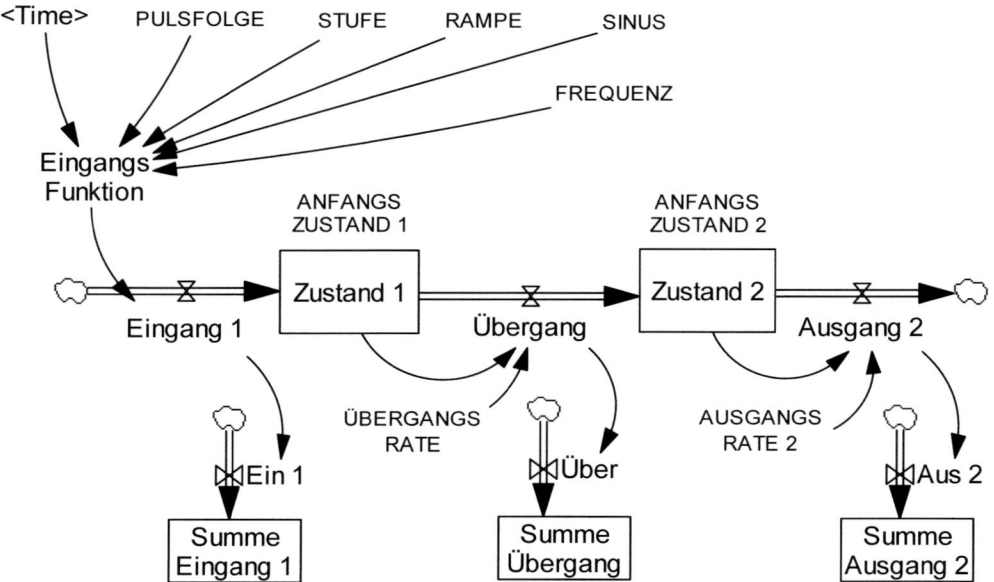

Abb. Z113a: Simulationsdiagramm für den Übergang zwischen zwei Zuständen.

Bei diesem Modell ist die Übergangsrate proportional zum Inhalt des Geberspeichers. Dies ist allerdings nicht zwingend notwendig: Übergangsraten können prinzipiell auch durch den Nehmerspeicher oder durch eine Kombination von Einflüssen des Geber- und Nehmerspeichers wie beim Räuber-Beute-Modell bestimmt sein (s. Modelle Z401 bis Z404 und Bossel SDS 2004, S. 147-148).

Aus der spezifischen ÜBERGANGSRATE r_1 lässt sich auf die mittlere Verweildauer T_1 im *Zustand* 1 schließen; gleiches gilt für AUSGANGSRATE 2 und *Zustand* 2. Ist z.B. $r_1 = 0.1$, so verlässt 1/10 des Bestandes den *Zustand* 1 in der Zeiteinheit. Die mittlere Verweilzeit ist daher der Kehrwert der spezifischen Übergangsrate, hier 10 Zeiteinheiten.

Parameter und Anfangszustand
ANFANGS ZUSTAND 1 = 0 [Bestand]
ANFANGS ZUSTAND 2 = 0 [Bestand]
ÜBERGANGS RATE = 0.5 [1/Second]
AUSGANGS RATE 2 = 0.25 [1/Second]
PULSFOLGE = 1 [Bestand/Second]
STUFE = 0 [Bestand/Second]

RAMPE = 0 [Bestand/Second]
SINUS = 0 [Bestand/Second]
FREQUENZ = 0.1 [1/Second]

Dynamik
EingangsFunktion = PULSFOLGE *1 *PULSE TRAIN (1, 2, 50, 50) +STUFE *STEP(1, 1) +RAMPE *RAMP(1, 1, 5) +SINUS *SIN (2 *3.14159 *FREQUENZ *Time) [Bestand/Second]
Eingang 1 = EingangsFunktion [Bestand/Second]
Übergang = ÜBERGANGS RATE *Zustand 1 [Bestand/Second]
Ausgang 2 = AUSGANGS RATE 2 *Zustand 2 [Bestand/Second]
Zustand 1 = INTEG (Eingang 1 -Übergang, ANFANGS ZUSTAND 1) [Bestand]
Zustand 2 = INTEG (Übergang -Ausgang 2, ANFANGS ZUSTAND 2) [Bestand]

Durchfluss-Summen
Ein 1 = Eingang 1 [Bestand/Second]
Summe Eingang 1 = INTEG (Ein 1, 0) [Bestand]
Über = Übergang [Bestand/Second]
Summe Übergang = INTEG (Über, 0) [Bestand]
Aus 2 = Ausgang 2 [Bestand/Second]
Summe Ausgang 2 = INTEG (Aus 2, 0) [Bestand]

Simulationszeitparameter
INITIAL TIME = 0 [Second]
FINAL TIME = 20 [Second]
TIME STEP = 0.02 [Second]

Simulationsergebnisse

In den Abb. Z113b bis Z113d sind die Ergebnisse für die Simulation mit den Werten der Voreinstellung gezeigt. Zur Zeit *Time* = 1 springt entsprechend der vorgegebenen Pulsfunktion mit Höhe = 1 und Dauer = 2 als *Eingangsfunktion* der *Eingang* 1 auf den Wert 1 und verbleibt dort bis zur Zeit *Time* = 3 (Abb. Z113b). (Pulswiederholung erst bei *Time* = 50, also außerhalb des Simulationszeitraums). Der *Zustand* 1 baut sich entsprechend diesem *Eingang* 1 rasch auf, gleichzeitig aber gibt es bereits Verluste durch *Übergang* = ÜBERGANGSRATE · *Zustand* 1 (Abb. Z113c). Der *Übergang* führt jetzt zum Anwachsen von *Zustand* 2, der dann wieder absinkt, wenn der Zufluss durch *Übergang* schwindet und der Abfluss durch *Ausgang* 2 den *Zustand* 2 abbaut. Insgesamt zeigt sich, dass die durch den Anfangspuls verursachte „Welle" sich mit Zeitverzögerung durch die verschiedenen Zustände schiebt und dabei aber stark geglättet wird. Bei zeitveränderlichem Input $u(t)$ ergibt sich in diesem System also auch wieder ein Verzögerungseffekt in jeder Stufe.

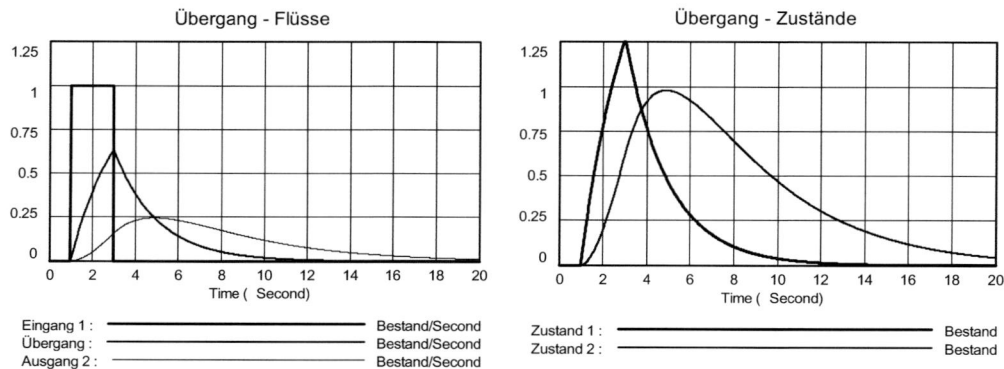

Abb. Z113b: Veränderungen (Flüsse) im Übergangsprozess für einen Pulseingang.
Abb. Z113c: Zustände im Übergangsprozess für einen Pulseingang.

Da hier beim Übergang keine Verluste auftreten, sondern die gesamte Austritts-menge von *Zustand* 1 auch wieder bei *Zustand* 2 eintritt, müssen die über den ganzen Übergangsvorgang gemessenen Gesamtmengen von *Eingang* 1, *Übergang* und *Aus-gang* 2 identisch sein. Dies kann überprüft werden, indem die jeweiligen Durchflüsse aufintegriert werden. Abb. Z113d zeigt, dass gegen Ende der Simulationsperiode die Zeitsummen der Durchflüsse an den drei Stellen tatsächlich dem gleichen Endwert = 2 zustreben, entsprechend der Pulsfläche = 2 aus Pulshöhe = 1 und Pulsbreite = 2.

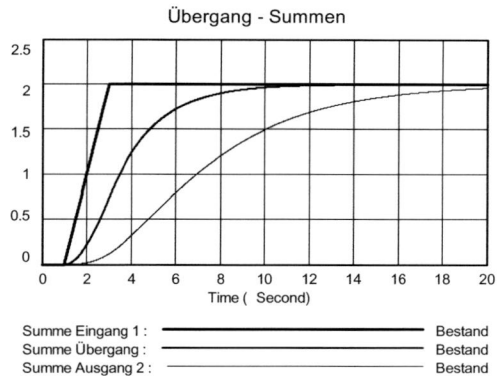

Abb. Z113d: Beim Übergangsprozess bleiben die Gesamtdurchflüsse gleich.

Das Verhalten des ersten Integrators *Zustand* 1 (z_1) entspricht genau dem der ex-ponentiellen Verzögerung mit dem Rückkopplungsfaktor r_1 (ÜBERGANGSRATE r_1). Daher stellt sich dort bei konstantem Input u ein Gleichgewichtswert von $z_1{}^* = u/r_1$ ein.

Auch der zweite Integrator Zustand 2 (z_2) hat die Grundstruktur der exponentiellen Verzögerung. Der sich am ersten Integrator einstellende Gleichgewichtswert von $z_1* = u/r_1$ führt als konstanter Eingang am zweiten Integrator zu einem Gleichgewichtswert von $z_2* = u/(r_1 r_2)$ (AUSGANGSRATE 2 = r_2).

Die Verlustraten an den Speichern (r_1, r_2) bestimmen auch in diesem System die Geschwindigkeit der Veränderung und damit die Zeitkonstante, die Verzögerung sowie die Gleichgewichtszustände.

Arbeitsvorschläge

1. Untersuchen Sie das Verhalten der Zustandsgrößen *Zustand* 1 und *Zustand* 2 für unterschiedliche Werte von ÜBERGANGSRATE r_1 und AUSGANGSRATE r_2.

2. Untersuchen Sie, wie verschiedene Testfunktionen (besonders Sinusfunktionen) von diesem System „verarbeitet" werden.

3. Wieso ist dieses Modell nicht geeignet zur Simulation von Transportverzögerungen (Transportbänder, Güterverkehr, Produktionsablauf)? Wie müssten solche Verzögerungen simuliert werden?

Z114 Linearer Schwinger 2. Ordnung

Aufgabenstellung

Schwingungen sind in unserer Welt von großer Bedeutung. Systeme, die zu Schwingungen neigen können, finden sich in vielen Bereichen: Feder-Masse-Dämpfer-System, Pendel, elektrischer Schwingkreis, Zusammenspiel von Markt, Kapital und Produktion, Musikinstrumente. Schwingungen können gedämpft sein (wie bei der Fahrzeugfederung), oder sich aufschaukeln und zur Zerstörung führen (wie bei Hängebrücken in starkem Wind), oder in ihrer Gleichmäßigkeit sogar zur Zeitmessung benutzt werden (Pendeluhr, Quarzuhr).

Generell können immer dann Schwingungen erwartet werden, wenn eine Rückkopplung über mindestens zwei Zustandsgrößen läuft, wenn also eine Störung zeitverzögert wieder an den ursprünglichen Eingriffspunkt im System zurückgeleitet wird und sich dann der Vorgang entsprechend dieser Verzögerung periodisch mit einer durch die Systemparameter bestimmten Frequenz wiederholt. Ob ein System dieser Art schwingen wird, hängt aber auch von Vorzeichen und Stärke der Kopplungen im System ab. Ein System mit der Grundstruktur des Schwingers kann daher periodische und aperiodische, gedämpfte und ungedämpfte Verhaltensweisen aufweisen – abhängig von seinen Parametern.

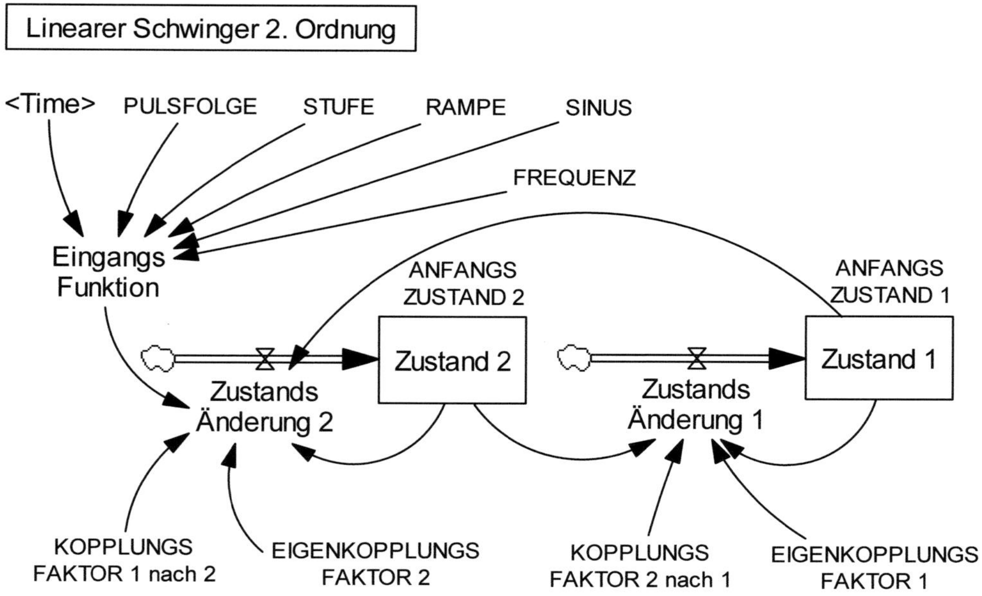

Abb. Z114a: Simulationsdiagramm eines schwingungsfähigen Systems 2. Ordnung.

Simulationsmodell

Das Simulationsmodell ist in Abb. Z114a und in den folgenden Modellgleichungen dokumentiert. Bei dem hier betrachteten linearen Schwinger 2. Ordnung (mit zwei Zustandsgrößen) läuft über beide Zustandsgrößen *Zustand* 1 = z_1 und *Zustand* 2 = z_2 eine Rückkopplungsschleife mit den Wichtungen *c* (KOPPLUNGSFAKTOR 1 NACH 2) und *b* (KOPPLUNGSFAKTOR 2 NACH 1). Je nach Vorzeichen der Eigenkopplungsparameter *a* (EIGENKOPPLUNGSFAKTOR 1) und *d* (EIGENKOPPLUNGSFAKTOR 2) kann die Bewegung gedämpft sein oder sich verstärken. Außer Schwingungen sind auch andere (aperiodische) Bewegungen möglich. Um eine große Vielfalt von Verhaltensweisen des Schwingers untersuchen zu können, sind im Simulationsmodell mehrere Testfunktionen vorgesehen (PULSFOLGE, STUFE, RAMPE, SINUS mit Vorgabe der FREQUENZ). Sie können über die *Eingangsfunktion* auf den *Zustand* 2 einwirken.

Parameter und Anfangszustand
ANFANGS ZUSTAND 1 = 0 [Bestand*Second]
ANFANGS ZUSTAND 2 = 1 [Bestand]
a = EIGENKOPPLUNGS FAKTOR 1 = 0 [1/Second]
d = EIGENKOPPLUNGS FAKTOR 2 = -1 [1/Second]
c = KOPPLUNGS FAKTOR 1 nach 2 = -1 [1/(Second*Second)]
b = KOPPLUNGS FAKTOR 2 nach 1 = 1 [1]
PULSFOLGE = 0 [Bestand/Second]
STUFE = 0 [Bestand/Second]
RAMPE = 0 [Bestand/Second]
SINUS = 0 [Bestand/Second]
FREQUENZ = 0.1 [1/Second]

Dynamik
EingangsFunktion = PULSFOLGE *50 *PULSE TRAIN (1, 0.02, 100, 100) +STUFE
    *STEP(1, 1) +RAMPE *RAMP (1, 1, 5) +SINUS *SIN (2 *3.14159 *FREQUENZ
    *Time) [Bestand/Second]
ZustandsÄnderung 1 = EIGENKOPPLUNGS FAKTOR 1*Zustand 1+KOPPLUNGS
    FAKTOR 2 nach 1*Zustand 2 [Bestand]
ZustandsÄnderung 2 = KOPPLUNGS FAKTOR 1 nach 2*Zustand
    1+EIGENKOPPLUNGS FAKTOR 2*Zustand 2+EingangsFunktion [Bestand
    /Second]
Zustand 1 = INTEG (+ZustandsÄnderung 1, ANFANGS ZUSTAND 1) [Bestand]
Zustand 2 = INTEG (+ZustandsÄnderung 2, ANFANGS ZUSTAND 2) [Sec*Bestand]

Simulationszeitparameter
INITIAL TIME = 0 [Second]
FINAL TIME = 20 [Second]
TIME STEP = 0.02 [Second]

Simulationsergebnisse

Die Voreinstellung sieht keine Eingangsfunktion vor, dafür einen Anfangszustand z_2 = 1, z_1 = 0. Die Dynamik ist in diesem Fall also nicht auf äußere Einwirkung zurückzuführen. Abb. Z114b zeigt das Ergebnis für diese Voreinstellungen ($a = 0$, $b = 1$, $c = -1$, $d = -1$): Das System schwingt stark gedämpft.

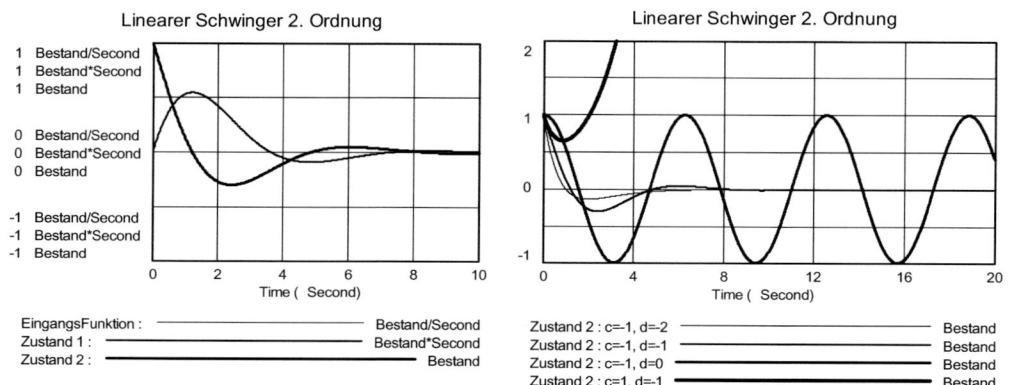

Abb. Z114b: Gedämpfte Schwingung (Voreinstellung).
Abb. Z114c: Verhaltensänderung bei Parameteränderung.

Das Verhalten des Systems ist stark abhängig von der Wahl der Kopplungsparameter. In den folgenden Untersuchungen bleiben $a = 0$ und $b = 1$ konstant, und das Verhalten wird als Funktion des KOPPLUNGSFAKTORS 1 NACH 2 ($= c$) und des EIGENKOPPLUNGSFAKTORS 2 ($= d$) untersucht. Abb. Z114c zeigt das Zeitdiagramm vier verschiedener Läufe, Abb. Z114d das Zustandsdiagramm für die gleichen Läufe. Mit $c < 0$ und $d < 0$ ergeben sich gedämpfte Schwingungen. Für $c < 0$ und $d = 0$ folgt eine ungedämpfte Schwingung. Aus dem Zeitdiagramm Z114c lässt sich die Frequenz dieser ungedämpften Eigenschwingung mit etwa einer Schwingung pro 6.3 Sekunden, d.h. $f = 1/6.3 = 0.159$ ablesen. Die berechnete Eigenfrequenz ist $\omega_0 = (|bc|)^{1/2}/(2\pi) = 1/(2\pi) = 0.1592$.

Man beachte, dass diese Schwingungen entstehen, ohne dass das System durch eine periodische Eingangsfunktion angeregt wird. Die Schwingungen sind also allein auf die speziellen Verkopplungen der Systemkomponenten zurückzuführen. Das zeigt sich auch, wenn das Vorzeichen des KOPPLUNGSFAKTORS 1 NACH 2 umgekehrt wird ($c > 0$). Beide Abbildungen zeigen, dass in diesem Fall das System in einer aperiodischen Bewegung instabil ständig zunehmende Zustandswerte annimmt.

Abb. Z114e und Z114f zeigen die Reaktion des Systems auf die Erregung durch eine Sinusfunktion (Frequenz f = 0.5) als *Eingangsfunktion*. Die Erregungsfrequenz ist höher als die in Abb. Z114c für den ungedämpften Fall (d = 0) sich ergebende Eigenfrequenz des Systems. Das System versucht nun zwar anfangs, mit seiner Eigenfrequenz zu schwingen, wird aber dann gezwungen, sich der schnelleren Erregungsfrequenz anzupassen.

Die periodische Erregung kann dazu führen, dass auch ein eigentlich gedämpftes System sich aufschaukelt – und dabei möglicherweise zerstört wird. Abb. Z114g und Z114h zeigen ein rasches Aufschaukeln für d = –0.01 und f = 0.16 (nahe an der Eigenfrequenz).

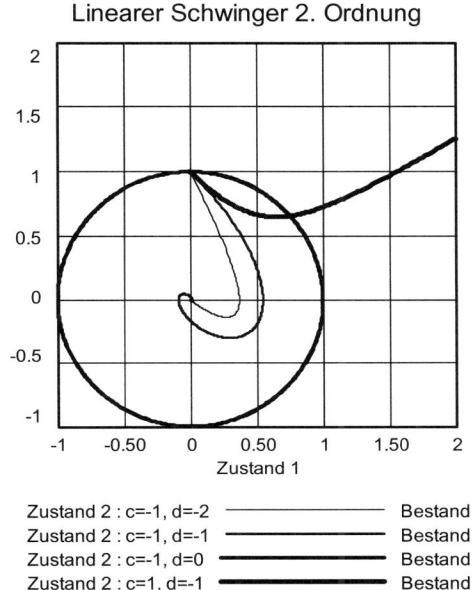

Linearer Schwinger 2. Ordnung

Zustand 1

Zustand 2 : c=-1, d=-2 ————— Bestand
Zustand 2 : c=-1, d=-1 ————— Bestand
Zustand 2 : c=-1, d=0 ————— Bestand
Zustand 2 : c=1, d=-1 ————— Bestand

Abb. Z114d: Zustandstrajektorien der gleichen Läufe wie Abb. Z114c.

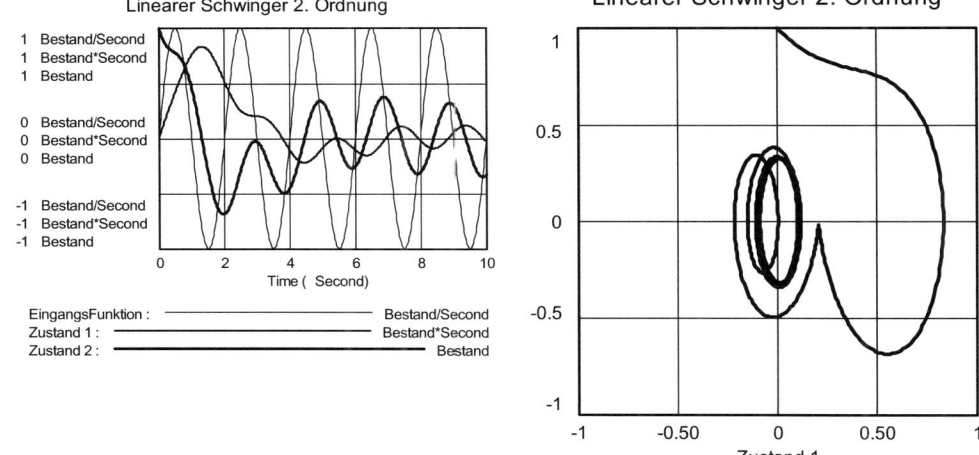

Linearer Schwinger 2. Ordnung

Time (Second)

EingangsFunktion : ————— Bestand/Second
Zustand 1 : ————— Bestand*Second
Zustand 2 : ————— Bestand

Linearer Schwinger 2. Ordnung

Zustand 1

Zustand 2 : ————— Bestand

Abb. Z114e: Reaktion bei Erregung mit Sinusschwingung (FREQUENZ f = 0.5).
Abb. Z114f: Zustandstrajektorie des gleichen Vorgangs.

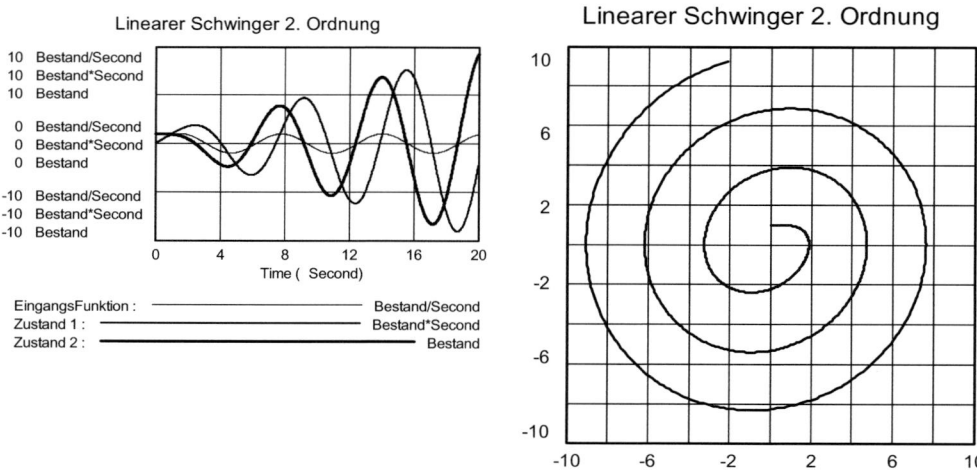

Abb. Z114g: Aufschaukeln bei periodischer Erregung nahe der Eigenfrequenz.
Abb. Z114h: Gleicher Vorgang im Zustandsdiagramm.

Hintergrund

Das System wird durch folgendes System von Differentialgleichungen beschrieben:

$$\frac{dz_1}{dt} = a z_1 + b z_2$$

$$\frac{dz_2}{dt} = c z_1 + d z_2$$

Das System ist linear und hat daher nur einen einzigen Gleichgewichtspunkt, der bei ungezwungener Bewegung (*Eingangsfunktion u* = 0) unabhängig von den Anfangsbedingungen der Zustandsgrößen immer bei den Werten $z_1 = 0$ und $z_2 = 0$ liegt.

Je nach den Eigenwerten λ_1, λ_2 der Systemmatrix ergeben sich prinzipiell unterschiedliche Verhaltensmöglichkeiten, die stabil oder instabil sein können: Quelle und Senke, Wirbel und Strudel, Sattel, Knoten, Linienquelle, Liniensenke. Durch entsprechende Wahl der Parameter *a, b, c, d* der Systemmatrix lässt sich jede dieser Verhaltensformen mit dem Modell erzeugen. Bei einer kleinen Veränderung eines oder mehrerer Systemparameter ist eine grundsätzliche Veränderung des Verhaltens möglich, da sich dann Eigenwerte in andere Bereiche der komplexen Zahlenebene verschieben können. So zeigen Eigenwerte in der rechten Zahlenebene immer Instabilität, Eigenwerte im imaginären Bereich der Zahlenebene immer Schwingungen an.

Für die Systemparameter des Referenzlaufs $a = 0$, $b = 1$, $c = -1$, $d = -1$ ergeben sich die Eigenwerte $\lambda_{1,2} = -0.5 \pm 0.866\ i$. Die beiden Eigenwerte sind konjugiert komplex; der Imaginärteil beider Eigenwerte deutet auf Schwingung, der Realteil mit negativem Vorzeichen bedeutet Dämpfung. Der theoretische Hintergrund wird in Bossel SDS 2004 ausführlicher behandelt (bes. S. 142-144, S. 296-355).

Arbeitsvorschläge

1. Bei welchem Wert von d verschwindet für den Referenzfall der Voreinstellung die Schwingung, und es ergibt sich aperiodische Bewegung?
2. Was ist die Folge einer Vorzeichenänderung bei c für das Verhalten des Systems? Versuchen Sie alle prinzipiell möglichen Verhaltensweisen zu erzeugen, indem Sie die Systemmatrix entsprechend verändern. *Hinweis*: Verwenden Sie bei allen Läufen $a = 0$ und Werte von entweder +1 oder –1 für b, c, d.
3. Untersuchen Sie mit den Testfunktionen SINUS, FREQUENZ und PULSFOLGE und den Systemparametern der Voreinstellung die Reaktion (besonders: Resonanz) bei erzwungener Schwingung.
4. Zeigen Sie, dass ein Puls mit Pulsfläche = 1 (z.B. Pulshöhe = 50, Pulsbreite = 0.02, s. Voreinstellung) das gleiche Verhalten des Systems hervorruft wie ein ANFANGSZUSTAND 2 = z_2 = 1. Wie erklärt sich das?
5. Ermitteln Sie, für Anfangszustände Null und geringe oder verschwindende Dämpfung, durch Eingabe eines einmaligen Pulses als Anregung, die Frequenz der Eigenschwingung in Abhängigkeit vom (negativen) KOPPLUNGSFAKTOR 2 NACH 1 (= c). Zeichnen Sie die Ergebnisse als Diagramm. Vergleichen Sie mit dem theoretischen Ergebnis.
6. Erregen Sie das System (Systemparameter der Voreinstellung) mit Sinusschwingungen im Frequenzbereich $0 < f < 10$. Notieren Sie die Amplitude, auf die sich das System nach dem Einschwingvorgang bei jeder Frequenz einstellt. Tragen Sie diese Amplitude als Funktion der Frequenz auf (Frequenzgang). Wo hat die Kurve ihr Maximum, und wie erklärt sich das? (s. hierzu Bossel SDS 2004 S. 347-351).
7. Welchen Einfluss haben unterschiedliche Dämpfungswerte d auf die Gestalt des Frequenzgangs?

Literaturhinweise

Lineare Systemtheorie, bes. Regeltechnik, u.a.:
Luenberger, D. G. 1979: *Introduction to Dynamic Systems – Theory, Models, and Applications*. John Wiley, New York.
Bossel, H. 2004: *Systeme, Dynamik, Simulation – Modellbildung, Analyse und Simulation komplexer Systeme*. Books on Demand, Norderstedt (S. 142-144, S. 296-355).

Z115 Zustandsbild

Aufgabenstellung

Generell ist die Zustandsentwicklung eines dynamischen Systems von seinem Ausgangszustand abhängig. In diesen Ausgangszustand kann es auch durch einen anfänglichen Puls als äußere Einwirkung versetzt worden sein. Dabei interessiert besonders, wie sich das System ohne weitere äußere Einwirkung frei entwickelt, wenn es aus seinem Anfangszustand losgelassen wird. Es kann z.B. auf einen stabilen Gleichgewichtszustand zustreben, oder sich instabil immer weiter vom Ausgangszustand entfernen. Einige sehr unterschiedliche, stabile und instabile Verhaltensmöglichkeiten wurden bei der Untersuchung des Modells Z114 LINEARER SCHWINGER deutlich. Die Zustandsentwicklung als Funktion des Ausgangszustands lässt sich besonders gut mit den entsprechenden Zustandspfaden zeigen, die beim zweidimensionalen Modell als Zustandsbild (Phasendiagramm) gezeichnet werden können.

Lineare Systeme besitzen einen einzigen stabilen oder instabilen Gleichgewichtspunkt, auf den sie sich zu, oder von dem sie sich weg bewegen. Ihr Verhalten ist überraschungsfrei und auch analytisch einfach zu klären. Nichtlineare Systeme dagegen können gleichzeitig mehrere stabile und instabile Gleichgewichtspunkte und darüber hinaus noch andere Phänomene zeigen. Sie sind meist nicht mehr analytisch behandelbar, so dass man ihr Verhalten oft erst durch viele Simulationen umfassend ergründen kann (s. hierzu Bossel SDS 2004 und Modelle besonders im Kap. 2 TECHNIK UND PHYSIK des Systemzoos).

Um einen Überblick über die Gesamtheit der Zustandspfade zu bekommen, die sich bei allen möglichen Ausgangsbedingungen ergeben, müssen daher sehr viele Simulationen in einem Gesamtbild dargestellt werden. (Leider ist die anschauliche Darstellung von Zukunftpfaden im Zustandsraum auf zwei- und dreidimensionale Systeme beschränkt.) Eine solche Untersuchung wäre zu aufwendig, wenn für jeden neuen Simulationslauf die Anfangsbedingungen einzeln variiert und neu eingegeben werden müssten. Es ist dann sinnvoll, die systematische Variation der Anfangsbedingungen, die entsprechenden Simulationen und die Gesamtdarstellung der Ergebnisse vom Computer durchführen zu lassen – normale Simulationssysteme sehen diese Möglichkeit aber meist nicht vor.

Im Folgenden wird ein Zusatzmodul dokumentiert und beschrieben, der an ein Simulationsmodell gekoppelt werden kann, um mit einem Raster von 10 mal 10 Anfangszuständen Zustandsdiagramme im zweidimensionalen Zustandsraum zu erzeugen. Dieser Modul wird mit dem Modell Z114 LINEARER SCHWINGER verkoppelt, um Zustandsbilder seiner Verhaltensweisen für unterschiedliche Kombinationen von Kopplungsparametern zu erhalten. In Kap. 2 TECHNIK UND PHYSIK und bei anderen Modellen des Systemzoos wird der Modul verwendet, um das Verhalten (zweidimensionaler) nichtlinearer Systeme abzuklären

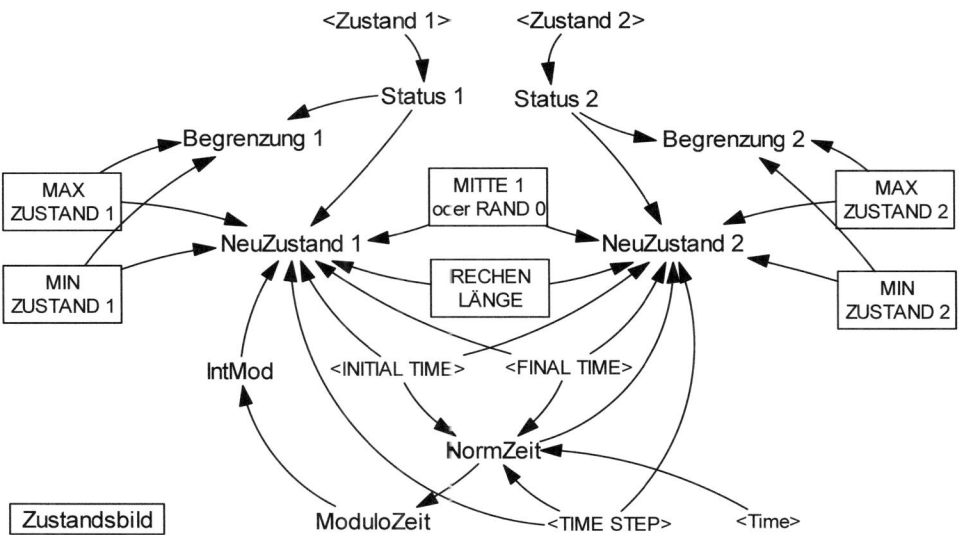

Abb. Z115a: Simulationsdiagramm für Modell Z114 LINEARER SCHWINGER (oben) verbunden mit dem Modul Z115 ZUSTANDSBILD (unten) zur Berechnung des Globalverhaltens. Verkopplung über „Shadow"- oder „Ghost"-Variable (z.B. <Zustand 1>).

Simulationsprogramm

In Abb. Z115a und den folgenden Modellgleichungen wird das lauffähige Gesamtmodell SCHWINGER + ZUSTANDSBILD dokumentiert. Das Modell Z114 SCHWINGER ist hier als Beispiel angekoppelt, um die Anwendung des Verfahrens nachvollziehbar zu zeigen. In gleicher Weise können andere Modelle an den Modul ZUSTANDSBILD angekoppelt werden. Die Ankopplung geschieht über „Shadow"- oder „Ghost"-Variable, die im Simulationsdiagramm in <spitzen> Klammern stehen.

Um die Zustandstrajektorien von nacheinander 10 mal 10 = 100 Anfangszuständen zu berechnen, werden *Zustand* 1 und *Zustand* 2 vor jeder Neuberechnung eines Zustandspfads vom Programm auf den neuen Anfangswert gesetzt. Dies wird während eines Simulationslaufs 100 mal wiederholt. Die abgespeicherten Ergebnisse werden danach gezeichnet. Achtung: Punktweise Darstellung der Ergebnisse wählen („dots" bei Definition von „Graph" in VenPLE/Vensim, „scatter plot" bei Stella/iThink).

Die Verkopplung des Modells mit dem Modul ZUSTANDSBILD geschieht durch Einkoppeln der Modellgrößen *Zustand* 1 und *Zustand* 2 in den Modul, und durch Einkoppeln der Modulgrößen *Begrenzung* 1, *NeuZustand* 1, *Begrenzung* 2 und *NeuZustand* 2 in das Modell. Im Modell müssen die beiden Gleichungen für die Berechnung von Zustand 1 und Zustand 2 ergänzt werden (s. fett gedruckte Ergänzungen). Die Anfangszustände werden auf Null gesetzt (und vom Programm geändert).

Vor dem Simulationslauf müssen im Modul die (in Abb. Z115a im unteren Teil in Kästen gezeichneten) Parameter angegeben werden, die den Bereich der Anfangszustände umreißen, d.h. untere und obere Grenze des Anfangsbereichs MIN ZUSTAND 1, MAX ZUSTAND 1, MIN ZUSTAND 2, MAX ZUSTAND 2. Weiter muss angegeben werden, ob der (10 mal 10) Raster mittig (durch "1") oder ausgehend vom linken unteren Rand ("0") platziert werden soll. Schließlich ist noch die RECHENLÄNGE [Zeiteinheit] für die einzelne Simulation zu wählen. Die gesamte Simulationsdauer (FINAL TIME – INITIAL TIME) muss (mindestens) 100 mal RECHENLÄNGE betragen. Falls die Zustandstrajektorie wesentlich über den definierten Bereich hinausläuft, bricht das Programm ihre Berechnung ab und springt auf den nächsten Anfangszustand.

SIMULATIONSMODELL (Schwinger)

Parameter und Anfangszustand
ANFANGS ZUSTAND 1 = 0 [Bestand*Second]
ANFANGS ZUSTAND 2 = 0 [Bestand]
a = EIGENKOPPLUNGS FAKTOR 1 = 0 [1/Second]
d = EIGENKOPPLUNGS FAKTOR 2 = -1 [1/Second]
c = KOPPLUNGS FAKTOR 1 nach 2 = -1 [1/(Second*Second)]
b = KOPPLUNGS FAKTOR 2 nach 1 = 1 [1]
PULSFOLGE = 0 [Bestand/Second]
STUFE = 0 [Bestand/Second]

RAMPE = 0 [Bestand/Second]
SINUS = 0 [Bestand/Second]
FREQUENZ = 0.1 [1/Second]

Dynamik

EingangsFunktion = PULSFOLGE *50 *PULSE TRAIN (1, 0.02, 100, 100) +STUFE
    *STEP (1, 1) +RAMPE *RAMP (1, 1, 5) +SINUS *SIN (2 *3.14159 *FREQUENZ
    *Time) [Bestand/Second]
ZustandsÄnderung 1 = EIGENKOPPLUNGS FAKTOR 1 *Zustand 1 +KOPPLUNGS
    FAKTOR 2 nach 1 *Zustand 2 [Bestand]
ZustandsÄnderung 2 = KOPPLUNGS FAKTOR 1 nach 2 *Zustand 1
    +EIGENKOPPLUNGS FAKTOR 2 *Zustand 2 +EingangsFunktion [Bestand
    /Second]
Zustand 1 = INTEG ((+ZustandsÄnderung 1) **Begrenzung 1 +NeuZustand 1**, AN-
    FANGS ZUSTAND 1) [Second*Bestand]
Zustand 2 = INTEG ((+ZustandsÄnderung 2) **Begrenzung 2 +NeuZustand 2**, AN-
    FANGS ZUSTAND 2) [Bestand]
*{Zustand 1 und Zustand 2 werden an die Zustandsbildberechnung angekoppelt.
    Begrenzung 1, NeuZustand 1, Begrenzung 2, Neuzustand 2 werden aus der Zu-
    standsbildberechnung angekoppelt.}*

Simulationszeitschritte

INITIAL TIME = 0 [Second]
FINAL TIME = 100 [Second] *{auf 100 mal Rechenlänge setzen!}*
TIME STEP = 0.05 [Second]
RECHEN LÄNGE = 1 [Second] *{Rechenlänge für eine einzelne Trajektorie}*

ZUSTANDSBILD

Untersuchungsbereich

MAX ZUSTAND 1 = 1
MIN ZUSTAND 1 = -1
MAX ZUSTAND 2 = 1
MIN ZUSTAND 2 = -1
MITTE 1 oder RAND 0 = 1 *{Zustandsbild in Mitte: 1, am linken unteren Rand: 0}*

Zustandspfade

Status 1 = **Zustand 1** [Bestand*Second] *{Ankopplung der Zustandsgrößen}*
Status 2 = **Zustand 2** [Bestand]
NormZeit = (Time +TIME STEP/2) /(FINAL TIME -INITIAL TIME)
ModuloZeit = MODULO (10*NormZeit, 1)
IntMod = INTEGER (10 *ModuloZeit)
Begrenzung 1 = IF THEN ELSE (Status 1 > (3 *MAX ZUSTAND1 -MIN ZUSTAND1) /2,
    0, IF THEN ELSE (Status 1 < (3*MIN ZUSTAND1 -MAX ZUSTAND1) /2, 0, 1))

Begrenzung 2 = IF THEN ELSE (Status 2 > (3 *MAX ZUSTAND2 -MIN ZUSTAND2) /2,
    0, IF THEN ELSE (Status 2 < (3*MIN ZUSTAND2 -MAX ZUSTAND2) /2, 0, 1))
NeuZustand 1 = PULSE TRAIN (INITIAL TIME, TIME STEP, RECHEN LÄNGE, FINAL
    TIME) *((MAX ZUSTAND 1 -MIN ZUSTAND 1) *(IntMod/10) +MIN ZUSTAND 1
    +MITTE 1 oder RAND 0 *(MAX ZUSTAND 1 -MIN ZUSTAND 1) /20 -Status 1)
    /TIME STEP
NeuZustand 2 = PULSE TRAIN (INITIAL TIME, TIME STEP, RECHEN LÄNGE, FINAL
    TIME) *(((MAX ZUSTAND 2 -MIN ZUSTAND 2) /10) *INTEGER (10*NormZeit)
    +MIN ZUSTAND 2 +MITTE 1 oder RAND 0 *(MAX ZUSTAND 2 -MIN ZUSTAND
    2) /20 -Status 2) /TIME STEP

{*WICHTIG: In der Simulationssoftware* **punktweise Darstellung** *der Ergebnisse wählen! Bei VenPLE/Vensim: „dots", bei Stella/iThink: „scatter plot" in der Dia-
grammdefinition wählen.* }

Simulationsergebnisse

Abb. Z115b-e zeigen die mit obigem Programm berechneten Zustandsbilder für das
Modell Z114 LINEARER SCHWINGER mit Anfangswerten im Bereich $-1 < z_1 < 1$ und $-1
< z_2 < 1$. In diesen Fällen wurden nur der KOPPLUNGSFAKTOR 1 NACH 2 ($= c$) und EI-
GENKOPPLUNGSFAKTOR 2 ($= d$) verändert, andere Werte blieben wie in der Voreinstel-
lung.

    Abb. Z115b zeigt einen stabilen Strudel ($c = -1$, $d = -1$), Abb. Z115c einen sta-
bilen Knoten ($c = -1$, $d = -2$), Abb. Z115d einen Wirbel ($c = -1$, $d = 0$) und Abb.
Z115e einen (instabilen) Sattel ($c = 1$, $d = -1$). In allen Fällen ist der Gleichgewichtspunkt am Koordinatenursprung (0, 0). Bei Stabilität laufen die Bahnen auf diesen
Punkt zu, bei Instabilität von ihm weg. (Die Bewegungsrichtung kann aus diesen Zustandsbildern nicht entnommen werden, sie ergibt sich aber aus den Zeitdiagrammen.)

Arbeitsvorschläge

1. Erzeugen Sie Zustandsbilder für andere Systemparameter (vor allem c und d verändern).
2. Wie müssen die Systemparameter gewählt werden, um einen instabilen Strudel und
einen instabilen Knoten zu erzeugen, die (bis auf die Bewegungsrichtung) die gleiche
Gestalt wie die in Abb. Z115b und c haben?
3. Koppeln Sie eines oder mehrere der zweidimensionalen nichtlinearen Systemmodel-
le aus Kap. 2 TECHNIK UND PHYSIK an den Modul ZUSTANDSBILD und untersuchen
und diskutieren Sie die Ergebnisse, insbesondere die Lage der Gleichgewichtspunkte
und ihre (In)Stabilität, die Bewegungsrichtung der Zustandsbahnen und andere Er-
scheinungen wie Grenzzyklen oder Chaos.

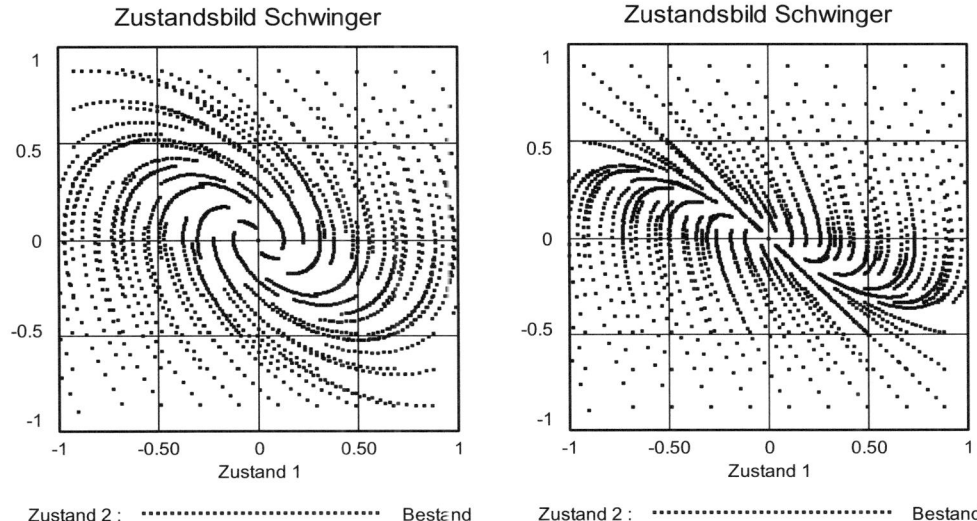

Abb. Z115b: Stabiler Strudel ($c = -1$, $d = -1$).
Abb. Z115c: Stabiler Knoten ($c = -1$, $d = -2$).

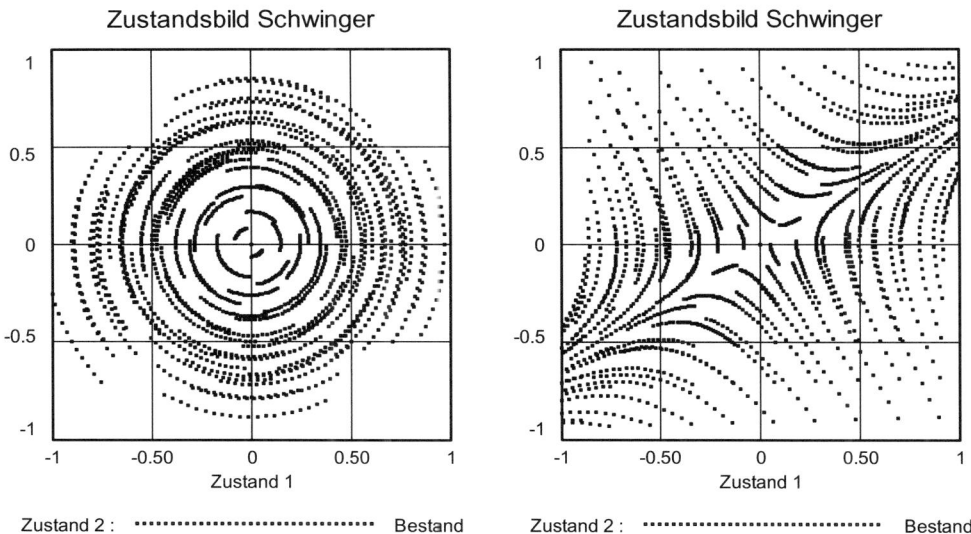

Abb. Z115d: Wirbel ($c = -1$, $d = 0$).
Abb. Z115e: (Instabiler) Sattel ($c = 1$, $d = -1$).

Z116 Dreifache Integration und exponentielle Verzögerung

Aufgabenstellung

In den Modellen Z104 EXPONENTIELLE VERZÖGERUNG und Z112 ZWEIFACHE INTEGRATION UND EXPONENTIELLE VERZÖGERUNG wurde bereits der verzögernde Effekt einer exponentiellen Rückkopplung behandelt. Jeder weitere Integrator mit einer negativen Eigenkopplung verzögert das Eingangssignal weiter. Die exponentielle Verzögerung 1. und 3. Ordnung (mit drei Integratoren) werden in Simulationsmodellen häufig eingesetzt und sind fester Bestandteil von Simulations-Software (als DELAY1 und DELAY3).

Bei dieser Anwendung wird an jedem Integrator der gleiche Eigenkopplungsfaktor eingesetzt. Da er negatives Vorzeichen hat und damit einen ständigen Zustandsverlust ("Leckverlust") erzeugt, wird der Eigenkopplungsfaktor hier mit SPEZIFISCHE VERLUSTRATE a bezeichnet. Ist $a = 0$, so produziert das System die dreifache Integration des Eingangssignals. Das Ergebnis entspricht dann den analytischen Integrationsformeln. Ist die Verlustrate $a > 0$, so entsteht an jedem Integrator ein Verzögerungseffekt. Dieser hat an jedem Integrator den Wert von $1/a$; insgesamt ist die Verzögerungszeit daher $T_{D3} = 3/a$ [Zeiteinheit]. Bei starker Rückkopplung ergibt sich eine kleine Signalverzögerung, bei schwacher Rückkopplung ist die Verzögerung größer.

Simulationsmodell

Das Modell ist im Simulationsdiagramm Z116a und in den folgenden Gleichungen dokumentiert. Der erste Integrator integriert die *Änderung Z*, d.h. *Eingangsfunktion* vermindert um die SPEZIFISCHE VERLUSTRATE * *Zustand Z*. Bei den anderen Integratoren wiederholt sich der Vorgang. Die SPEZIFISCHE VERLUSTRATE a ist für alle drei Integratoren gleich. Als Eingangssignal wirkt wieder eine Kombination von Testfunktionen, wie bereits auch bei anderen Modellen verwendet.

Parameter (*Anfangszustände = 0, s. INTEG-Gleichungen*)
SPEZIF VERLUST RATE = 1 [1/Second]
PULSFOLGE = 0 [1/Second]
STUFE = 1 [1/Second]
RAMPE = 0 [1/Second]
SINUS = 0 [1/Second]
FREQUENZ = 0.1 [1/Second]

Dynamik
Änderung X = Zustand Y -SPEZIF VERLUST RATE *Zustand X [Second]
Änderung Y = Zustand Z -SPEZIF VERLUST RATE *Zustand Y [1]
Änderung Z = EingangsFunktion -SPEZIF VERLUST RATE *Zustand Z [1/Second]

EingangsFunktion = PULSFOLGE *50 *PULSE TRAIN (1, 0.02, 1, 20)
        +STUFE*STEP(1, 1) +RAMPE *RAMP (1, 1, 5) +SINUS *SIN(2 *3.14159
        *FREQUENZ *Time) [1/Second]
Zustand X = INTEG (Änderung X,0) [Second*Second]
Zustand Y = INTEG (Änderung Y,0) [Second]
Zustand Z = INTEG (Änderung Z,0) [1]

Simulationszeitparameter
INITIAL TIME = 0 [Second]
FINAL TIME = 10 [Second]
TIME STEP = 0.01 [Second]

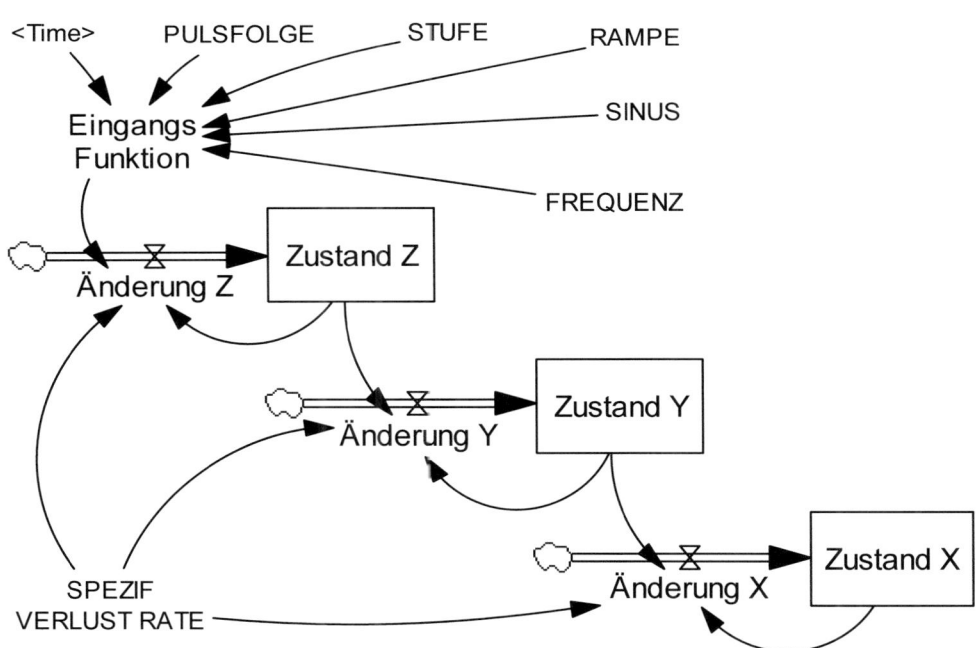

Abb. Z116a: Simulationsdiagramm für dreifache Integration mit Dämpfung.

Simulationsergebnisse

Abb. Z116b zeigt zunächst das Ergebnis für den normalen dreifachen Integrationsvorgang ($a = 0$). Die Eingangsfunktion ist hier ein einzelner Puls mit Pulshöhe 50, definiert durch PULSE TRAIN (1, 0.02, 50, 50), d.h. Pulsbeginn bei *Time* = 1, Pulsdauer =

0.02, Pulsperiode = 50, Ende der Pulsfolge = 50. Die Pulsstärke (Pulsfläche = Pulshöhe * Pulsbreite) ist hier = 1. Hieraus ergibt sich bei *Zustand Z* ein konstantes Ausgangssignal von 1. Dieses wird im zweiten Integrator zu einem linearen Anstieg *Zustand Y* = 1 · *Time* und im dritten Integrator zu einer quadratischen Zeitfunktion *Zustand X* = 1 · *Time*^{2} integriert. Das Simulationsergebnis entspricht den Integrationsformeln.

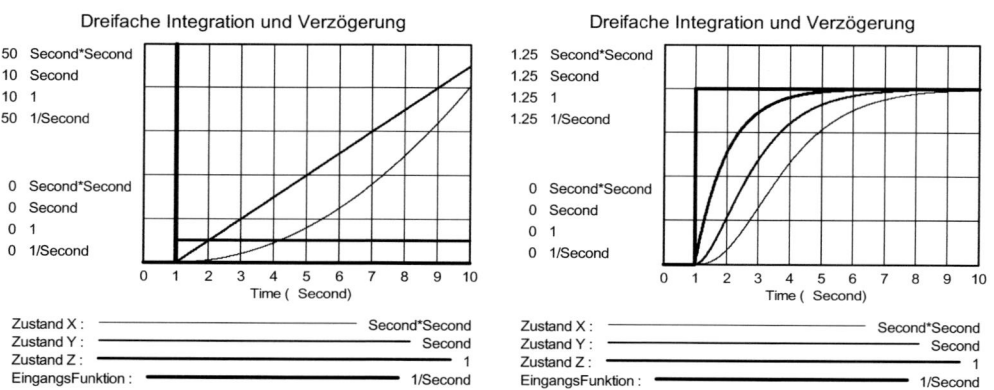

Abb. Z116b: Dreifache Integration eines Pulses (ohne Dämpfung) führt nacheinander zu Sprung, Rampe und Parabel.
Abb. Z116c: Bei negativer Rückkopplung (Dämpfung, Leck) ergibt sich ein Verzögerungseffekt.

Abb. Z116c zeigt das Ergebnis für eine negative Rückkopplung (positive SPEZIFISCHE VERLUSTRATE $a > 0$, hier $a = 1$). An jedem Integrator entsteht jetzt ein zustandsproportionaler Verlust. Ist $u(t)$ eine Sprungfunktion mit u = const (hier $u = 1$) für $t > t_{Sprung}$ (hier $t_{Sprung} = 1$), so wächst der *Zustand Z* bis zu dem Punkt, wo die exponentielle Verlustrate genau dem Eingangssignal u entspricht. Das jetzt konstante Ausgangssignal durchläuft als Eingang zum Integrator für *Zustand Y* den gleichen Effekt, so dass auch hier nach einiger Zeit ein konstantes Ausgangssignal *Zustand Y* erscheint. Der gleiche Vorgang wiederholt sich am Integrator für *Zustand X*. Für ein konstantes Eingangssignal u ergeben sich an den drei Integratoren die folgenden Gleichgewichtswerte: $z^* = u/a$, $y^* = u/a^2$, $x^* = u/a^3$.

In Abb. Z116d zeigt sich der Verzögerungseffekt deutlicher. Hier wurde eine bei *Time* = 0 beginnende Sinusschwingung (FREQUENZ $f = 0.5$) von einer Sprungfunktion der Stärke STUFE = 1 zur Zeit *Time* = 1 überlagert. Dieser Sprung führt am ersten Integrator zu einer konstanten Zustandserhöhung um 1, was wiederum auch den mittleren Ausgangswert der anderen Integratoren auf diesen Wert verschiebt. An allen drei Integratoren stellt sich eine dauerhafte Schwingung um den Zustandswert = 1 ein.

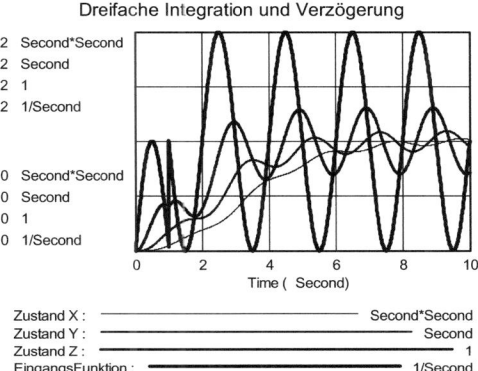

Abb. Z116d: Verzögerung einer Sinusschwingung mit überlagerter Sprungfunktion (STUFE = 1 bei *t* = 1).

Arbeitsvorschläge

1. Verwenden Sie das Modell mit *a* = 0, um die verschiedenen Testfunktionen (Puls, Stufe, Rampe, Sinus) ein-, zwei- und dreimal mal über die Zeit zu integrieren. Vergleichen Sie die Ergebnisse mit den analytischen Integrationsformeln.

2. Untersuchen Sie die Abhängigkeit der Gleichgewichtswerte der drei Integratoren vom Rückkopplungsparameter *a*.

3. Berechnen Sie analytisch, um welchen Faktor sich die Amplitude einer Sinusschwingung mit jeder Integration verändert. Überprüfen Sie das Ergebnis durch Simulation.

4. Bestätigen Sie durch Simulationen, dass bei linearen Systemen (wie diesem) die Summe der Ausgangszustände als Reaktion auf bestimmte einzeln wirkende Eingangsfunktionen gleich dem Ausgangszustand ist, der sich ergibt, wenn die Eingangsfunktion aus der Summe der einzelnen Funktionen besteht (Überlagerungsprinzip). (Hierzu am besten die Eingangsfunktion im Modell direkt ändern.)

Z117 Linearer Schwinger 3. Ordnung

Aufgabenstellung

Schwingungsfähige lineare Systeme höherer Ordnung als zwei finden sich in vielen technischen Systemen, vor allem auch in Regelsystemen. Es stellt sich zunächst einmal die Frage, ob bei solchen Systemen qualitativ gänzlich andere Verhaltensweisen zu erwarten sind. Das ist nicht der Fall: Alle Verhaltensmöglichkeiten linearer Systeme treten bereits beim System zweiter Ordnung auf, so dass dessen Analyse auch für das Verständnis linearer Systemen höherer Ordnung (mit einer größeren Zahl von Zustandsgrößen) grundsätzliche Bedeutung hat. (Zum theoretischen Hintergrund s. Bossel SDS 2004, besonders Kap. 6 *Systemanalyse*.)

Lineare Systeme können bei identischem Verhalten auf verschiedene Weise realisiert werden. Ihre Differentialgleichung hat die (Vektor)Form

$$\frac{d\mathbf{x}}{dt} = \mathbf{A}\mathbf{x}$$

wobei $\mathbf{x}$ der Zustandsvektor und $\mathbf{A}$ die Systemmatrix ist. Die Systemmatrix gibt die Kopplungen zwischen den Zustandsgrößen wieder: Je mehr Einträge sie enthält, die nicht Null sind, umso mehr Kopplungen bestehen zwischen Zustandsgrößen. Man unterscheidet drei verschiedene Typen von Systemmatrizen: die allgemeine Form, die Standardform und die Normalform. Jede dieser Formen lässt sich mathematisch in jede andere überführen.

Die allgemeine Form kann Kopplungseinträge an jeder Stelle haben. Bei N Zustandsgrößen ergeben sich also N^2 mögliche Verkopplungen. Bei der Normalform sind die Verhaltensmodi des Systems voneinander getrennt; jede der Zustandsgrößen ist dann nur mit sich selbst verkoppelt. Die Zahl der Kopplungen reduziert sich dann auf N. Diese Systemform ist mathematisch elegant, aber in technischen Lösungen selten materiell umzusetzen. Die Standardform ist hingegen besonders praxisrelevant, weil sie der normalen Verkopplung technischer Komponenten entspricht. Sie hat $(2 \cdot N - 1)$ Verkopplungsmöglichkeiten und reduziert daher die Strukturkomplexität auf ein vernünftiges Maß. (S. hierzu Bossel SDS 2004 Kap. 6, bes. S. 330-334)

Für ein System dritter Ordnung ist die Systemmatrix in der Standardform

$$\mathbf{A} = \begin{bmatrix} 0 & 1 & 0 \\ 0 & 0 & 1 \\ a & b & c \end{bmatrix}$$

Diese Systemmatrix hat das charakteristische Polynom

$$-\lambda^3 + c\lambda^2 + b\lambda + a = 0$$

Seine Lösung ergibt die Eigenwerte λ_1, λ_2, λ_3 des Systems. Die Verhaltensmöglichkeiten sind grundsätzlich die gleichen wie auch bereits beim linearen Schwinger 2. Ordnung (gedämpftes und ungedämpftes, periodisches und aperiodisches Verhalten). Der Parameter c ist in erster Linie für die Dämpfung, die Parameter a und b sind für die Schwingung und ihre Frequenz verantwortlich. Alle anderen linearen Systeme dritter Ordnung sind ebenfalls auf diese Form zurückführbar. Bei dieser Standardform sind alle Zustandsgrößen auf die erste Zustandsgröße der Integrationskette z zurückgekoppelt. Zusätzlich ist eine auf die Zustandsgröße z wirkende exogene Funktion $u(t)$ vorgesehen.

Den drei Zustandsgrößen entsprechen drei Eigenwerte und drei Verhaltensmoden vom Typ $e^{\lambda t}$ oder $e^{\sigma t} \sin \omega t$. Hierbei ist σ der Realteil des (allgemein komplexen) Eigenwerts: $\sigma = Re(\lambda)$. Die allgemeine Lösung ist eine Kombination dieser periodischen, aperiodischen, gedämpften oder angefachten Lösungen. Das Systemverhalten ist stabil nur wenn der Realteil des Eigenwerts < 0 ist, d.h. für $Re(\lambda) < 0$. Wie auch beim harmonischen Schwinger zweiter Ordnung bestimmt die Eigenwertlage das Verhalten des Systems.

Simulationsmodell

Das Modell für den Schwinger dritter Ordnung mit der Verkopplung entsprechend der Standardform der Systemmatrix ist in Abb. Z117a und den folgenden Modellgleichungen dokumentiert. Wie sich aus der Systemmatrix ergibt, erhält der *Zustand Z* von sich selbst und den anderen Zustandsgrößen Kopplungsbeiträge, während *Zustand Y* und *Zustand X* lediglich den vorgelagerten Zustand unverändert integrieren (Kopplungsfaktor = 1). Die Untersuchung möglicher Verhaltensweisen reduziert sich also auf die Variation der drei KOPPLUNGSFAKTOREN Z NACH Z ($= c$), Y NACH Z ($= b$) und X NACH Z ($= a$). Als Eingangsfunktion sind wieder die üblichen Testfunktionen vorgesehen, die auch beliebig kombiniert werden können.

Parameter und Anfangswerte
ANFANGSWERT X = 0 [Sekunde*Sekunde]
ANFANGSWERT Y = 0 [Sekunde]
ANFANGSWERT Z = 0 [1]
KOPPLUNGS FAKTOR X NACH Z = -1 [1/(Sekunde*Sekunde*Sekunde)]
KOPPLUNGS FAKTOR Y NACH Z = -1 [1/(Sekunde*Sekunde)]
KOPPLUNGS FAKTOR Z NACH Z = -2 [1/Sekunde]
PULSFOLGE = 1 [1/Sekunde]
STUFE = 0 [1/Sekunde]
RAMPE = 0 [1/Sekunde]
SINUS = 0 [1/Sekunde]
FREQUENZ = 0.1 [1/Sekunde]

Dynamik
EingangsFunktion = PULSFOLGE *10 *PULSE TRAIN (1, 0.1, FINAL TIME, FINAL
        TIME) +STUFE *STEP(1, 1) +RAMPE *RAMP (1, 1, 5) +SINUS *SIN (2
        *3.14159 *FREQUENZ *Time) [1/Sekunde]
Änderung X = Zustand Y [Sekunde]
Änderung Y = Zustand Z [1]
Änderung Z = (KOPPLUNGS FAKTOR X NACH Z *Zustand X) +(KOPPLUNGS FAK-
        TOR Y NACH Z *Zustand Y) +(KOPPLUNGS FAKTOR Z NACH Z *Zustand Z)
        +EingangsFunktion [1/Sekunde]
Zustand X = INTEG (Änderung X, ANFANGSWERT X) [Sekunde*Sekunde]
Zustand Y = INTEG (Änderung Y, ANFANGSWERT Y) [Sekunde]
Zustand Z = INTEG (Änderung Z, ANFANGSWERT Z) [1]

Simulationszeitparameter
INITIAL TIME = 0 [Sekunde]
FINAL TIME = 20 [Sekunde]
TIME STEP = 0.01 [Sekunde]

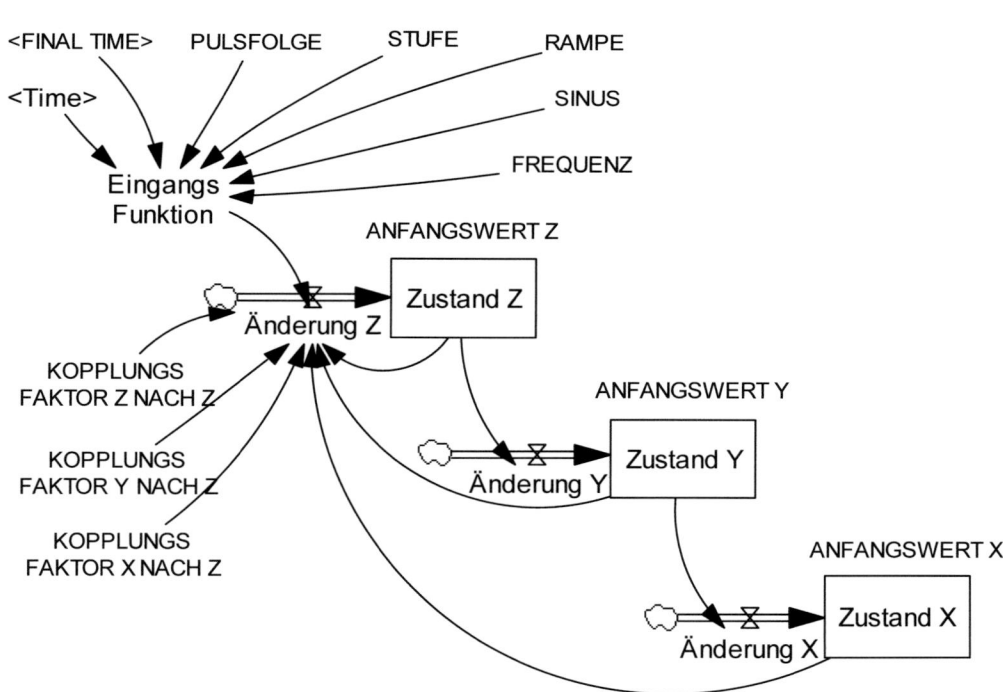

Abb. Z117a: Simulationsdiagramm des Schwingers 3. Ordnung.

Für die Parameterwerte der Voreinstellung ($a = -1$, $b = -1$, $c = -2$) ergibt sich eine stark gedämpfte Schwingung, nachdem ein Puls der Größe 1 auf das ruhende System zur Zeit $t = 1$ aufgegeben wurde (Abb. Z117b). Aus dem Zeitdiagramm ist eine Periode von etwa 8 ablesbar. Am jeweils folgenden Integrator zeigt sich ein gegenüber dem Vorintegrator verzögertes Signal.

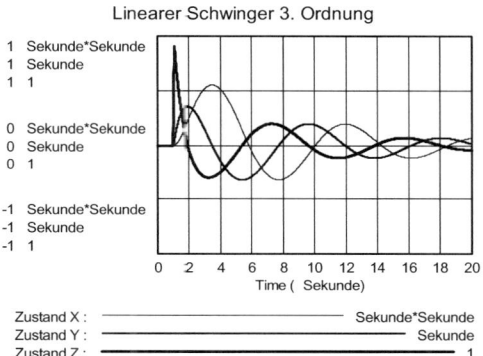

Abb. Z117b: Schwingungen der drei Zustandsgrößen als Folge eines Anfangspulses.

Arbeitsvorschläge

1. Suchen Sie durch mehrfache Simulation und Auftragen der Zeitdiagramme für eine Zustandsgröße in einem Diagramm nach Parametern für stärker gedämpfte Lösungen. Finden Sie eine Parameterkombination, bei der die Schwingungen verschwinden.
2. Wie lassen sich durch Veränderung der Parameter die Frequenz und die Periode der Schwingung verändern?
3. Berechnen Sie mit den Parameterwerten der Voreinstellung die Eigenwerte, Dämpfung und Eigenfrequenz des Systems. Vergleichen Sie mit dem Simulationsergebnis.
4. Finden Sie eine Parameterauswahl für eine ausschließlich aperiodisch gedämpfte Lösung (entsprechend drei rein reellen und negativen Eigenwerten).
5. Finden Sie Kombinationen von Kopplungsparametern, die jede der beim Modell Z114 (und Z115) beobachteten qualitativ verschiedenen, stabilen und instabilen Verhaltensweisen erzeugen.

Literaturhinweise

Lehrbücher der Regeltechnik, sowie
Bossel, H. 2004: *Systeme, Dynamik, Simulation – Modellbildung, Analyse und Simulation komplexer Systeme.* Books on Demand, Norderstedt (bes. Kap. 6 *Systemanalyse*)

2
Technik und Physik

Überblick

Unabhängig voneinander entwickelten Newton und Leibniz etwa gleichzeitig die Infinitesimalrechnung und legten damit die Grundlage für die Berechnung dynamischer Systeme. Grundprozesse der Mechanik, wie die Bewegung von Körpern als Reaktion auf Beschleunigungen, konnten mit diesem mathematischen Ansatz der Differential- und Integralrechnung genau beschrieben und berechnet werden. Die weitaus meisten mathematischen Modellbildungen und Simulationen hat es daher für dynamische Systeme in Technik und Physik gegeben, weil deren Dynamik weitgehend von exakten, mathematisch formulierbaren Naturgesetzen bestimmt wird. Die dort entwickelten Methoden der Systemdarstellung, Systemanalyse, Regelung und Optimierung, Berechnung und Computersimulation sind erst im späteren 20. Jahrhunderts zunehmend auch in andere – weniger exakt formulierbare, d.h. „weichere" – Bereiche der Natur- und Sozialwissenschaften übertragen worden.

Vor dem Aufkommen der Computer mussten sich Untersuchungen dynamischer Systeme fast ausschließlich auf „lineare" oder „linearisierte" Systeme beschränken, für die der Rechenaufwand noch mit Stift, Papier und viel Zeit zu bewältigen war, die aber nur ein beschränktes Verhaltensrepertoire haben. Erst mit der Möglichkeit der Computersimulation zeigte sich die ungeheure Vielfalt dynamischen Verhaltens bei den vorher zwangsläufig weitgehend ignorierten „nichtlinearen" Systemen[2]. Es zeigte sich vor allem, dass nichtlineare Systeme einerseits chaotisches Verhalten (etwa beim Wetter), andererseits selbstorganisierendes und ordnendes Verhalten (etwa beim Laser) zeigen können. Sie ermöglichen damit u.a. die Entwicklung und Evolution des Lebens, wie auch ähnliche Prozesse etwa in den Sozialwissenschaften. Nichtlineare Systeme sind es also, die die Entwicklungen in allen Bereichen der Realität vorwiegend bestimmen[3].

Die in diesem Kapitel vorgestellten 14 Simulationsmodelle geben einerseits einen Einblick in mögliche Verhaltensweisen nichtlinearer Systeme. Andererseits stellen sie beispielhaft auch typische technische Anwendungen von Simulationsmodellen bei Regelungs- und Optimierungsaufgaben und bei der Berechnung von Wärmeflüssen und Geschwindigkeitsverteilungen in Strömungen dar.

---

[2] Bei linearen Systemen sind Zustandsänderungen ausschließlich als Zeitfunktionen oder als lineare Funktionen von Zustandsgrößen erlaubt (z.B. $dx/dt = ax + c$). Bei nichtlinearen Systemen ist jede beliebige Zustandsänderung möglich (z.B. logistisches Wachstum $dx/dt = ax(1-x)$). In der Realität finden sich oft sehr komplexe nichtlineare Zusammenhänge, die zu überraschendem Verhalten führen können (z.B. Chaos).

[3] s. hierzu Klaus Mainzer: *Thinking in Complexity – The computational dynamics of matter, mind, and mankind*. 4th ed., Springer Heidelberg 2003

Z201 Rotationspendel. Ein Pendel: eine an einem starren Stab an einem Drehpunkt aufgehängte Masse – ein einfacheres mechanisches System ist kaum denkbar. Korrekt formuliert, erweist es sich aber bereits als nichtlineares System mit mehreren Verhaltensmöglichkeiten, je nach Anfangsgeschwindigkeit und -position des Pendels und seinem Luft- bzw. Reibungswiderstand. Die Bewegung ist instabil im oberen Totpunkt, stabil um den unteren Totpunkt. Bei hoher Anfangsgeschwindigkeit wird das Pendel zunächst um seinen Drehpunkt kreisen, später wird es um den unteren Totpunkt pendeln und dort schließlich zur Ruhe kommen. Nur wenn die Pendelausschläge als sehr klein angenommen werden, kann das System mit einer linearen Differentialgleichung formuliert werden, die das Verhalten auch des nichtlinearen System an seinen Totpunkten ersatzweise beschreiben kann.

Z202 Schwinger mit Grenzzyklus (van der Pol). Aus den Anfangszeiten der Radiotechnik stammt ein Schwingungssystem, bei dem durch eine nichtlineare Komponente im Schaltkreis (Triode-Radioröhre) eine Stabilisierung elektronischer Schwingungen auf die konstante Frequenz eines „Grenzzyklus" erreicht wurde. Die gleiche Systemstruktur stabilisiert auch die Herztätigkeit, führt zu wind-erregten Schwingungen bei Bauteilen, zu Flattererscheinungen an Flugzeugen, oder zu Schwingungen bei gewissen chemischen Reaktionen.

Z203 Brusselator. In der Chemie ist die Belousov-Zhabotinsky-Reaktion bekannt geworden durch ihre Eigenschaft, unter gewissen Bedingungen zu Schwingungen und räumlichen Mustern zu führen. Ursache ist auch hier eine nichtlineare Zustandsänderung. Der „Brusselator" ist ein einfaches Modell dieser Reaktion, mit dem sich die Verhaltensmöglichkeiten untersuchen lassen. Die chemische Oszillation – die periodische Schwankung der Konzentrationen zweier Komponenten – wird auch hier durch einen Grenzzyklus stabilisiert.

Z204 Bistabiler Schwinger. Fügt man einem linearen Schwinger (wie Z114) eine kubische negative Rückkopplung einer Zustandgröße auf die Veränderungsrate der zweiten dazu, so können sich (gedämpfte) Schwingungen um einen von zwei stabilen Gleichgewichtspunkten ergeben. Ein (positiver oder negativer) kubischer Rückkopplungsterm ist Kennzeichen der sog. Duffing-Systeme. Zu ihnen gehören u.a. der elektrische Relaxations-Schwingkreis mit kubischer Widerstandsfunktion, ein mechanischer Schwinger mit progressiver Verhärtung einer Feder, eine Blattfeder zwischen zwei Permanent-Magneten. Der Schwinger mit negativer kubischer Rückkopplung kann als Flip-Flop Schalter zum Sortieren verwendet werden: Je nach Anfangszustand läuft das System auf einen von zwei möglichen stabilen Zuständen zu.

Z205 Chaotischer bistabiler Schwinger (Duffing). Das regelmäßige Verhalten des bistabilen Schwingers ändert sich völlig, wenn er mit einer harmonischen Schwingung erregt wird. Das System lässt sich z.B. realisieren durch einen festen Rahmen, in dem eine Blattfeder zwischen zwei Permanentmagneten schwingen kann. Wird der Rahmen nun regelmäßig hin und her bewegt, so schwingt die Blattfeder zeitweise um den einen Gleichgewichtspunkt des bistabilen Schwingers, um dann „völlig unvorhersehbar" in den Attraktionsbereich des anderen Gleichgewichtspunkts zu springen, dort kürzer oder länger zu verbleiben, wieder zurückzuspringen, usw. Das System zeigt unvorhersehbares chaotisches Verhalten – obwohl seine Komponenten (die bistabile Schwingung und die periodische Anregung) jeweils völlig reguläre und exakt berechenbare Vorgänge sind.

Z206 Wärme, Wetter und Chaos (Lorenz-System). Chaotische Vorgänge zeichnen sich dadurch aus, dass winzige Unterschiede bei Anfangszuständen zu völlig anderen Systementwicklungen führen können. Das Wetter ist ein Beispiel: Der sprichwörtliche Flügelschlag eines Schmetterlings in Westafrika kann (theoretisch) darüber entscheiden, ob sich ein Hurrikan in der Karibik entwickelt. Bei Computersimulationen grundsätzlicher Wettervorgänge mit einem extrem vereinfachten Gleichungssystem stieß Lorenz auf dieses Phänomen. Auf dem Lorenz-Attraktor, der selbst die Form eines Schmetterlings hat, bewegt sich der Systemzustand in unvorhersehbarer Weise mal um den einen, dann wieder um den zweiten stabilen Gleichgewichtspunkt – ohne aber je zur Ruhe zu kommen.

Z207 Chaotischer Attraktor (Rössler). Grundsätzliche Einsichten in chaotische Vorgänge lassen sich mit dem Rössler-Attraktor, dem „einfach gefalteten Band" gewinnen. Es ist eine mathematische Konstruktion und stellt kein reales System dar. Je nach Parameterwahl stellen sich hier mehrperiodige Grenzzyklen oder ähnlich verlaufende (aber sich nicht wiederholende) chaotische Bahnen ein.

Z208 Verkoppelte Dynamos und Chaos. Werden zwei Dynamos verkoppelt, so dass der im einen Dynamo erzeugte Strom den anderen durch einen Elektromotor antreibt – und umgekehrt – und werden Reibungsverluste vernachlässigt, so ergibt auch dieses verkoppelte System ein chaotisches Verhalten. Auch hier bewegen sich die Zustandsbahnen um einen Gleichgewichtspunkt, um dann plötzlich in den Bereich des anderen Gleichgewichtspunkts zu springen.

Z209 Balanzierer. Instabile Systeme lassen sich durch den Einfluss zusätzlicher Systemkomponenten stabilisieren. Ein aufrecht stehender Besen lässt sich z.B. auf dem Zeigefinger stabilisieren, indem man den Finger so hin und her bewegt, dass das beginnende Umfallen immer gerade wieder aufgefangen wird. Das Problem hat z.B. große praktische Bedeutung beim Start von Weltraumraketen. Um einen Prozess wirksam regeln zu können, müssen wichtige Zustandsgrößen gemessen und mit dem gewünschten Zustand verglichen werden. Bei Abweichungen greift eine negative Rückkopplung, die der unerwünschten Entwicklung eine rückstellende Kraft entgegensetzt. Der Entwurf effizienter Regler ist eine Wissenschaft für sich, denn jeder muss speziell für das System entwickelt werden, bei dem er eingesetzt werden soll. Hierbei spielt die Computersimulation eine wichtige Rolle. Negative Rückkopplungen zur Regelung von Zuständen werden nicht nur in technischen Prozessen gezielt eingesetzt, sondern sie finden sich überall, vor allem auch bei Organismen (z.B. Temperaturkontrolle) oder in Ökosystemen (z.B. Populationskontrolle durch Nährstoffmangel oder Fressfeinde).

Z210 Aufwindsuche. Die Stabilisierung an sich instabiler Vorgänge ist nur eine der Aufgaben, für die Regelsysteme entwickelt werden. Erhebliche Bedeutung hat vor allem auch die Optimierung von Prozessen: möglichst hoher Nutzen (Raumwärme, Transport, Produktion) bei möglichst geringem Energieverbrauch, hohe Ernte bei möglichst geringem Einsatz von Bewässerung, Düngern und Pestiziden, oder allgemein: bestmögliche Nutzung vorhandener Ressourcen. Wegen der Komplexität des Systems und der Umstände, unter denen es optimal arbeiten soll, ist das Auffinden etwaiger Optima oft bereits der schwierigste Teil der Aufgabe. Optimierung gleicht der Aufgabe, mit verbundenen Augen in einem bergigen Gelände nicht nur rasch den höchsten Berg zu finden, sondern diesen auch noch schnellstmöglich zu erklimmen. Diese Aufgabe stellt sich auch dem Segelflieger, der auf seinem Flugweg unsichtbare Aufwinde finden und in ihnen möglichst rasch steigen muss. Es gilt, hierfür eine optimale Flugregel zu finden, die sicheres Auffinden der Thermik und rasches Steigen in ihr gewährleistet. Interessanterweise ist die so ermittelte Flugregel auch auf ganz andere Fälle anwendbar, in denen unter unbekannten Bedingungen optimiert werden muss.

Z211 Flugdynamik. Piloten von Verkehrs- und Militärflugzeugen absolvieren Hunderte von Flugstunden in Flugsimulatoren. Deren simuliertes Verhalten entspricht so genau dem der richtigen Flugzeuge, dass die am Simulator gewonnene Flugerfahrung die aus vielen kostspieligen Flugstunden ersetzen kann. Vor allem können gefahrlos Flugmanöver und Gefahrenzustände trainiert werden, die im richtigen Flugbetrieb normalerweise nicht geübt werden können. Grundlage jedes Flugsimulators ist ein System von Differentialgleichungen, das unter Berücksichtigung der Steuereingriffe und aller Geschwindigkeiten und Beschleunigungen und der dadurch verursachten Kräfte und Momente die jeweiligen Bewegungen des Flugzeuges berechnet. Im Gleichungssystem müssen Massenkräfte und -momente wie auch die aerodynamischen Kräfte und Momente von Rumpf, Tragflächen und Steuerflächen berücksichtigt werden. Das Gleichungssystem muss daher mit einer großen Zahl sog. Beiwerte quantifiziert werden, die wiederum aus umfangreichen Berechnungen oder Messungen stammen. Simulierte Flugdynamik ist bereits beim Flugzeugentwurf eine wichtige Unterstützung, um gut abgestimmte Flugeigenschaften und hohe Manövrierfähigkeit zu erreichen.

Z212 Hausheizung. Die Temperatur im Innern eines Wohnhauses ist davon abhängig, wie viel Wärme durch die Heizung erzeugt, durch Sonneneinstrahlung gewonnen und durch Außenwände, Fenster, Dach und Boden abgegeben wird. Bei dieser Wärmebilanz spielen die Größen der Außenflächen, ihre Orientierung zur Sonne und vor allem die Wärmeübergangswerte der verwendeten Bau- und Dämmmaterialien eine herausragende Rolle. Schließlich ist die Wärmebilanz noch vom täglichen Wechsel von Außentemperatur, Heizleistung, Sonnenstand und Sonnenscheindauer abhängig. Um ein Haus optimal für niedrigen Energieverbrauch zu entwerfen und auszurüsten, muss seine jahreszeitlich sich verändernde Energiebilanz in einem Simulationsmodell dargestellt werden. Mit einem solchen Modell können leicht die unterschiedlichsten Entwurfsvarianten untersucht werden, um eine optimale Auslegung in Bezug auf Fensterflächen, Baumaterialien, Heizungssystem, Energieverbrauch, Kosten und Ästhetik zu finden.

Z213 Integralrelationen und Wärmefluss. Die bisher betrachteten Systeme haben als einzige unabhängige Veränderliche die Zeit. Sie können daher durch gewöhnliche Differentialgleichungen ausgedrückt werden, in denen nur die Ableitung nach der Zeit (z.B. df/dt) erscheint. Viele Vorgänge in der Realität sind aber nicht nur zeitlich veränderlich (wie z.B. Außentemperatur eines Hauses, Geschwindigkeit eines Fahrzeugs, Stromstärke in einer Leitung) sondern sie haben auch eine räumlich veränderliche Verteilung (wie z.B. Temperaturverteilung in einem einseitig erhitzten Stück Stahl, Geschwindigkeitsfeld um einen Flügel, Konzentration eines punktuell eingeleiteten chemischen Stoffes in einem Gewässer). Solche Prozesse müssen mit partiellen Differentialgleichungen beschrieben werden, in denen partielle Ableitungen (Zeichen: ∂) nach allen verwendeten unabhängigen Veränderlichen (meist: Zeit t und Raumkoordinaten x, y und z) erscheinen (d.h. $\partial f/\partial t$, $\partial f/\partial x$, $\partial f/\partial y$ usw.). Mit etwas mathematischem Aufwand ist es manchmal möglich, einen mit partiellen Differentialgleichungen dargestellten Prozess mit einem System gewöhnlicher Differentialgleichungen auszudrücken, die dann mit den hierfür entwickelten Computerverfahren effizient berechnet werden können. Der Trick hierbei ist, die räumliche Verteilung durch eine mathematische Funktion zu approximieren, deren Parameter dann durch die numerische Integration der verbleibenden gewöhnlichen Differentialgleichungen ermittelt werden können (Methode der Integralrelationen). Varianten dieses Verfahren haben als „Methode der finiten Elemente" eine weite Verbreitung vor allem bei technischen Anwendungen gefunden (z.B. Spannungs- und Temperaturverteilungen in komplexen Bauteilen, Strömungsberechnungen, Simulation von Crashtests). Als einfaches Beispiel für dieses Verfahren wird die über die Länge eines Metallstabes variable und zeitlich veränderliche Temperaturverteilung in Abhängigkeit von unterschiedlicher und zeitabhängigen Erhitzung oder Abkühlung an seinen beiden Enden berechnet.

Z214 Grenzschichtströmung. Mathematisch gesehen ist die räumliche Abhängigkeit ($\partial f/\partial x$) nicht anders zu behandeln als eine zeitliche ($\partial f/\partial t$). Mit dem Integralverfahren von Z213 muss es also auch prinzipiell möglich sein, durch partielle Differentialgleichungen in zwei Raumdimensionen ausgedrückte stationäre (zeitunabhängige) Vorgänge zu berechnen. Zweidimensionale Strömungen z.B. über Tragflächenprofile bieten hierfür ein Beispiel. Mit solchen Berechnungen lassen sich z.B. Profile ermitteln, die gute Auftriebswerte bei minimalem Widerstand haben. Das Verfahren wird hier am Beispiel der Strömung um einen Kreiszylinder demonstriert. Bei diesem löst sich die Strömung kurz hinter der dicksten Stelle ab, um dann eine turbulente Wirbelschleppe zu bilden.

Z201 Rotationspendel

Aufgabenstellung

Ein Stabpendel ist ein denkbar einfaches physikalisches System, aber seine Bewegungsgleichungen sind nichtlinear, und es zeigt entsprechend komplexes Verhalten. Es kann um seinen Aufhängungspunkt schwingen (und dabei seine Bewegungsrichtung ständig wechseln) oder kreisen (und dabei seine Bewegungsrichtung beibehalten). Es hat Gleichgewichtspunkte, die stabil (am unteren Totpunkt) oder instabil (am oberen Totpunkt) sein können. Seine Bewegung hängt entscheidend von den Anfangsbedingungen (Auslenkungswinkel und Winkelgeschwindigkeit) ab.

Das Verhalten wird auch von einem idealisierten Modellsystem noch korrekt erfasst. Annahme: Ein gewichtsloser, starrer Stab ist an einem Endpunkt drehbar gelagert, so dass er in einer senkrechten Ebene rotieren kann. Am anderen Ende des Stabs befindet sich eine punktförmige Masse. Wird das Pendel anfangs mit hoher Winkelgeschwindigkeit angestoßen, so kann es mehrfach um den Drehpunkt rotieren, bevor es schließlich nach einigem gedämpften Hin- und Herpendeln am unteren Totpunkt zum Stillstand kommt. Die Bewegung wird durch die Luftreibung des Pendels gedämpft; sie treibt wegen der Schwerkraft auf Stillstand am unteren Totpunkt zu.

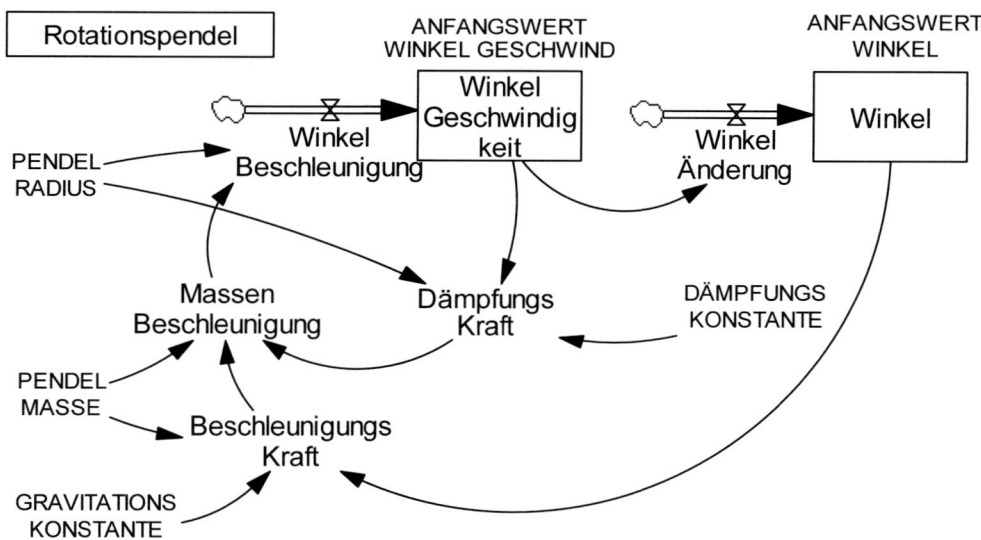

Abb. Z201a: Simulationsdiagramm für das Rotationspendel

Simulationsmodell

Das Modell des Rotationspendels wird in Bossel SDS 2004 (S. 162-172) im Detail entwickelt. Abb. Z201a zeigt das Simulationsdiagramm. Die entsprechenden Modellgleichungen sind im Folgenden aufgelistet. Das System mit den Zustandsgrößen *Winkelgeschwindigkeit* und *Winkel* zeigt eine Rückkopplungsschleife über beide Zustandsgrößen, die prinzipiell bereits Schwingungen erwarten lässt. Die Winkelgeschwindigkeit unterliegt einer *Dämpfungskraft* proportional zur *DÄMPFUNGSKONSTANTE* und zur momentanen *Winkelgeschwindigkeit* (laminare Dämpfung). Die Dämpfungskraft bestimmt, wie rasch die Bewegung zum Stillstand kommt. Entsprechend dem *Winkel* des Pendelausschlags verändert sich die in der jeweiligen Bahnrichtung liegende Beschleunigungskomponente der Schwerkraft (*Beschleunigungskraft*) nichtlinear mit dem Sinus des *Winkels*. Da die Schwerkraft immer nach „unten" wirkt, wirkt sie beschleunigend, wenn sich das Pendel nach unten, verzögernd, wenn es sich nach oben bewegt. Neben der Dämpfung sind für den Bewegungsablauf die Anfangsbedingungen, insbesondere die Winkelgeschwindigkeit, von großer Bedeutung.

Anfangswerte und Parameter
ANFANGSWERT WINKEL = 0 [1]
ANFANGSWERT WINKEL GESCHWIND = 10 [1/Second]
PENDEL MASSE = 1 [kg]
PENDEL RADIUS = 1 [m]
DÄMPFUNGS KONSTANTE = 1 [kg/Second]   [N/(m/s) = (kg*m/s²) /(m/s) = kg/s]
GRAVITATIONS KONSTANTE = 9.81 [m/(Second*Second)]

Pendeldynamik
BeschleunigungsKraft = PENDEL MASSE *GRAVITATIONS KONSTANTE
     *SIN(Winkel) [m*kg/(Second*Second)]
DämpfungsKraft = DÄMPFUNGS KONSTANTE *WinkelGeschwindigkeit *PENDEL
     RADIUS [m*kg/(Second*Second)]
MassenBeschleunigung = -(BeschleunigungsKraft +DämpfungsKraft) /PENDEL MAS-
     SE [m/(Second*Second)]
WinkelBeschleunigung = MassenBeschleunigung /PENDEL RADIUS [(1/Second)
     /Second]
WinkelGeschwindigkeit = INTEG (+WinkelBeschleunigung, ANFANGSWERT WINKEL
     GESCHWIND) [1/Second]
WinkelÄnderung = WinkelGeschwindigkeit [1/Second]
Winkel = INTEG (+WinkelÄnderung, ANFANGSWERT WINKEL) [1]

Simulationszeitschritte
INITIAL TIME = 0 [Second]
FINAL TIME = 10 [Second]
TIME STEP = 0.01 [Second]

Simulationsergebnisse

Abb. Z201b zeigt Simulationsergebnisse für die oben gewählten Anfangswerte und Parameter. Mit dieser Einstellung ist die Anfangswinkelgeschwindigkeit so hoch, dass zunächst eine volle Rotation, dann stark gedämpftes Pendeln auftritt. Das Pendel kommt beim Pendelwinkel $2\pi = 6.28 = 360$ Grad, d.h. nach einer Umdrehung zur Ruhe. Der Einfluss unterschiedlicher Anfangswerte auf die Bewegung, d.h. das Globalverhalten für die gewählten Parameter lässt sich durch Ankoppeln des Zusatzmoduls Z115 ZUSTANDSBILD untersuchen (Abb. Z201c). Bei hohen Winkelgeschwindigkeiten zeigen die Zustandstrajektorien Rotation, die sich an den oberen Totpunkten verlangsamt (Sättel); bei abnehmenden Winkelgeschwindigkeiten ergeben sich Pendelbewegungen, die schließlich am unteren Totpunkt enden (Strudel). Die Pendeldynamik wird in Bossel SDS 2004 (S. 183-201) ausführlich untersucht.

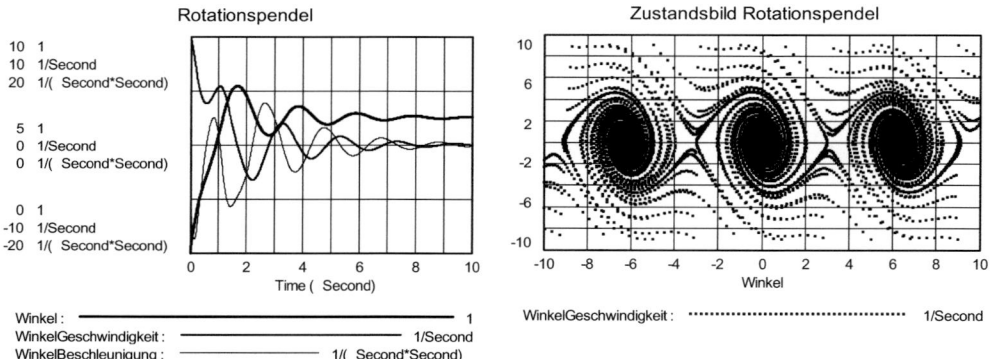

Abb. Z201b: Zeitdiagramm für anfangs hohe Winkelgeschwindigkeit.
Abb. Z201c: Zustandstrajektorien um den oberen Totpunkt (instabiler Sattel) und unteren Totpunkt (stabiler Strudel).

Arbeitsvorschläge

l. Lassen Sie das Pendelsystem zunächst mit einer DÄMPFUNGSKONSTANTE von 0.1 laufen und versuchen Sie, das Zustandsbild (*Winkelgeschwindigkeit* über *Winkel*) im Zusammenhang mit den entsprechenden Zeitdiagrammen für die verschiedenen Anfangsbedingungen zu verstehen. Identifizieren Sie die Bahnen, die (a) ein Hin- und Herpendeln, und (b) ein Rotieren um den Aufhängepunkt bedeuten.
2. Verändern Sie die DÄMPFUNGSKONSTANTE *d* zwischen 0 und 1 (negative Werte machen keinen physikalischen Sinn). Interpretieren Sie die Zustandsbahnen. Welche Beobachtungen machen Sie bei *d* = 0, wenn Sie die Rechenschrittweite der Simulation und das Integrationsverfahren (Euler oder Runge-Kutta) ändern? Welches Verfahren

und welche Schrittweite müssen verwendet werden, um die ungedämpfte Rotation richtig zu berechnen?

3. Untersuchen Sie für verschiedene Werte der DÄMPFUNGSKONSTANTE das Bild der Zustandsbahnen mit dem Zusatzmodul Z115 ZUSTANDSBILDER.

4. Wie verändert sich die Pendelfrequenz in Abhängigkeit von PENDELRADIUS und PENDELMASSE?

5. Untersuchen und vergleichen Sie das Zeitverhalten für unterschiedliche DÄMPFUNGSKONSTANTE bei Anfangswinkelgeschwindigkeiten, die auch für den stärksten Dämpfungswert mindestens noch eine Rotation erlauben. Wie erklären sich unterschiedliche Gleichgewichtszustände für verschiedene Dämpfungswerte? (Für den Vergleich die verschiedenen Läufe unter eigenen Namen abspeichern und dann in gemeinsames Diagramm zeichnen.)

6. Linearisieren Sie die Zustandsgleichungen des Pendels an jedem der beiden Gleichgewichtspunkte (s. hierzu Bossel SDS 2004, S. 199 ff). Ermitteln Sie dort jeweils die Systemmatrix des entsprechenden linearisierten Systems. Setzen Sie die gefundenen Werte in das lineare System des Modells Z114 LINEARER SCHWINGER ein und überprüfen Sie am Zustandsbild, ob das Verhalten jeweils mit dem Zustandsbild des nichtlinearen Systems in der Nähe des entsprechenden Gleichgewichtspunkts übereinstimmt.

Literatur

Bossel, H. 2004: *Systeme, Dynamik, Simulation – Modellbildung, Analyse und Simulation komplexer Systeme*. Books on Demand, Norderstedt. (S. 162-172, 183-201).

Z202 Schwinger mit Grenzzyklus (Van der Pol)

Aufgabenstellung

Sobald nichtlineare Terme in seiner Differentialgleichung erscheinen, kann das Verhalten eines Systems sich erheblich von dem eines linearen Systems unterscheiden. Das zeigt bereits das Pendel. Es können jetzt Phänomene auftreten, die es bei linearen Systemen nicht gibt. Eine solche Erscheinung ist der Grenzzyklus. Hier strebt das System mit der Zeit nicht auf einen Gleichgewichtszustand zu, sondern wiederholt dauerhaft die gleiche Schwingung.

Dieses Phänomen tritt z.B. beim van der Pol Schwinger auf. Das System wurde zunächst zur Stabilisierung elektronischer Schwingungen in Radioröhren (Triode) verwendet und beschrieben. Es stabilisiert aber auch die Herztätigkeit und es tritt bei strömungsinduzierten Schwingungen (windinduzierte Bauteilschwingung, aerodynamisches Flattern), in der Fahrzeugdynamik und bei gewissen chemischen Reaktionen auf.

Das System besteht im Wesentlichen aus einem linearen Schwinger mit zwei Zustandsgrößen x und y, der aber durch eine nichtlineare Strukturergänzung so modifiziert worden ist, dass sich bei großem x eine Dämpfung von y, bei kleinem x eine Verstärkung von y ergibt. Dies führt dazu, dass das System sich unabhängig von den Anfangsbedingungen sehr rasch auf einer stabilen Schwingung mit einer gleich bleibenden Amplitude stabilisiert. Im Zustandsdiagramm (x, y) erscheint diese stabile Schwingung als geschlossene Kurve (Grenzzyklus).

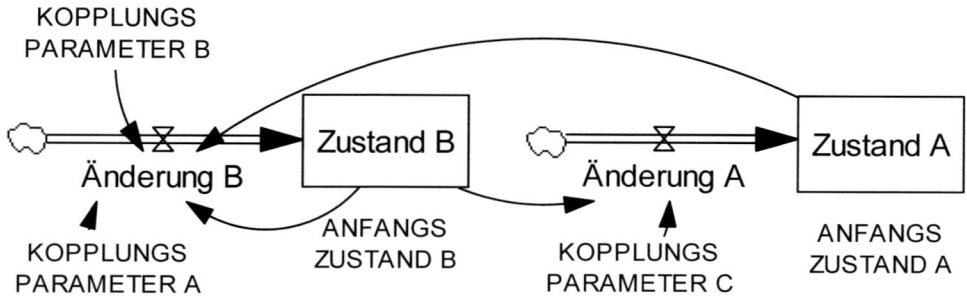

Abb. Z202a: Simulationsdiagramm für den Schwinger mit Grenzzyklus.

Simulationsmodell

Das Modell ist im Simulationsdiagramm Abb. Z202a und in den folgenden Modellgleichungen dokumentiert. Die direkte gegenseitige Verkopplung der Zustandsgrößen *Zustand A = x* und *Zustand B = y* entspricht zunächst dem harmonischen ungedämpften Schwinger. Die Eigenkopplung von *y* (KOPPLUNGSPARAMETER A), die bei negativem Vorzeichen eine Dämpfung verursacht, wird jetzt modifiziert durch den jeweiligen Zustand von *x* in einer Weise, dass bei positivem KOPPLUNGSPARAMETERS B und kleinem *x* eine Verstärkung von *y*, bei großem *x* eine Dämpfung von *y* auftritt. Dieser Vorzeichenwechsel wird durch den Term $(1 - x^2)$ verursacht.

Das Simulationsmodell entspricht dem Differentialgleichungssystem

$$dx/dt = c\,y$$
$$dy/dt = ay + b(1 - x^2)\,x$$

Parameter und Anfangszustand
KOPPLUNGS PARAMETER A = -1 [1/Second]
KOPPLUNGS PARAMETER B = 1 [1/Second]
KOPPLUNGS PARAMETER C = 1 [1/Second]
ANFANGS ZUSTAND A = 0
ANFANGS ZUSTAND B = 1

Dynamik
Änderung A = KOPPLUNGS PARAMETER C *Zustand B [1/Second]
Änderung B = KOPPLUNGS PARAMETER A *Zustand A +KOPPLUNGS PARAME-
    TER B*(1-Zustand A^2) *Zustand B [1/Second]
Zustand A = INTEG (Änderung A, ANFANGS ZUSTAND A) [1]
Zustand B = INTEG (Änderung B, ANFANGS ZUSTAND B) [1]

Simulationszeitparameter
INITIAL TIME = 0 [Second]
FINAL TIME = 20 [Second]
TIME STEP = 0.01 [Second]

Simulationsergebnisse

Abb. Z202b zeigt, dass sich bei ANFANGSZUSTAND A = 0, ANFANGSZUSTAND B = 1 sehr rasch eine ungedämpfte Schwingung einstellt, ohne dass das System durch eine Eingangsfunktion erregt wird. Bei Veränderung der Anfangsbedingungen stellt sich das System immer wieder nach kurzer Zeit auf die gleiche Schwingung ein. Das Zustandsbild Abb. Z202c zeigt deutlicher, dass auch bei ganz verschiedenen Anfangsbedingungen das System rasch mit dem gleichen Grenzzyklus schwingt. Das (mit dem

Zusatzmodul Z115 gerechnete) Zustandsbild Abb. Z202d bestätigt dieses Ergebnis für 100 verschiedene Anfangszustände. Am Ursprung der Zustandsebene (0, 0) hat das System einen instabilen Gleichgewichtspunkt. Sowohl von innerhalb wie von außerhalb des Grenzzyklus läuft die Bewegung immer rasch auf den Grenzzyklus zu und stabilisiert sich dort in ungedämpfter Schwingung.

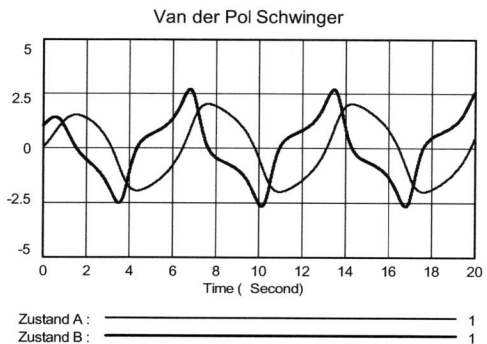

Abb. Z202b: Eigenschwingungen des van-der-Pol-Systems.

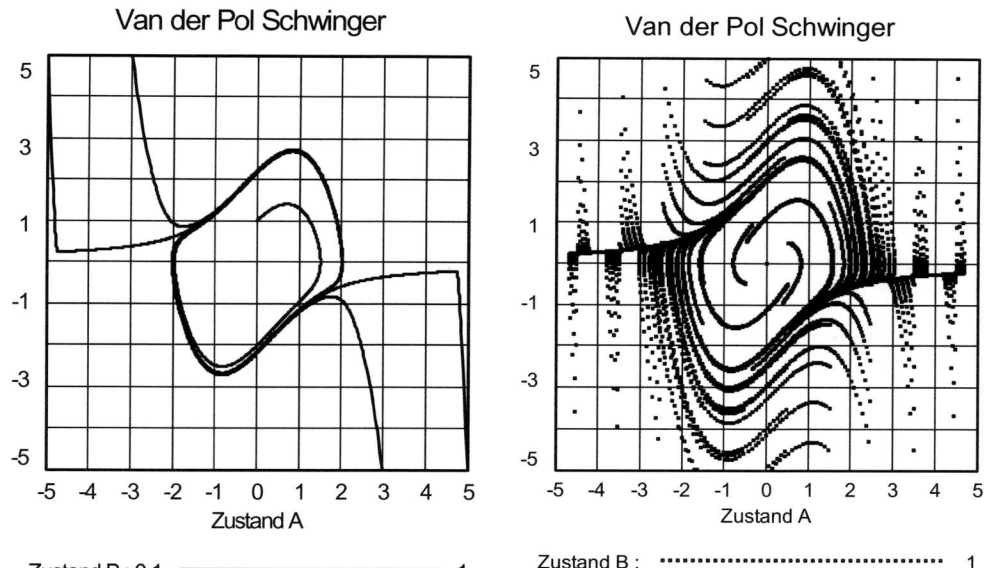

Abb. Z202c: Einlaufen auf den Grenzzyklus bei verschiedenen Anfangsbedingungen.
Abb. Z202d: Globalverhalten des Systems.

Der KOPPLUNGSPARAMETER A = a verändert die Frequenz der Schwingung. Um eine Schwingung zu erhalten, muss $a < 0$ sein. Mit $a = -1$ ergibt sich ein sehr rasches Einlaufen auf eine stabile Grenzzyklus-Schwingung der Periode 6.6.

Arbeitsvorschläge

1. Wählen Sie zunächst den KOPPLUNGSPARAMETER A = a = -1 und denken Sie sich in System, Zustandsbild und Zeitverhalten hinein. Identifizieren Sie Lage und Typ des Gleichgewichtspunkts, den Grenzzyklus und seine Stabilität.
2. Untersuchen Sie den Schwingungsverlauf für unterschiedliche Werte von $a < 0$.
3. Ermitteln Sie die Verläufe der Zustandsbahnen für unterschiedliche Anfangsbedingungen innerhalb und außerhalb des Grenzzyklus für unterschiedliche Frequenzparameter a (KOPPLUNGSPARAMETER A).
4. Untersuchen Sie, wie sich das Systemverhalten, Gleichgewichtspunkt und Grenzzyklus verändern, wenn Sie die KOPPLUNGSPARAMETER A, B und C verändern. Skizzieren und beschreiben Sie einige besonders bemerkenswerte Ergebnisse.
5. Linearisieren Sie die Zustandsgleichungen am Gleichgewichtspunkt und bestimmen Sie die Systemmatrix des linearisierten Systems dort. Setzen Sie die gefundenen Koeffizienten in das Modell Z114 LINEARER SCHWINGER ein und untersuchen Sie das Verhalten mit dem Zustandsbild. Stimmt es mit dem van der Pol Verhalten am Gleichgewichtspunkt überein?
6. Ermitteln Sie die Eigenwerte des am Gleichgewichtspunkt linearisierten Systems. Wo liegen sie in der komplexen Zahlenebene, und welche Stabilitäts- und Schwingungsaussagen folgen daraus? (Diese sind nur gültig in der *Nähe* des Gleichgewichtspunkts!).

Literaturhinweise

Beltrami, E. 1987: *Mathematics for Dynamic Modeling*. Academic Press, Orlando FL (182-189)
Csaki, F. 1972: *Modern Control Theories – Nonlinear, Optimal and Adaptive Systems*. Akademiai Kiado, Budapest (359-362).
Guckenheimer, J., Holmes, P. 1983/86: *Nonlinear Oscillations, Dynamical Systems, and Bifurcations of Vector Fields*. Springer, Heidelberg and New York (67-82).
Thompson, J. M. T., Stewart, H. B. 1986/1991: *Nonlinear Dynamics and Chaos – Geometrical Methods for Engineers and Scientists*. John Wiley, Chichester UK and New York.

Z203 Brusselator

Aufgabenstellung

Die Kinetik chemischer Reaktionen ist mit nichtlinearen Differentialgleichungen darstellbar. Reagierende chemische Systeme können wegen dieser Nichtlinearitäten eine Vielfalt von Phänomenen zeigen. Ein besonders gut untersuchtes chemisches System ist die Belousov-Zhabotinsky-Reaktion, bei der sich komplexe zeitliche und räumliche Schwingungen, wie auch chaotisches Verhalten zeigen können. Ein stark vereinfachtes Modell dieser Reaktion ist der sog. Brusselator. Er hat die Differentialgleichungen

$$dx/dt = A - (B+1)x + x^2 y$$
$$dy/dt = Bx - x^2 y$$

wobei A und B konstante vorgegebene Konzentrationen darstellen.

Simulationsmodell

Abb. Z203a zeigt das Simulationsdiagramm; die Modellgleichungen sind im Folgenden aufgeführt.

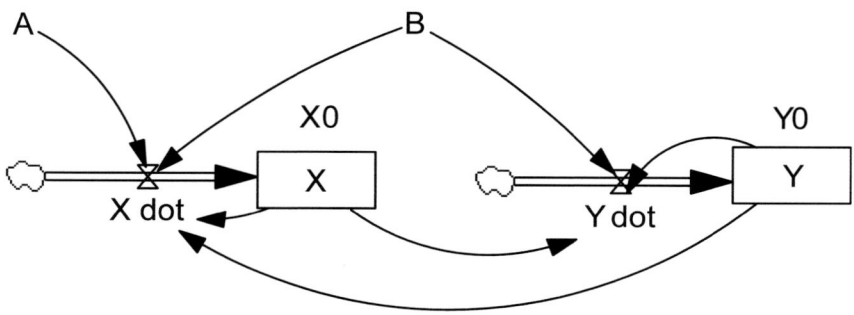

Abb. **Z203a**: Simulationsdiagramm des Brusselators.

Parameter und Anfangswerte
A = 1
B = 3
X0 = 1
Y0 = 4

Dynamik

X dot = A-(B+1) *X +X^2*Y
Y dot = B*X -X^2*Y
X = INTEG (X dot, X0)
Y = INTEG (Y dot, Y0)

Simulationszeitparameter

INITIAL TIME = 0 [Second]
FINAL TIME = 50 [Second]
TIME STEP = 0.001 [Second]
SAVEPER = 0.01 [Second]

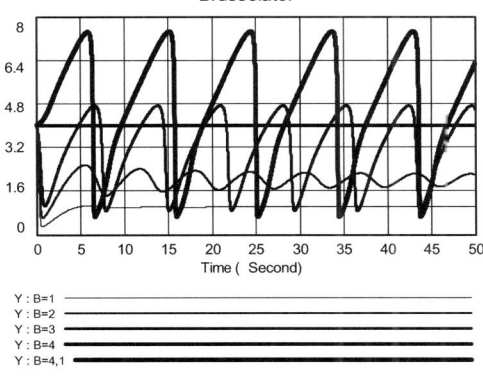

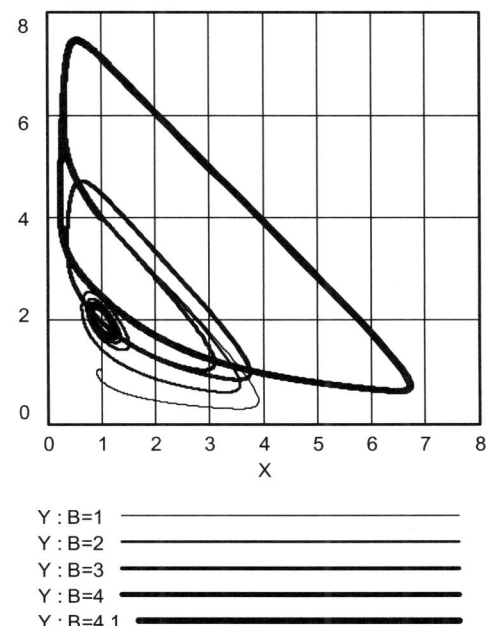

Abb. Z203b: Eigenschwingungen als Funktion des Parameters B.
Abb. Z203c: Grenzzyklus oder gedämpfte Schwingung in Abhängigkeit von B.

Simulationsergebnisse

Mit diesen Voreinstellungen und unterschiedlichen Werten für den Parameter *B* zeigen sich im Zeitdiagramm Abb. Z203b ausgeprägte Schwingungen unterschiedlicher Frequenz. Werden die gleichen Läufe als Zustandsbild gezeichnet (Abb. Z203c), so lässt sich Folgendes beobachten: Für *B* = 1 und 2 schwingt das System gedämpft um einen Gleichgewichtspunkt, an dem es nach einiger Zeit zur Ruhe kommt. Bei *B* = 3 läuft das System rasch in einen Grenzzyklus. Bei *B* = 4 verharrt das System im Gleichgewicht in seinem Anfangszustand ($x_0 = 1$, $y_0 = 4$). Wird *B* leicht erhöht, so schwingt das System wieder in einem Grenzzyklus.

Das Verhalten wird verständlicher, wenn das Differentialgleichungssystem analysiert wird. Durch Nullsetzen der Differentiale *dx/dt* und *dy/dt* zeigt sich, dass das

System einen Gleichgewichtspunkt hat bei $x^* = A$ und $y^* = B/A$. Weiter lässt sich zeigen, dass der Gleichgewichtspunkt ein stabiler Strudel ist für B < A^2 + 1, und zum instabilen Strudel wird wenn $B > A^2 + 1$. Der kritische Wert $B_c = A^2 + 1$ kennzeichnet eine Hopfsche Verzweigung (Bifurkation), wo aus dem stabilen Gleichgewichtspunkt (bei kleinem B) ein Grenzzyklus entsteht, der in seinem Inneren einen instabilen Gleichgewichtspunkt enthält. Bei $A = 1$ (wie in der Voreinstellung) ist der kritische Wert $B_c = 2$. Die Gleichgewichtspunkte liegen entsprechend den in der Untersuchung gewählten Werten bei $x^* = A = 1$ und $y^* = B/A = 1, 2, 3, 4$, und 4.1. Für $B > 2$ zeigt sich ein Grenzzyklus. Bei $B = 4$ liegt der Anfangszustand genau auf dem Gleichgewichtspunkt innerhalb des Grenzzyklus und verharrt deshalb dort.

Der Vergleich der Zustandsbilder für $B = 1.5$ und $B = 2.5$ in Abb. Z203d und e zeigt deutlich das unterschiedliche Verhalten auf beiden Seiten des kritischen Wertes B_c. Bei $B = 1.5$ zeigt sich ein stabiler Strudel, bei $B = 2.5$ hat sich der Grenzzyklus etabliert.

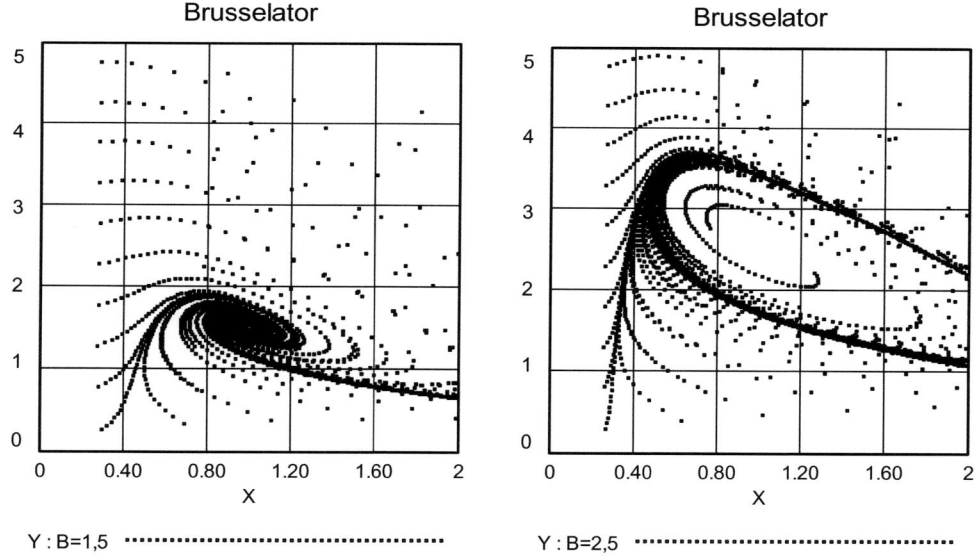

Abb. Z203d: Stabiler Strudel für B < 2.
Abb. Z203e: Grenzzyklus für B > 2.

Arbeitsvorschläge

1. Untersuchen Sie das Verhalten in Abhängigkeit von den Parametern A und B. Bestätigen Sie den kritischen Wert B_c für den Umschlag der gedämpften Schwingung in einen Grenzzyklus.

2. Koppeln Sie die Berechnung des Zustandsbilds aus Modell 115 an den Brusselator und erzeugen Sie Zustandsbilder (ähnlich Abb. Z203 d und e) für interessante Verhaltensfälle.

3. Beschaffen Sie sich Hintergrundinformation für den Brusselator und die chemische Reaktion, die er darstellt (s. u.a. die Literaturhinweise), und übersetzen Sie das Ergebnis von Simulation und mathematischer Analyse in eine Beschreibung des konkreten chemischen Vorgangs und seiner Dynamik.

Literaturhinweise´

Nicolis, G., Prigogine, I. 1989: *Exploring Complexity – An Introduction*. W. H. Freeman, New York.

Thompson, J. M. T., Stewart, H. B. 1986/1991: *Nonlinear Dynamics and Chaos – Geometrical Methods for Engineers and Scientists*. John Wiley, Chichester UK and New York.

Z204 Bistabiler Schwinger

Aufgabenstellung

Eine „kleine" Veränderung der Differentialgleichungen eines linearen Systems durch einen nichtlinearen Term kann zu qualitativer Änderungen der Dynamik und zu erstaunlicher Verhaltensvielfalt führen. Es erscheinen jetzt Verhaltensweisen, die bei linearen Systemen nicht auftreten können, wie Grenzzyklen, oder durch mehrere Gleichgewichtspunkte bestimmtes, oder sogar chaotisches Verhalten. In Physik und Technik haben Systeme mit einem Duffing-Term, dem Auftreten einer Zustandsgröße in der dritten Potenz, eine erhebliche praktische Bedeutung – so etwa bei durch Schwingungen erregten elastischen Strukturen oder bei Relaxations-Schwingkreisen.

In seiner einfachsten Form besteht ein solches System im Kern aus einem linearen Schwinger, bei dem aber jetzt eine zusätzliche negative Verkopplung von x^3 auf y besteht. Das System läuft jetzt je nach Anfangsbedingungen während des gedämpften Schwingungsvorgangs auf einen von zwei stabilen Gleichgewichtspunkten zu. Das System lässt sich physikalisch realisieren durch eine Blattfeder, die zwischen zwei Permanentmagneten aufgehängt ist. Je nach der Anfangsbedingung endet die schwingende Bewegung der Blattfeder an einem der beiden Permanentmagneten. Ein solches System hat daher auch die Eigenschaften eines Flip-Flop-Schaltkreises, mit dem sich Ausgangszustände einem von zwei Möglichkeiten zuordnen lassen.

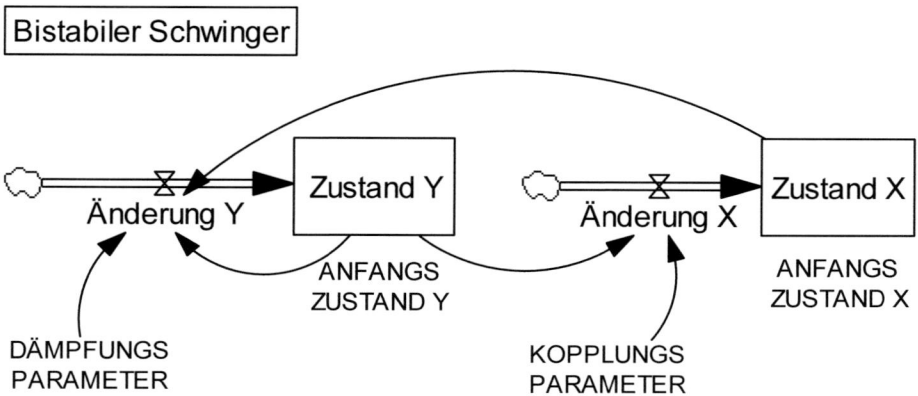

Abb. Z204a: Simulationsdiagramm des bistabilen Schwingers.

Simulationsmodell

Das Modell ist im Simulationsdiagramm Abb. Z204a und in den folgenden Modellgleichungen dokumentiert. Die Grundstruktur des Systems ist die eines linearen

Schwingers mit einer Eigendämpfung durch DÄMPFUNGSPARAMETER = d an der Zustandsgröße ZUSTAND Y = y. ZUSTAND X = x wird wie im linearen System durch die Kopplung mit y mit dem KOPPLUNGSPARAMETER b verändert. Zusätzlich tritt jetzt aber noch eine Rückstellkraft proportional zur dritten Potenz von ZUSTAND X auf, wie es z.B. bei Biegevorgängen der Fall ist.

Das Differentialgleichungssystem dieses Modells ist gegeben durch

$$dx / dt = b\,y$$

$$dy / dt = x - x^3 - d\,y$$

Parameter und Anfangszustand
d = DÄMPFUNGS PARAMETER = 1 [1/Second]
b = KOPPLUNGS PARAMETER = 1 [1/(Second*Second)]
ANFANGS ZUSTAND X = 0 [1]
ANFANGS ZUSTAND Y = 2 [Second]

Dynamik
Änderung X = Zustand Y *KOPPLUNGS PARAMETER [1/Second]
Änderung Y = Zustand X -DÄMPFUNGS PARAMETER *Zustand Y -Zustand X^3 [1]
Zustand X = INTEG (Änderung X, ANFANGS ZUSTAND X) [1]
Zustand Y = INTEG (Änderung Y, ANFANGS ZUSTAND Y) [Second]

Simulationszeitparameter
INITIAL TIME = 0 [Second]
FINAL TIME = 20 [Second]
TIME STEP = 0.01 [Second]

Simulationsergebnisse

Abb. Z204b zeigt zunächst das Zeitverhalten für die Parameter der Voreinstellung (d = 1) und einen ANFANGSZUSTAND Y von 50. Es zeigt sich eine stark gedämpfte Schwingung. Dies wird im Zustandsbild Abb. Z204c noch deutlicher. In beiden Diagrammen ist zu erkennen, dass das System einem Gleichgewichtspunkt bei $x^* = -1$, $y^* = 0$ zustrebt. Wenn wie in Abb. Z204d die Zustandsbahnen für verschiedene Anfangszustände gezeichnet werden, so zeigt sich, dass einige Trajektorien vom Gleichgewichtspunkt bei $x^* = -1$, $y^* = 0$, andere von einem weiteren bei $x^* = 1$, $y^* = 0$ „eingefangen" werden. Die Zustandsbahnen scheinen sich anfangs auf den Punkt (0, 0) hin zu bewegen, werden dann aber kurz davor „abgestoßen", um an einem der beiden stabilen Gleichgewichtspunkte zu enden.

Aus den Systemgleichungen folgen zwei stabile Gleichgewichtspunkte bei $x = 1$ und $x = -1$ sowie ein instabiler Gleichgewichtspunkt bei $x = 0$. Die freie Bewegung läuft auf einen der stabilen Gleichgewichtspunkte zu; der Ruhepunkt ist abhängig von den Anfangsbedingungen. Die Dämpfung der Zustandsgröße y ist abhängig von der Geschwindigkeit selbst (y) und dem DÄMPFUNGSPARAMETER d. Aus den Zustandsbahnen in Abb. Z204d geht auch hervor, dass zwischen den Bahnen, die zu den zwei stabilen Strudeln führen, eine Trennfläche (Separatrix) liegen muss, die ebenso wie die Zustandsbahnen um die Gleichgewichtspunkte „gewickelt" ist.

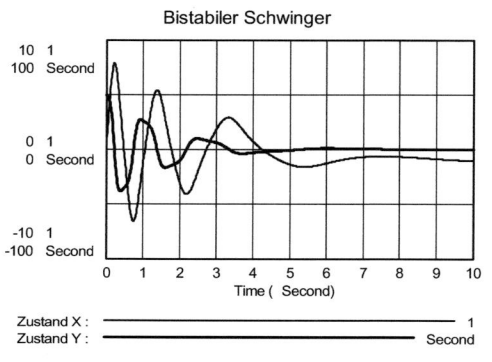
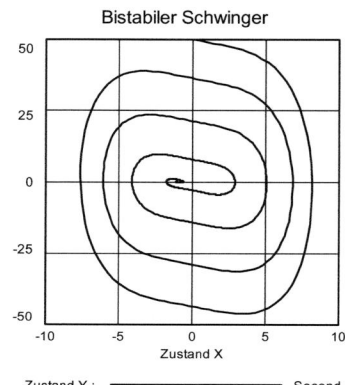

Abb. Z204b: Gedämpftes Einschwingen auf einen von zwei Gleichgewichtspunkten.
Abb. Z204c: Einschwingen im Zustandsbild.

Das globale Verhalten im Zustandsraum wird im Zustandsbild Abb. Z204e noch deutlicher (entstanden durch Verkopplung von Z204 mit dem Zusatzmodul Z115): Alle Zustandsbahnen sortieren sich entweder zum rechten oder zum linken Gleichgewichtspunkt. Je nach der Dämpfung d ergeben sich sehr unterschiedliche Bewegungsbilder. Immer hat der Anfangszustand einen bestimmenden Einfluss auf den Endzustand.

Arbeitsvorschläge

1. Untersuchen Sie, welches Zeitverhalten unterschiedliche DÄMPFUNGSPARAMETER und ANFANGSZUSTÄNDE bringen.
2. Koppeln Sie den Modul Z115 ZUSTANDSBILD an das Modell und untersuchen Sie die Zustandsbilder für unterschiedliche DÄMPFUNGSPARAMETER $0 < d < 1$.
3. Geben Sie die Parameterwerte für das lineare System (ohne x^3) in das Modell Z114 LINEARER SCHWINGER ein und vergleichen Sie das Zustandsbild mit Modell Z204.
4. Welche Parameterwerte hat das beim Gleichgewichtspunkt ($x = 0$, $y = 0$) linearisierte System und wie unterscheidet es sich vom linearen System (ohne x^3)?
5. Ermitteln Sie das Zustandsbild des Systems für andere KOPPLUNGSPARAMETER b und DÄMPFUNGSPARAMETER d. Diskutieren Sie das Verhalten anhand des Zustandsdiagramms. Wie verändern sich Verhalten und Stabilität?
6. Linearisieren Sie die nichtlinearen Zustandsgleichungen an den beiden Gleichge-

wichtspunkten $y^* = 0$, $x^* = \pm 1$ und untersuchen Sie das Verhalten an diesen Gleich-gewichtspunkten mit dem stellvertretenden linearen System (Z114).

7. Ermitteln Sie die Eigenwerte des linearisierten Systems an diesen Punkten. Verglei-chen Sie die Verhaltens- und Stabilitätsaussagen des ursprünglichen und des lineari-sierten Systems (Zustandsbild und Wurzelorte) an diesen Punkten.

(Zu Linearisierung, Eigenwerten, Wurzelorten usw. s. Bossel SDS 2004, bes. Kap. 6).

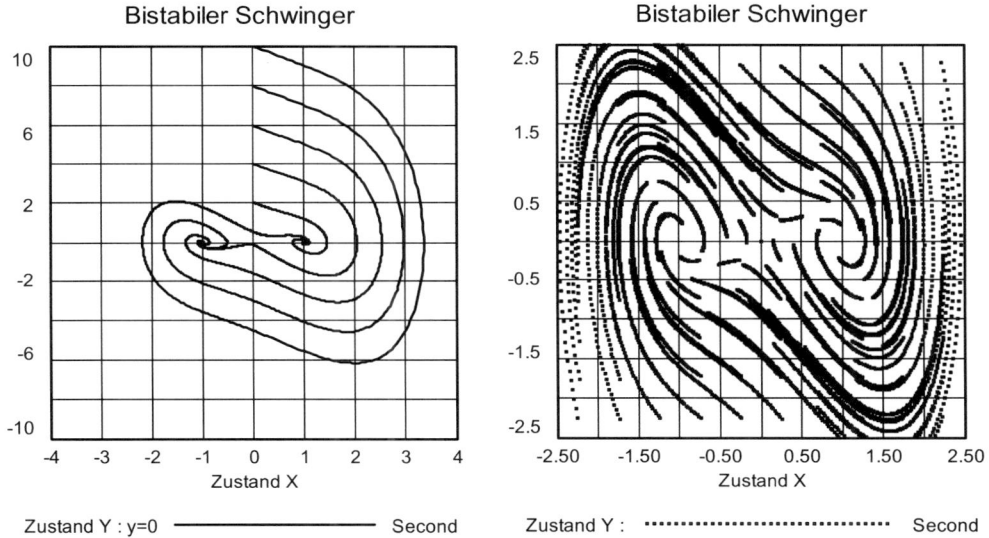

Abb. Z204d: Je nach Anfangszustand enden Zustandstrajektorien am linken oder rechten Gleichgewichtspunkt.

Abb. Z204e: Globalverhalten des bistabilen Schwingers in der Nähe der drei Gleich-gewichtspunkte (zwei stabile Strudel, ein instabiler Sattel).

Literaturhinweise

Bossel, H. 2004: *Systeme, Dynamik, Simulation – Modellbildung, Analyse und Simula-tion komplexer Systeme*. Books on Demand, Norderstedt.

DeRusso, P. M., Roy, R. J., Close, C. M. 1965: *State Variables for Engineers*. Wiley, New York (S. 483-488).

Guckenheimer, J., Holmes, P. 1983/86: *Nonlinear Oscillations, Dynamical Systems, and Bifurcations of Vector Fields*. Springer, Heidelberg and New York (S. 82-91).

Thompson, J. M. T., Stewart, H. B. 1986/1991: *Nonlinear Dynamics and Chaos – Geometrical Methods for Engineers and Scientists*. J. Wiley, Chichester / New York.

Z205 Chaotischer bistabiler Schwinger (Duffing)

Aufgabenstellung

Intuitiv erwartet man von einem System, das so regelmäßiges Verhalten zeigt wie der Bistabile Schwinger (Modell Z204), dass es sich auch bei Anregung mit einer periodischen Schwingung weiterhin ähnlich regelmäßig und vorhersehbar verhält. Genau das ist nicht der Fall. In einem weiten Parameterbereich zeigt das System, abhängig von der Amplitude der Anregung und der Dämpfung im System eine erstaunliche Verhaltensvielfalt (s. Fig. 1.10 in Thomson and Stewart 1986). Für bestimmte Parameterkombinationen ergibt sich chaotisches Verhalten.

Diese Tatsache hat große Bedeutung in einigen Bereichen der Technik, vor allem dort, wo elastische Verformungen mit periodischen Anregungen zusammentreffen können (wie bei Flugzeugflügeln). Der Vorgang lässt sich physikalisch auf einfache Weise realisieren durch eine Blattfeder aus Stahl, die in einem Rahmen so eingespannt ist, dass ihr freies Ende sich über zwei Permanentmagneten befindet (s. Guckenheimer and Holmes 1983, S. 82-91). Das Blattfederende wird nicht in der Mitte bleiben, sondern sich nach einer kleinen Störung auf einen der Magneten zu bewegen und dort verharren. Wird die Blattfeder mit großer Anfangsauslenkung losgelassen, so schwingt sie zunächst zwischen den Magneten hin und her um schließlich an einem der Magneten zur Ruhe zu kommen. Dieser Vorgang wurde durch das Modell Z204 BISTABILER SCHWINGER beschrieben. Wird nun der Rahmen mit Blattfeder und Magneten mit einer Sinusschwingung hin und her bewegt, so ändert sich das Verhalten des Systems drastisch. Das Modell soll die Simulation dieses Verhaltens erlauben.

Simulationsmodell

Das Simulationsdiagramm Abb. Z205a und die folgenden Modellgleichungen dokumentieren das Modell. Es entspricht genau dem Modell Z204 BISTABILER SCHWINGER, wird aber jetzt sinusförmig mit der Frequenz ω und einem Amplitudenfaktor q angeregt. Für weite Parameterbereiche (nicht für alle!) ergibt sich jetzt chaotische Bewegung. Die Grundstruktur ist die des mit einer Sinusfunktion angeregten gedämpften linearen Schwingers. Zusätzlich besteht die nichtlineare Rückstellkraft (proportional zu x^3). Das Differentialgleichungssystem lautet jetzt:

$$dx / dt = a\, y$$
$$dy / dt = -d\, y + x - x^3 + q \cos \omega t$$

Parameter und Anfangszustand
d = DÄMPFUNGS PARAMETER = 0.25 [1/Second]
a = KOPPLUNGS PARAMETER = 1 [1/(Second*Second)]

q = AMPLITUDE = 0.3 [1]
ω = FREQUENZ = 1 [1/Second]
ANFANGS ZUSTAND X = 0 [1]
ANFANGS ZUSTAND Y = 1 [Second]

Dynamik
ErregungsSchwingung = AMPLITUDE *COS (FREQUENZ *Time) [1]
Änderung X = Zustand Y *KOPPLUNGS PARAMETER [1/Second]
Änderung Y = Zustand X -DÄMPFUNGS PARAMETER *Zustand Y -Zustand X^3
        +ErregungsSchwingung [1]
Zustand X = INTEG (Änderung X, ANFANGS ZUSTAND X) [1]
Zustand Y = INTEG (Änderung Y, ANFANGS ZUSTAND Y) [Second]

Simulationszeitparameter
INITIAL TIME = 0 [Second]
FINAL TIME = 100 [Second]
TIME STEP = 0.01 [Second]

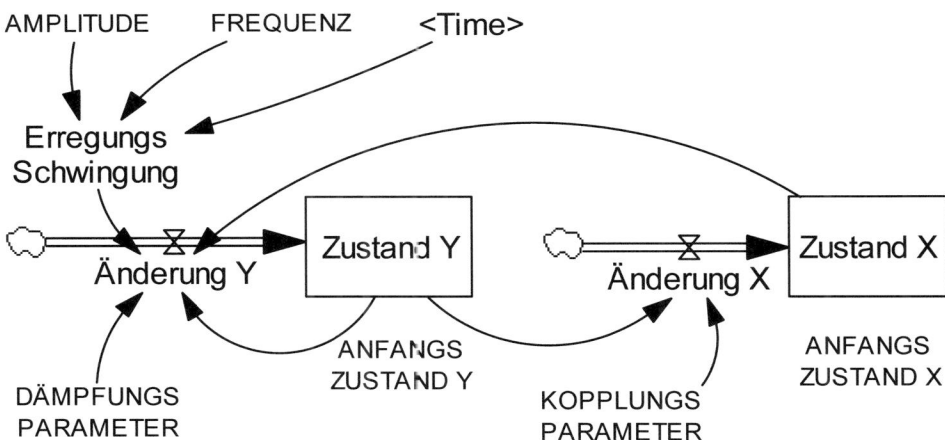

Abb. Z205a: Simulationsdiagramm für den chaotischen bistabilen Schwinger.

Simulationsergebnisse

Erste Simulationsläufe zeigen, dass die Ergebnisse stark von Schrittweite und Integrationsverfahren abhängen. Im Folgenden wird daher das Runge-Kutta-Verfahren 4. Ordnung (RK4) mit der Schrittweite der Voreinstellung verwendet. Die Ergebnisse verändern sich dann auch bei Verringerung der Schrittweite nicht mehr wesentlich. Abb. Z205b zeigt das Zeitdiagramm einer Simulation mit den Werten der hier gewählten Voreinstellung des Modells. Wir erhalten scheinbar völlig irreguläres Verhalten für *Zustand X* und *Zustand Y*, das auch nicht recht mit der Anregungsfrequenz korreliert. Im Zustandsbild Z205c wird das Verhalten klarer: Die Zustandstrajektorie bewegt sich manchmal um den einen, dann um den anderen Gleichgewichtspunkt, um sich dann wieder unvermittelt in den anderen Attraktionsbereich zu bewegen.

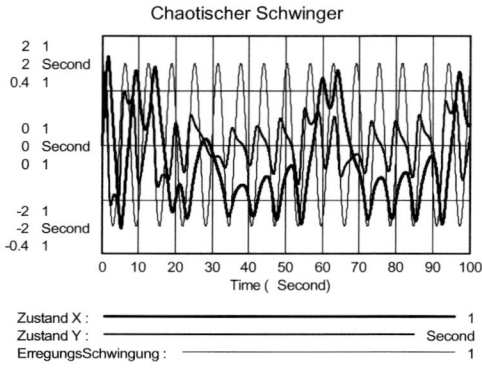

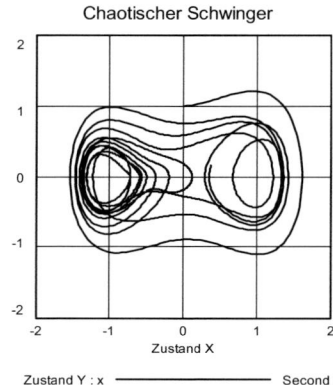

Abb. Z205b: Chaotisches Verhalten im Zeitdiagramm (Voreinstellung).
Abb. Z205c: Chaotisches Verhalten im Zustandsbild.

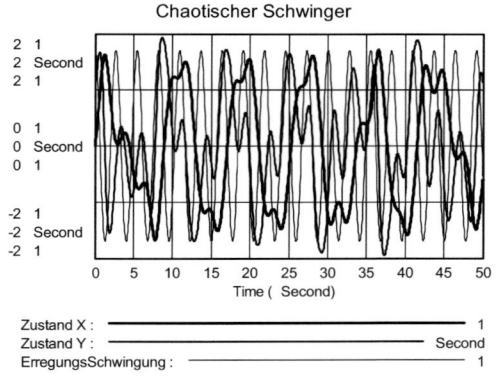

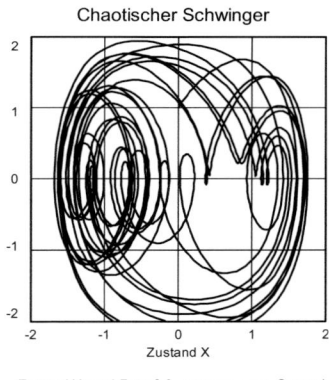

Abb. Z205d: Chaotisches Verhalten bei höheren Werten von Frequenz und Amplitude der Erregung.
Abb. Z205e: Der gleiche Prozess im Zustandsbild.

Bei Änderung der Parameter ändert sich das Verhalten überraschend schnell. Abb. Z205d und Z205e zeigen chaotisches Verhalten bei relativ hohen Werten für AMPLITUDE (= 1.7) und FREQUENZ (= 2.3). Zwischen chaotischen Bereichen liegen Bereiche, wo das System relativ regelmäßig um den einen oder den anderen Gleichgewichtspunkt, oder um beide schwingt. Durch Veränderung der drei Parameter FREQUENZ ω, AMPLITUDE q, DÄMPFUNGSPARAMETER d lässt sich eine große Vielfalt von Verhalten erzeugen. Ein Überblick lässt sich am besten durch interaktive Simultan-Simulation gewinnen, bei der (über Schieberegler) die Parameter zwischen Simulationen geändert und die Zeitdiagramme aller Variablen gleichzeitig im Simulationsdiagramm betrachtet werden können (Option SyntheSim in VenSim/VenPLE).

Arbeitsvorschläge

1. Untersuchen Sie das Verhalten für verschiedene Werte der drei Parameter FREQUENZ ω (Bereich etwa 0 bis 3), AMPLITUDE q (0 bis 2.5), DÄMPFUNGSPARAMETER d (0 bis 1) im Zeitdiagramm und im Zustandsraum (x, y). (Voruntersuchung mit SyntheSim, Einzelsimulationen zur Dokumentation interessanter Fälle).
2. Untersuchen Sie, mit FREQUENZ = const = 1 (Voreinstellung), die Abhängigkeit der Verhaltensmodi von AMPLITUDE q (0 bis 2.5) und DÄMPFUNGSPARAMETER d (0 bis 1) und erstellen Sie ein Diagramm (d über q), in dem Sie die verschiedenen Verhaltensbereiche eintragen.
3. Lassen Sie q und d auf den Werten der Voreinstellung, verändern Sie FREQUENZ ω (Bereich etwa 0 bis 3), und bestimmen Sie für verschiedene Fälle die dominierende Frequenz im Zeitdiagramm für *Zustand X*. Tragen Sie diese als Funktion der Anregung durch FREQUENZ ω auf. Beschreiben und diskutieren Sie das Ergebnis.
4. Setzen Sie nur den ANFANGSZUSTAND Y auf minimal veränderte Werte (1, 1.01, 1.001, 1.0001) und berechnen und vergleichen Sie die Simulationsergebnisse z.B. für ZUSTAND X. (*Hinweis*: bei VenPLE können Sie die verschiedenen Läufe unter verschiedenen Namen speichern und dann durch Anklicken der gewünschten Größe im Simulationsdiagramm und Anklicken von „Graph" (Leiste links) in einem gemeinsamen Diagramm zeigen.) Was beobachten Sie? Wiederholen Sie das gleiche Experiment mit Z204 BISTABILER SCHWINGER. Erläutern Sie anhand dieser Beobachtungen den Mechanismus, der zu chaotischer Dynamik führt.

Literaturhinweise

Guckenheimer, J., Holmes, P. 1983/86: *Nonlinear Oscillations, Dynamical Systems, and Bifurcations of Vector Fields*. Springer, Heidelberg and New York (S. 82-91).
Thompson, J. M. T., Stewart, H. B. 1986/1991: *Nonlinear Dynamics and Chaos – Geometrical Methods for Engineers and Scientists*. John Wiley, Chichester UK and New York (bes. S. 1-107).

Z206 Wärme, Wetter und Chaos (Lorenz-System)

Aufgabenstellung

Die Wettervorhersage ist ein bedeutendes Anwendungsgebiet der Computersimulation. Bei der Untersuchung der nichtlinearen partiellen Differentialgleichungen, die die Kopplung von Konvektion und Wärmeleitung in der Atmosphäre beschreiben, stieß der Meteorologe Lorenz 1963 auf ein Phänomen, das seither die Wissenschaft stark beschäftigt: Chaos. Lorenz hatte versucht, diese Differentialgleichungen durch einen Fourier-Reihenansatz zu lösen. Dabei stellte er fest, dass nur drei Terme relativ große Bedeutung haben: einer (x), der das Geschwindigkeitsprofil, und zwei (y und z) die die Temperaturverteilung beschreiben.

Lorenz erhielt für diese Zustandsgrößen das folgende näherungsweise System von (dimensionslosen) Differentialgleichungen:

$$dx \, / \, dt = a(y - x)$$
$$dy \, / \, dt = b\,x - y - x\,z$$
$$dz \, / \, dt = -c\,z + x\,y$$

Die (dimensionslosen) Parameter a und b sind hydrodynamische Kenngrößen (die Prandtl-Zahl und die Rayleigh-Zahl), der Parameter c ist ein Geometrie-Parameter. Die Prandtl-Zahl erfasst das Verhältnis zwischen Wärmeleitung und Wärmekonvektion im strömenden Medium. Die Rayleigh-Zahl entspricht in diesem Fall etwa dem Temperaturunterschied zwischen oberer Atmosphäre und Erdboden.

Beim Versuch, dieses System numerisch zu lösen, fand Lorenz, dass sich bei kleinster Änderung der Anfangsbedingungen völlig andere Zeitverläufe ergaben. Diese Erscheinung ist durch die physikalischen Zusammenhänge bedingt und nicht etwa ein Problem der numerischen Integration. Sie bestimmt daher auch das Wettergeschehen und macht Wetterprognosen über mehrere Tage auch mit den besten Computermodellen extrem unsicher. Überspitzt formuliert, kann der „Flügelschlag eines Schmetterlings" am Niger zur Entstehung eines tropischen Wirbelsturms führen, der später in Florida großen Schaden anrichtet. Das Modell zeigt nur in gewissen Parameterbereichen chaotisches Verhalten.

Allgemein beschreibt das Modell Flüssigkeitsströmungen über einer erwärmten Fläche, bei der sich unter gewissen Bedingungen Zellenströmungen ergeben können (Bénard-Zellen). Diese treten auf u.a. in der Meteorologie, an der Sonnenoberfläche, in flachen Teichen oder auch bei Flüssigkeitsströmungen unter abgekühlten Oberflächen. Andere chaotische Systeme (Laser, Dynamo, vgl. das Modell Z208 VERKOPPELTE DYNAMOS UND CHAOS) zeigen eine ähnliche systemare Grundstruktur.

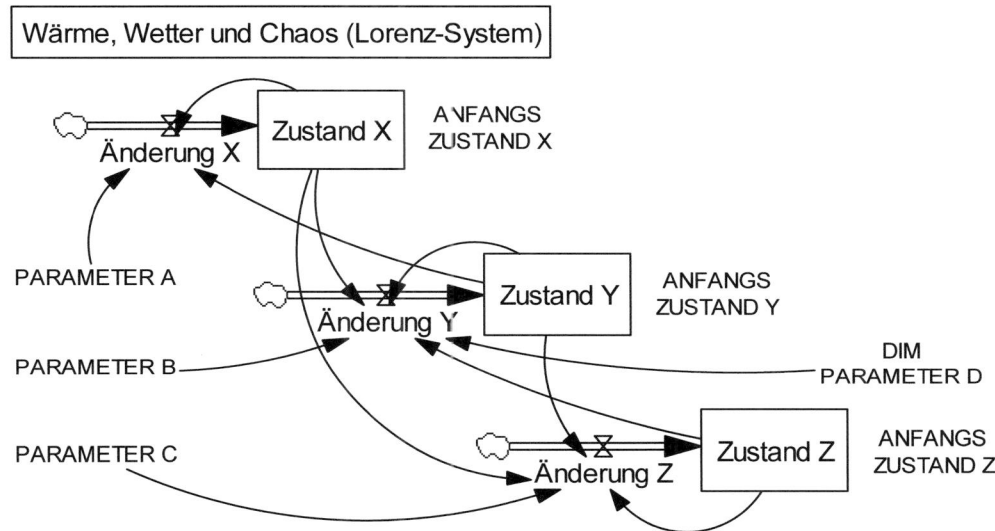

Abb. Z206a: Simulationsdiagramm für das Lorenz-System.

Simulationsmodell

Das Simulationsdiagramm in Abb. Z206a und die folgenden Programmzeilen dokumentieren das Modell. Die Parameter der Voreinstellung sind die meist in der Literatur zitierten Systemparameter.

Das Modell ist gekennzeichnet durch zwei Nichtlinearitäten (xz, xy) und durch die mögliche Vorzeichenumkehr bei der Rate $dx/dt = a\,(y - x)$. Diese Kennzeichen sind für sich nichts Ungewöhnliches; das chaotische Verhalten ergibt sich erst aus der Gesamtstruktur des Modells. Allgemein gilt, dass chaotisches Verhalten an der Struktur nicht direkt zu erkennen ist.

Parameter und Anfangszustand
PARAMETER A = 10
PARAMETER B = 28
PARAMETER C = 2.667
ANFANGS ZUSTAND X = 15
ANFANGS ZUSTAND Y = 15
ANFANGS ZUSTAND Z = 15

Dynamik
Änderung X = PARAMETER A *(Zustand Y -Zustand X)
Änderung Y = PARAMETER B *Zustand X -Zustand Y -Zustand X *Zustand Z

Änderung Z = -PARAMETER C *Zustand Z + Zustand X *Zustand Y
Zustand X = INTEG (Änderung X, ANFANGS ZUSTAND X)
Zustand Y = INTEG (Änderung Y, ANFANGS ZUSTAND Y)
Zustand Z = INTEG (Änderung Z, ANFANGS ZUSTAND Z)

Simulationszeitparameter
INITIAL TIME = 0
FINAL TIME = 20
TIME STEP = 0.01

Simulationsergebnisse

Im Zeitverlauf der drei Zustandsgrößen (Abb. Z206b) sind in irregulärer Abfolge Ansätze zu sich verstärkenden Schwingungen und dann wieder abrupte Zustandsveränderungen zu erkennen. Man beachte, dass hier im Gegensatz zu Z205 BISTABILER SCHWINGER das System nicht erregt wird, schon gar nicht durch eine periodische Schwingung. Die auftretenden Schwingungen sind reine intern erzeugte Eigendynamik.

Erst die Zustandsbilder (Abb. Z206c, d, e) zeigen, dass hinter diesem irregulären Zeitverlauf eine recht regelmäßige Bewegung in zwei Attraktionsbereichen des Zustandsraums steckt. Die Zustandsbahn umkreist eines von zwei Attraktionszentren, flippt dann aber nach einer nicht vorhersehbaren Zahl von Umläufen wieder in den anderen Attraktionsbereich. Hieraus ergibt sich eine typische Schmetterlingsform des Attraktors. Eine dreidimensionale Darstellung (x, y, z) (die mit den hier verwendeten Programmsystemen nicht möglich ist) würde die Gestalt des Attraktors im Zustandsraum zeigen. Die hier gezeigten Zustandsbilder sind die Projektionen in die Flächen der Zustandsebenen (x, z), (y, z), (x, y).

Man beachte, dass die Zustandsbahnen sich grundsätzlich nicht in einem Zustandspunkt kreuzen können, da sich sonst die deterministische Bewegung wiederholen müsste. Kreuzungspunkte können daher prinzipiell nur in zwei, nie in drei Zustandskoordinaten übereinstimmen. Dass Zustandsbahnen sich nicht im selben Zustandspunkt kreuzen, lässt sich durch die dreidimensionale Darstellung aus verschiedenen Blickwinkeln überprüfen.

Das Bild dieses Attraktors und das Verhalten des Systems ändern sich mit der Parameterwahl. Für das Auftreten von Chaos kritisch ist besonders der PARAMETER B (hier $b = 28$).

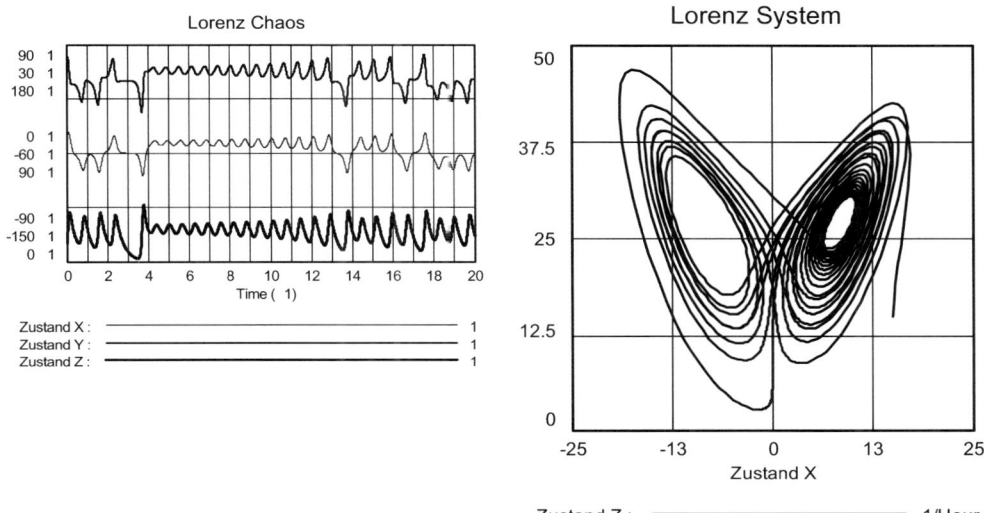

Abb. Z206b: Chaotisches Verhalten im Zeitverlauf.
Abb. Z206c: Projektion der Zustandstrajektorie in die (x, z)-Ebene.

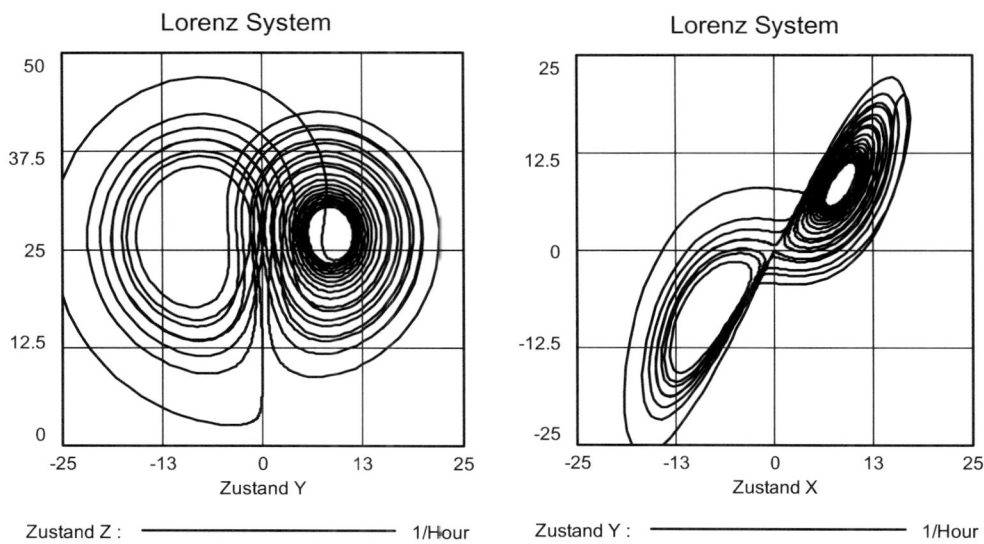

Abb. Z206d: Projektion der Zustandstrajektorie in die (y, z)-Ebene.
Abb. Z206e: Projektion der Zustandstrajektorie in die (x, y)-Ebene.

Arbeitsvorschläge

1. Wiederholen Sie die Simulationen mit den Parametern der Voreinstellung, aber minimal (z.B. dritte Stelle hinter dem Dezimalpunkt) geändertem Anfangswert für eine Zustandsgröße. Stellen Sie die Zeitverläufe für eine Zustandsgröße gemeinsam in einem Diagramm dar (s. Verfahren in Arbeitsvorschlägen für Z205) und vergleichen und diskutieren Sie die Verläufe!
2. Verändern Sie den PARAMETER B und stellen Sie fest, in welchem Bereich von *b* Chaos auftritt.
3. Untersuchen Sie den Einfluss der anderen Parameter auf das Systemverhalten, insbesondere auf das Auftreten von Chaos.
4. Übertragen Sie die Simulationsergebnisse für die Zeitreihen der drei Zustandgrößen in ein entsprechendes (u.U. selbstgeschriebenes) Programm, und zeichnen sie den Attraktor in dreidimensionaler Darstellung. Verändern Sie den Blickwinkel, um eine möglichst eindrucksvolle Darstellung des „Schmetterlings" zu bekommen.
5. Erzeugen Sie 3D-Darstellungen für andere interessante Attraktorformen, die sich bei veränderten Parametern ergeben.

Literaturhinweise

Canty, M. J. 1995: *Chaos und Systeme – Eine Einführung in Theorie und Simulation dynamischer Systeme*. Vieweg, Braunschweig und Wiesbaden (S. 112-132).
Jetschke, G. 1989: *Mathematik der Selbstorganisation – Qualitative Theorie nichtlinearer dynamischer Systeme und gleichgewichtsferner Strukturen in Physik, Chemie und Biologie*. VEB Deutscher Verlag der Wissenschaften, Berlin (130-136).
Guckenheimer, J., Holmes, P. 1983/86: *Nonlinear Oscillations, Dynamical Systems, and Bifurcations of Vector Fields*. Springer, Heidelberg and New York (bes. S. 92-102).
Thompson, J. M. T., Stewart, H. B. 1986/1991: *Nonlinear Dynamics and Chaos – Geometrical Methods for Engineers and Scientists*. John Wiley, Chichester UK and New York (bes. S. 212-234).

Z207 Chaotischer Attraktor (Rössler)

Aufgabenstellung

Um die Eigenschaften chaotischer Attraktoren besser zu verstehen, entwickelte der Mathematiker Rössler 1976 ein System, das mit einem einzigen nichtlinearen Term für bestimmte Parameterbereiche chaotisches Verhalten erzeugen kann. Der Attraktor wird auch als „einfach gefaltetes Band" bezeichnet. Das System ist ein mathematisches Kunsterzeugnis und hat kein Gegenstück in der Realität, aber es eignet sich bestens, um die Entstehung von Chaos und dessen Eigenschaften zu studieren.

Der Rössler-Attraktor ist definiert durch die Differentialgleichungen

$$dx/dt = -y - z$$
$$dy/dt = x + a\,y$$
$$dz/dt = b + z(x - c)$$

Das System, das in seinem Kern aus einem linearen Schwinger mit einer nichtlinearen Strukturmodifikation zx besteht, produziert einen stabilen Grenzzyklus mit zunehmenden Periodenverdopplungen z.B. für einen wachsenden Parameter a (b und c konstant). Mit weiter wachsendem a ergibt sich schließlich chaotisches Verhalten, das ab und zu wieder von „Fenstern" mit regelmäßigen Grenzzyklen durchbrochen wird.

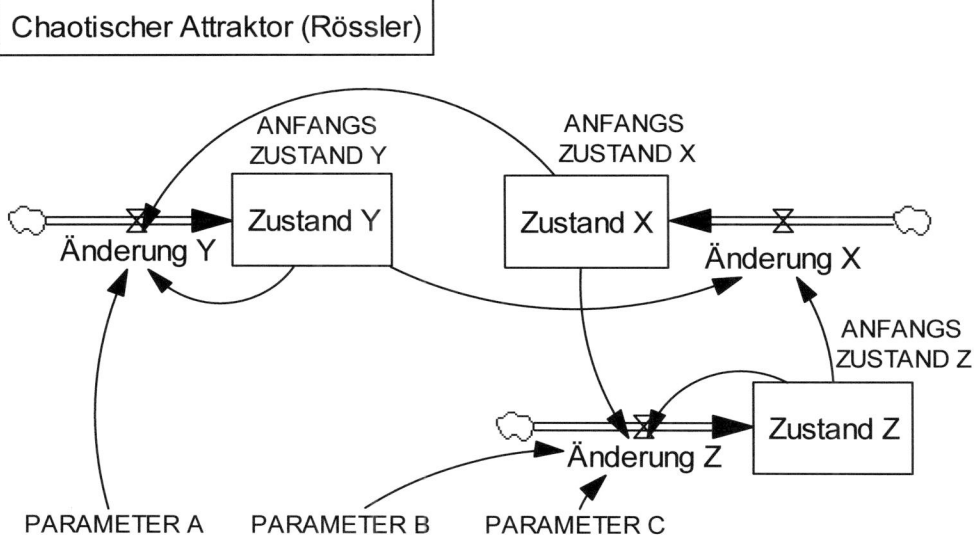

Abb. Z207a: Simulationsdiagramm für den Rössler-Attraktor.

Simulationsmodell

Das Simulationsdiagramm in Abb. Z207a und die folgenden Programmzeilen dokumentieren das Modell. Die Zusammenhänge zwischen *Zustand X* und *Zustand Y* für sich allein betrachtet entsprechen einem linearen Schwinger. Der *Zustand Z* verändert aber auch *Zustand X*. Die Veränderungsrate von *Zustand Z* selbst wird dabei bestimmt durch die Differenz $(x - c)$, die zum Vorzeichenwechsel der Veränderung von *Zustand Z* (und damit zu einem Grenzzyklus) führen kann.

Parameter und Anfangszustand
PARAMETER A = 0.55
PARAMETER B = 2
PARAMETER C = 4
ANFANGS ZUSTAND X = 1
ANFANGS ZUSTAND Y = 0
ANFANGS ZUSTAND Z = 0

Dynamik
Änderung X = -Zustand Y -Zustand Z
Änderung Y = Zustand X +PARAMETER A *Zustand Y
Änderung Z = PARAMETER B +(Zustand X -PARAMETER C) *Zustand Z
Zustand X = INTEG (Änderung X, ANFANGS ZUSTAND X)
Zustand Y = INTEG (Änderung Y, ANFANGS ZUSTAND Y)
Zustand Z = INTEG (Änderung Z, ANFANGS ZUSTAND Z)

Simulationszeitparameter
INITIAL TIME = 0
FINAL TIME = 100
TIME STEP = 0.01
SAVEPER = 0.05

Simulationsergebnisse

Für die Werte der Voreinstellung zeigt sich im Zeitdiagramm chaotisches Verhalten (Abb. Z207b). Werden die Projektionen des dreidimensionalen chaotischen Attraktors in den drei Zustandsebenen (x, z), (y, z), (x, y) dargestellt (Abb. Z207c, d, e), so lässt sich ein komplexes Gebilde erahnen. Um die Eigenarten des Systems zu untersuchen, legen wir für die folgenden Untersuchungen die PARAMETER A = a = 0.2 und PARA-METER B = b = 0.2 fest und variieren den PARAMETER C = c zwischen 2 und 5. Die Anfangswerte sind ANFANGSZUSTAND X = 0, ANFANGSZUSTAND Y = 2, ANFANGSZU-STAND Z = 0. Hierbei zeigt sich Folgendes (Abb. Z207f bis i): Für $c = 2$ läuft das System von seinem Anfangszustand aus rasch in einen Grenzzyklus ein, in dem es sich dann (mit regelmäßigen Schwingungen im Zeitdiagramm) weiter bewegt.

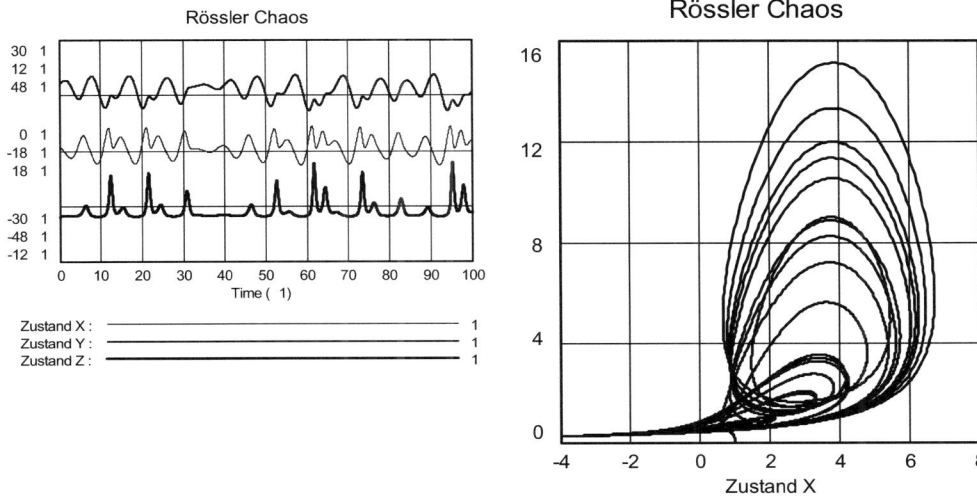

Abb. Z207b: Chaotisches Verhalten im Zeitdiagramm.
Abb. Z207c: Projektion der Zustandsbahnen in die (x, z)-Ebene.

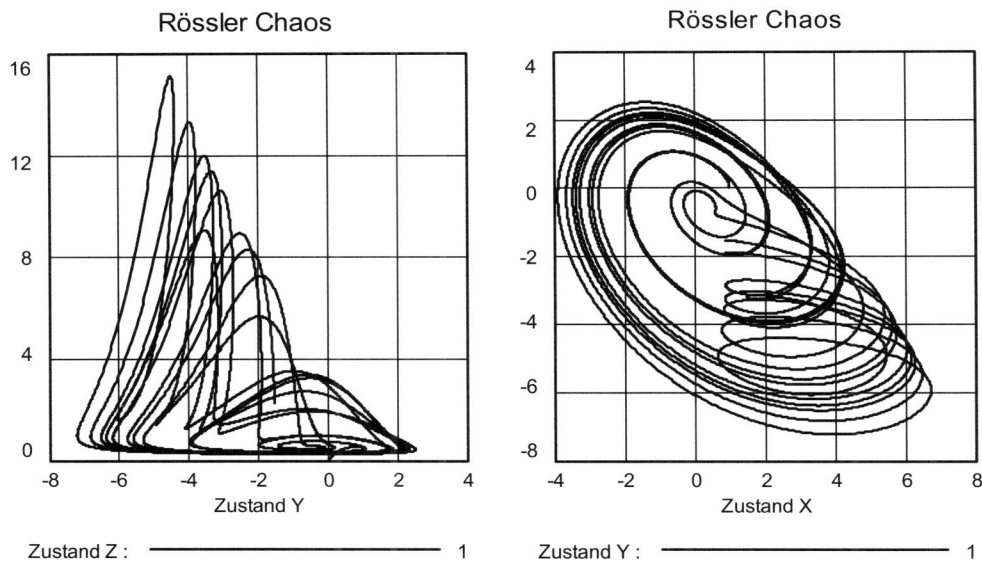

Abb. Z207d: Projektion der Zustandsbahnen in die (y, z)-Ebene.
Abb. Z207e: Projektion der Zustandsbahnen in die (x, y)-Ebene.

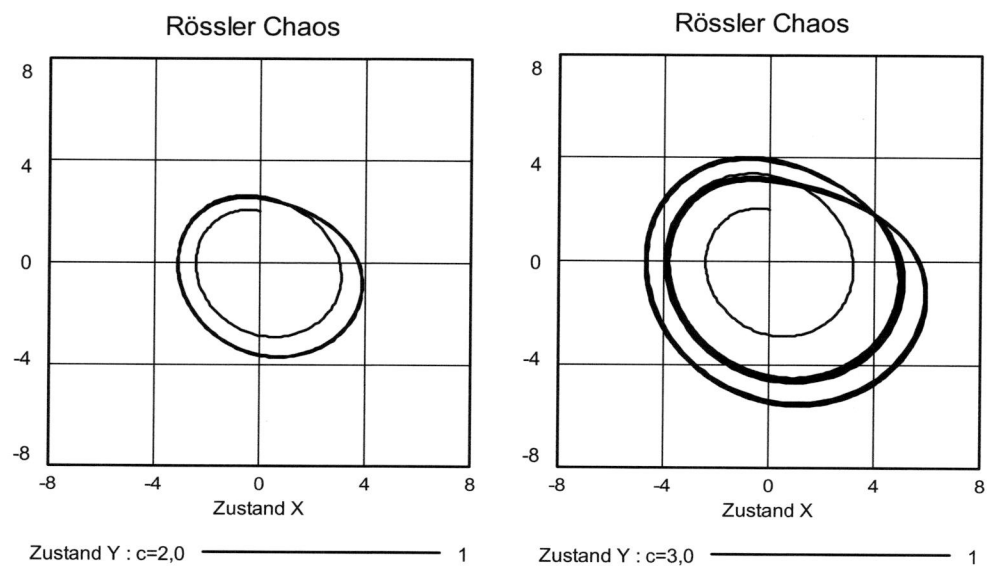

Abb. Z207f: Grenzzyklus bei niedrigem Wert für Parameter C = 2.
Abb. Z207g: 1. Periodenverdopplung bei C = 3: doppelter Grenzzyklus.

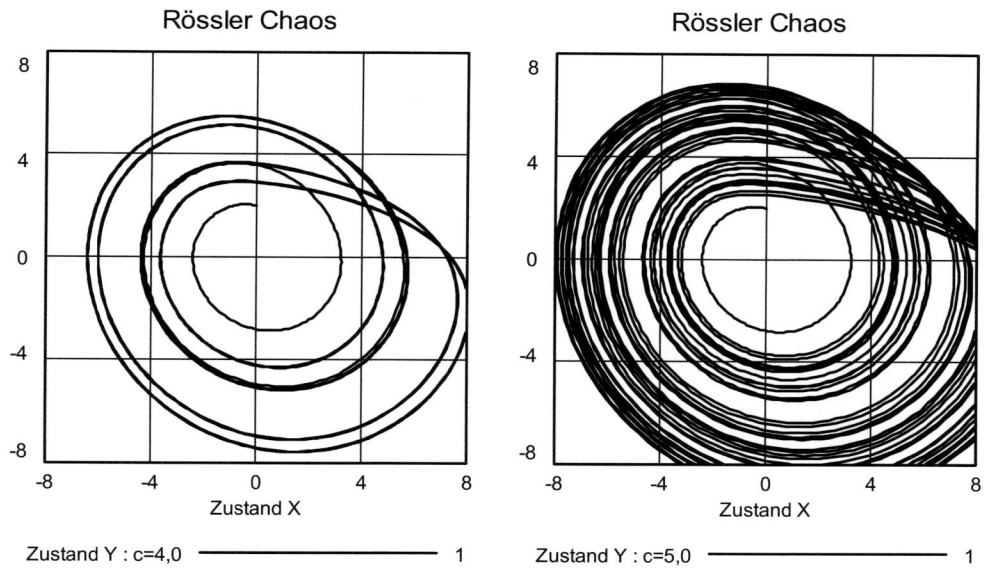

Abb. Z207h: 2. Periodenverdopplung bei C = 4: vierfacher Grenzzyklus
Abb. Z207i: Übergang in chaotisches Verhalten bei C = 5.

Der Grenzzyklus ist durch die Vorzeichenumkehr der Rate z $(x - c)$ zu erwarten. Für $c = 3$ zeigt sich ebenfalls ein Grenzzyklus, aber erst nach zwei Umläufen ist die Figur („zusammengeklappte Acht") wieder geschlossen und der vorhergehende Zustand wieder erreicht. Die Periode des Grenzzyklus hat sich also verdoppelt. Bei $c = 4$ hat sich die Periode des Grenzzyklus noch einmal verdoppelt: Erst nach vier Umläufen ist die Bahn wieder geschlossen. Diese ständige Periodenverdopplung mit zunehmendem PARAMETER C mündet schließlich (etwa bei $c = 4.2$) in chaotische Bewegung, die auch im Bild für $c = 5$ offensichtlich ist.

In den Zeitdiagrammen für *Zustand Z* für die vier Läufe (Abb. Z207k) äußert sich die Periodenverdopplung ebenfalls: Für $c = 3$ treten Spitzen bei der doppelten Periode, für $c = 4$ bei der vierfachen Periode auf. Im chaotischen Bereich für $c = 5$ ist die regelmäßige Periodizität verschwunden.

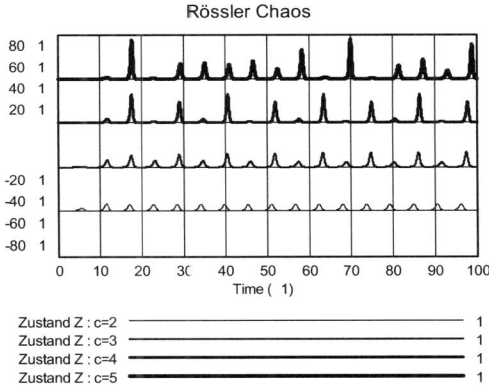

Abb. Z207k: Periodenverdopplung zeigt sich auch im Zeitdiagramm.

Arbeitsvorschläge

1. Untersuchen Sie mit den Parametern der Voreinstellung das Zeitverhalten und die Gestalt des Attraktors in Abhängigkeit vom PARAMETER A.
2. Übertragen Sie die Simulationsergebnisse als Zeitreihen in ein Computerprogramm für räumliche Darstellung und zeichnen Sie damit die Attraktorflächen für interessante Parameterkombinationen.
3. Zeichnen Sie die Grenzzyklen und Attraktorfläche für die Parameter von Abb. Z207 f bis i in räumlicher Darstellung.
4. Versuchen Sie, den Einfluss der drei Parameter a, b, c auf bestimmte Eigenschaften der Dynamik zuzuordnen (Frequenz, Amplitude, Grenzzyklus, Auftreten von Chaos).
5. Behalten Sie die Parameterwerte der Voreinstellung außer PARAMETER A = a bei, aber vergrößern Sie diesen allmählich im Bereich $0.3 < a < 0.5$. Dokumentieren Sie den Übergang von Grenzzyklen der Periode 1, 2, 4 usw. in einen chaotischen Attraktor

und darauf folgende weitere Grenzzyklen höherer Periode.

Literaturhinweise

Jetschke, G. 1989: *Mathematik der Selbstorganisation – Qualitative Theorie nichtlinearer dynamischer Systeme und gleichgewichtsferner Strukturen in Physik, Chemie und Biologie.* VEB Deutscher Verlag der Wissenschaften, Berlin (136-138).
Thompson, J. M. T., Stewart, H. B. 1986/1991: *Nonlinear Dynamics and Chaos – Geometrical Methods for Engineers and Scientists.* John Wiley, Chichester UK and New York (bes. S. 235-253).

Z208 Verkoppelte Dynamos und Chaos

Aufgabenstellung

Je nach Verkopplung der Komponenten kann auch in technischen Systemen Chaos auftreten. Das soll hier am Beispiel zweier verkoppelter Dynamos gezeigt werden (Beltrami 1987, S. 214-218).

Zwei identische Dynamos seien elektrisch miteinander verkoppelt, wobei der Strom des einen Dynamos das magnetische Feld des anderen erregt. Die Dynamos haben gleiche Selbstinduktion L, gleichen Widerstand R, gleiches konstantes Antriebs-drehmoment G und daher gleiche Winkelbeschleunigung $\omega'_1 = \omega'_2$. Letzteres bedeutet, dass die Winkelgeschwindigkeiten sich nur durch eine Konstante unterscheiden, d.h. $\omega_1 - \omega_2 = $ const. Daher muss nur eine dieser Winkelgeschwindigkeiten als Zustands-größe eingeführt werden. Die Ströme I_1 und I_2 in den beiden Dynamos sind ebenfalls Zustandsgrößen. Damit ergibt sich ein System von drei Differentialgleichungen für die drei Zustandsgrößen.

Werden dimensionslose Größen x und y für die Ströme, z für die repräsentative Winkelgeschwindigkeit und τ für die dimensionslose Zeit eingeführt (Definitionen s. Arbeitsvorschläge) so lässt sich das System schreiben als

$$dx / d\tau = zy - \mu x$$
$$dy / d\tau = (z - \gamma)x - \mu y$$
$$dz / d\tau = 1 - xy$$

Die Systemzusammenhänge zwischen den Zustandsgrößen x und y sind symmetrisch. Der Parameter γ entspricht der (konstanten) Differenz der Winkelgeschwindigkeiten. Das System hat drei nichtlineare Verkopplungen xz, yz, xy. Der Parameter μ wird im Folgenden als DÄMPFUNGSPARAMETER A, der Parameter γ als KOPPLUNG B geführt.

Simulationsmodell

Das Simulationsdiagramm Z208a und die folgenden Programmanweisungen dokumen-tieren das Simulationsmodell vollständig.

Parameter (*Anfangszustand in INTEG-Gleichungen definiert*)
μ = DÄMPFUNGS PARAMETER A = 1
γ = KOPPLUNG B = 2

Dynamik
WinkelBeschleunigung = (1 -Strom in Kreis 1 *Strom in Kreis 2)
WinkelGeschwind = INTEG (WinkelBeschleunigung, 0)
Zunahme Strom 1 = WinkelGeschwind *Strom in Kreis 2

Abnahme Strom 1 = DÄMPFUNGS PARAMETER A *Strom in Kreis 1
Strom in Kreis 1 = INTEG (+Zunahme Strom 1 -Abnahme Strom 1, 1)
Zunahme Strom 2 = (WinkelGeschwind –KOPPLUNG B) *Strom in Kreis 1
Abnahme Strom 2 = DÄMPFUNGS PARAMETER A *Strom in Kreis 2
Strom in Kreis 2 = INTEG (+Zunahme Strom 2 -Abnahme Strom 2, 0)

Simulationszeitparameter
INITIAL TIME = 0
FINAL TIME = 100
TIME STEP = 0.01
SAVEPER = 0.05

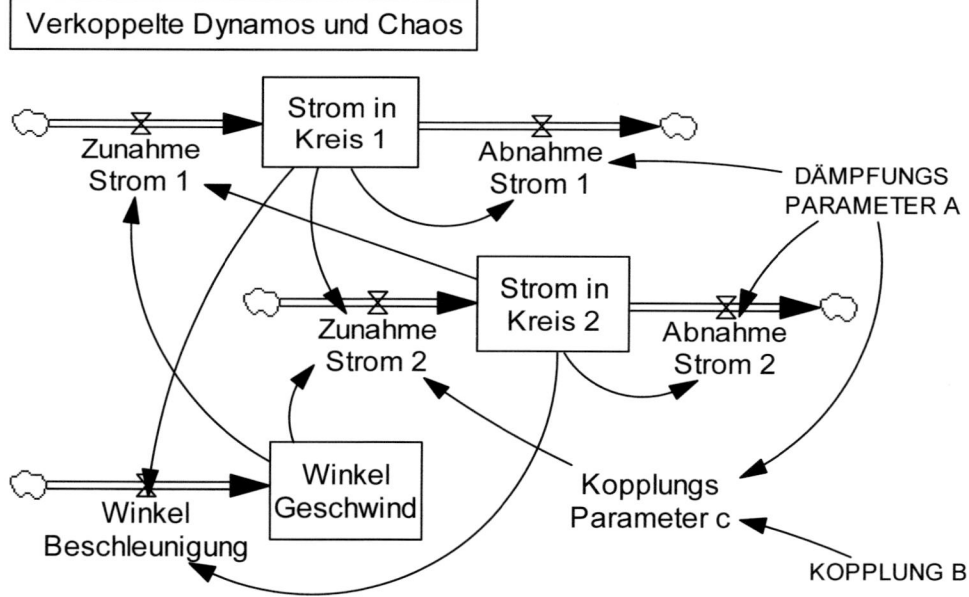

Abb. Z208a: Simulationsdiagramm für die verkoppelten Dynamos.

Simulationsergebnisse

Den zeitlichen Verlauf der Zustandsgrößen mit den Parametern der Voreinstellung zeigt Abb. Z208b. Die entsprechenden Zustandsbilder für Winkelgeschwindigkeit und die beiden Ströme zeigen Abb. Z208c, d und e. Die Zustandsbahn umkreist einen der zwei instabilen Gleichgewichtspunkte mehrfach (was Schwingungen im Zeitverhalten bedeutet), wobei die Umlaufzahl nicht vorhersehbar ist, und bewegt sich dann wieder in den anderen Attraktionsbereich. Der DÄMPFUNGSPARAMETER A und die KOPPLUNG B bestimmen das Zeitverhalten und die Gestalt des Attraktors.

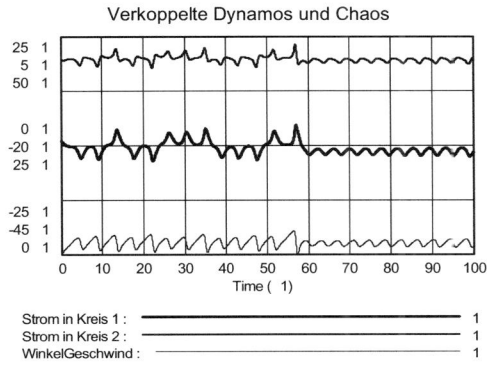

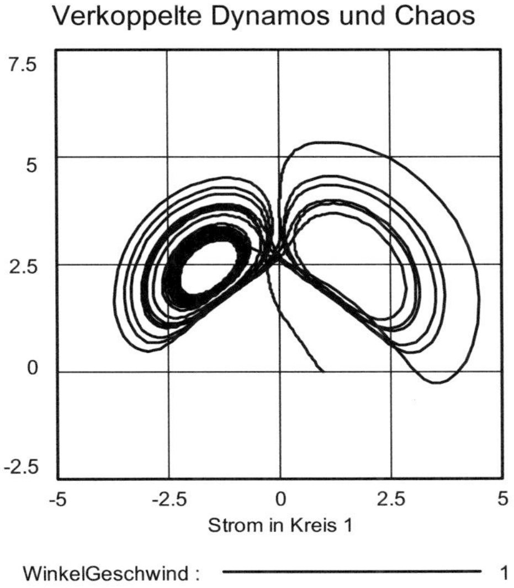

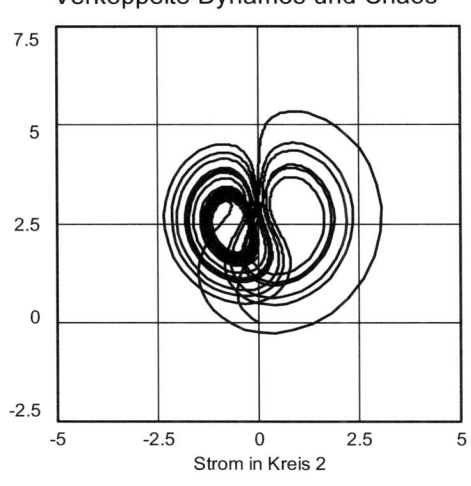

Abb. Z208b: Chaotisches Verhalten im Zeitdiagramm.
Abb. Z208c: Projektion der Zustandsbahn in die (I_1, ω)-Ebene.

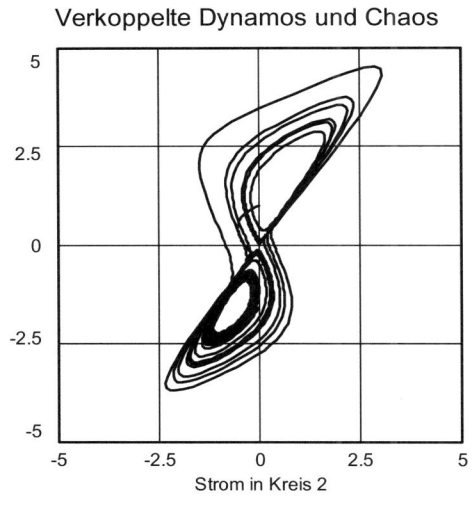

Abb. Z208d: Projektion der Zustandsbahn in die (I_2, I_1)-Ebene.
Abb. Z208e: Projektion der Zustandsbahn in die (I_2, ω)-Ebene.

Arbeitsvorschläge

1. Untersuchen Sie die Rolle von DÄMPFUNGSPARAMETER A = μ und KOPPLUNG B = γ auf die Gestalt des Attraktors und von Grenzzyklen mit Hilfe einer dreidimensionalen Darstellung im Zustandsraum.

2. Untersuchen Sie systematisch die Verhaltensmöglichkeiten in Abhängigkeit von DÄMPFUNGSPARAMETER A = μ und KOPPLUNG B = γ und skizzieren Sie die Bereiche chaotischen Verhaltens und von Grenzzyklen (welcher Periode?) in einem Diagramm mit den Achsen μ und γ. Dokumentieren Sie die Attraktorfläche im Zustandsraum für besonders interessante Fälle.

3. Übersetzen Sie das hier mit dimensionslosen Größen und dimensionsloser Zeit formulierte System in Differentialgleichungen für reale Größen in realer Zeit, modifizieren Sie das Simulationsmodell entsprechend, überprüfen Sie die dimensionale Stimmigkeit (in VenSim/VenPLE mit Units Check), setzen Sie realistische Werte für die Parameter ein und berechnen Sie die Zeitverläufe für Ströme und Winkelgeschwindigkeit.

Umrechnungen (s. Beltrami 1987, 214-218) mit L = Selbstinduktion, R = Widerstand, G = Drehmoment, I_1 und I_2 = Strom, ω_1 und ω_2 = Winkelgeschwindigkeit, M = gegenseitige Induktion:

$$I_i = \sqrt{G/M}\, x_i \ , \ \omega_i = \sqrt{GL/CM}\, y_i \ , \ t = \sqrt{CL/GM}\, \tau \ ,$$

$$\mu = (R/L)\sqrt{LC/MG} \ , \ \gamma = y_1 - y_2$$

Literaturhinweis

Beltrami, E. 1987: *Mathematics for Dynamic Modeling*. Academic Press, Boston and New York (S. 214-218).

Z209 Balancierer

Aufgabenstellung

Instabile System können durch entsprechende Strukturergänzungen prinzipiell stabilisiert werden. Mit dieser wichtigen Aufgabe der Analyse und Synthese von Regelsystemen befasst sich die Regeltheorie. Viele technische Systeme wären ohne eine spezielle Strukturergänzung durch regelnde Komponenten oder ein spezielles Regelsystem hoffnungslos instabil und könnten nicht sicher verwendet werden. Beispiele sind: Flugzeuge, startende Großraketen, chemische Reaktoren, Atomkraftwerke. Nicht immer gelingt es dabei inhärente Stabilität zu erreichen, die auch bei Ausfall aller Leistungsquellen noch bestehen bleibt (wie etwa bei Flugzeugen durch sorgfältige Abstimmung der verschiedenen Kräfte und Momente).

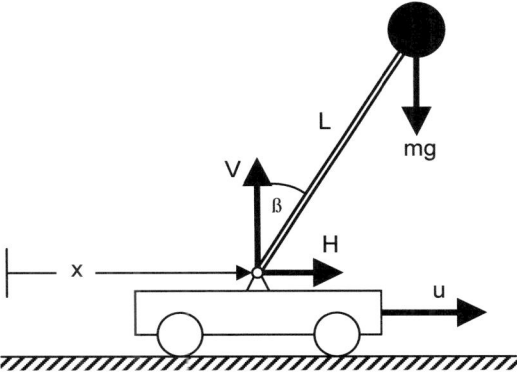

Abb. Z209a: Ein aufrecht stehendes Pendel wird durch ein Regelsystem stabilisiert.

In diesem Abschnitt befassen wir uns mit der Stabilisierung eines anfangs hoffnungslos instabilen Systems, nämlich eines aufrecht stehenden Stabpendels, das durch entsprechendes Balancieren am Umfallen gehindert werden soll. Die Aufgabe entspricht der Stabilisierung startender Weltraumraketen (oder des Segway-Rollers). Wir werden uns zunächst eine Strukturergänzung überlegen, die zu einer Stabilisierung führen könnte. Für diese neue Struktur müssen die Bewegungsgleichungen abgeleitet werden, die sich als hochgradig nichtlinear herausstellen. Da wir davon ausgehen, dass uns die Stabilisierungsaufgabe gelingen wird und das Pendel dann bei seinen Bewegungen in der Nähe des oberen Totpunkts verbleibt, können wir die Bewegungsgleichungen durch Linearisierung wesentlich vereinfachen. Wir entwerfen dann eine Regelfunktion, die von den Zustandsgrößen des Systems abhängt und lassen deren Parameter zunächst offen. Damit haben wir die notwendigen Gleichungen für das entsprechende Simulationsmodell. In mehrfachen Simulationen kann nach Kombinationen von Regelparametern gesucht werden, die ein gutes Stabilitätsverhalten bringen. Dabei hilft die Einführung eines Gütekriteriums für die Effizienz der Regelung (minimaler Energieverbrauch). Die Bewegungs- und Regelgleichungen für dieses System sind an anderer Stelle abgeleitet worden, so dass wir uns hier auf eine zusammenfassende Beschreibung beschränken (Bossel 1992 (203-217), Bossel 1994 (234-248), Bossel SDS 2004 (279-293)).

Systemstruktur und Systemgleichungen

Aus Erfahrung (Balancieren eines Besenstiels) wissen wir, dass ein instabiles System wie das Stabpendel an seinem oberen Totpunkt stabilisiert werden kann, wenn der Drehpunkt geschickt und rechtzeitig so zur Seite bewegt wird, dass diese Bewegung der Fallbewegung entgegenkommt und sie auffängt. Eine Verschiebung des Drehpunkts ist also zur Stabilisierung notwendig und muss im geänderten System und seinen Bewegungsgleichungen eine Rolle spielen.

Um das Pendel zu stabilisieren, könnten wir es mit seinem Drehpunkt mittels eines Kippgelenks auf einem kleinen Wagen montieren, dessen Räder von einem Elektromotor vorwärts und rückwärts angetrieben werden können (Abb. Z209a). Am Wagen und am Pendel sind Sensoren montiert, die Informationen über den jeweiligen Zustand des Systems an einen Regler weitergeben, der wiederum den Elektroantrieb entsprechend steuert. Das Gesamtsystem besteht jetzt aus dem Pendel und dem Wagen mit seinem über ein Regelsystem gesteuerten Antrieb. Seine Bewegungsgleichungen ergeben sich aus der (üblichen) Bedingung, dass die Summen der Kräfte und Momente sowohl am Pendel wie auch am Wagen verschwinden müssen. Diese Differentialgleichungen sind nichtlinear, können aber für die Regelaufgabe linearisiert werden und vereinfachen sich dadurch erheblich (s. Bossel a.a.O.). Das dynamische Verhalten kann erst analysiert oder simuliert werden, wenn die Regelfunktion festgelegt worden ist.

Simulationsmodell

Mit den Systemgleichungen und der angenommenen linearen *Regelfunktion* lässt sich das Simulationsdiagramm zeichnen (Abb. Z209b). Aus den konstanten Parameterwerten des Systems ergeben sich das Trägheitsmoment des Pendels sowie die fünf Koeffizienten *aa*, *a*, *b*, *c* und *d*. Diese Größen müssen nur einmal zu Beginn der Simulation ermittelt werden. Im Simulationsdiagramm stehen sie als multiplikative Wichtungen. Die Regelparameter können bei jedem Simulationslauf verändert werden.

Um die Reaktion des Systems auf zufällige Störungen untersuchen zu können, wird eine zufällige *Störfunktion* eingeführt, die (wie die *Regelfunktion*) horizontal als Kraft auf den Wagen wirkt, aber zu jedem Simulationszeitpunkt mittels Zufallsgenerator ermittelt wird. Die maximale *Amplitude* der Störung wird vom Programmbenutzer bestimmt.

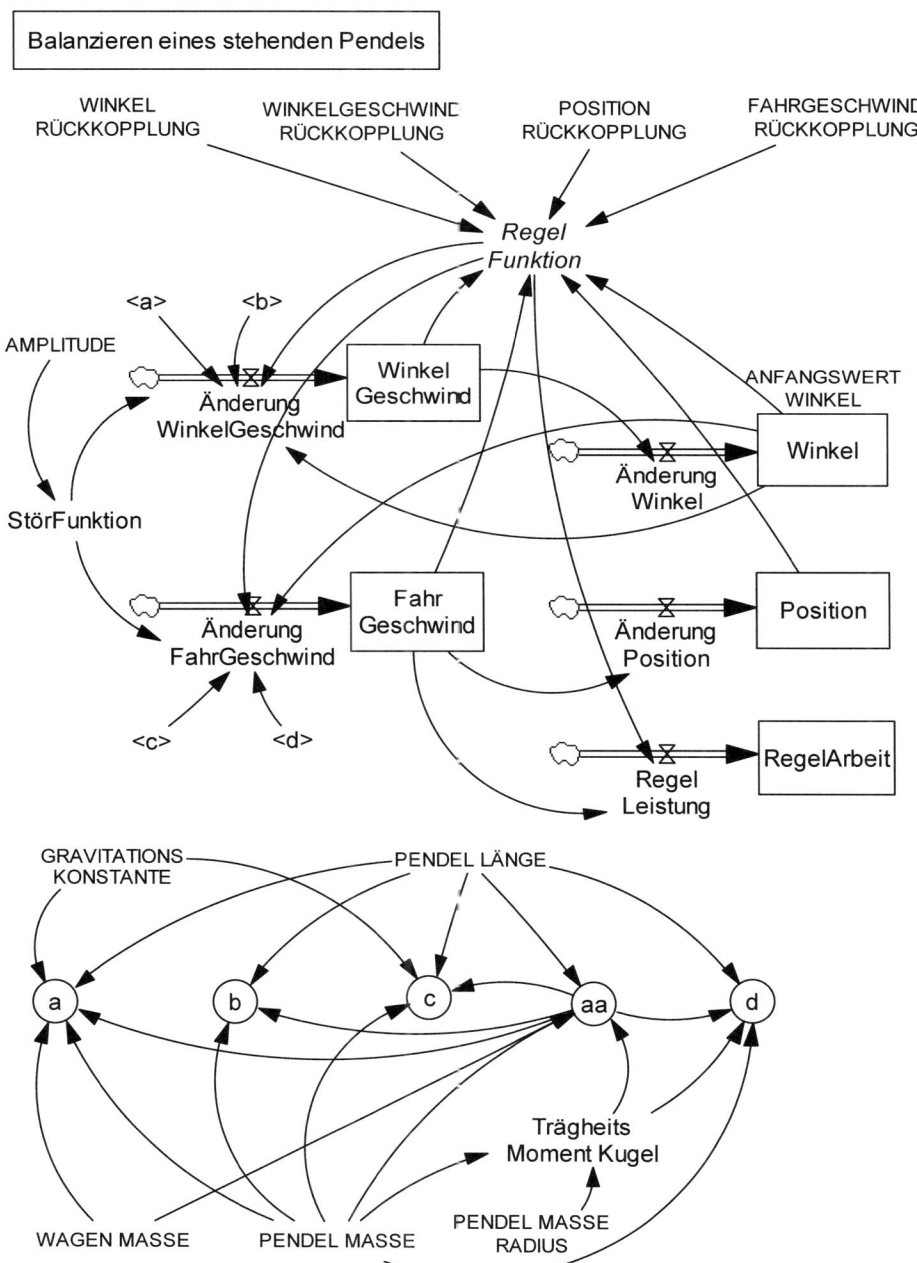

Abb. Z209b: Simulationsdiagramm für stehendes Pendel mit Reglersystem.

Zur besseren Einschätzung des Regelerfolgs wird die momentan notwendige *Regelleistung* berechnet, die sich als Produkt aus *Regelfunktion* und *Fahrgeschwindigkeit* ergibt. Das Integral dieser Leistung über die Zeit ergibt die insgesamt aufgewendete *Regelarbeit*; diese wird daher als weitere Zustandsgröße geführt.

Parameter und Anfangswerte
AMPLITUDE = 0 [m*kg/(Second*Second)]
GRAVITATIONS KONSTANTE = 9.81 [m/(Second*Second)]
PENDEL LÄNGE = 1 [m]
PENDEL MASSE = 1 [kg]
PENDEL MASSE RADIUS = 0.05 [m]
WAGEN MASSE = 1 [kg]
ANFANGSWERT WINKEL = 0.2 [1]
        andere Anfangswerte = 0, s. INTEG-Gleichungen

Berechnete Parameter
TrägheitsMoment Kugel = 2*PENDELMASSE *PENDELMASSERADIUS^2 /5 [m^2*kg]
aa = TrägheitsMoment Kugel *(PENDEL MASSE +WAGEN MASSE) +PENDEL MAS-
        SE *WAGEN MASSE *PENDEL LÄNGE^2 [m*m*kg*kg]
a = GRAVITATIONS KONSTANTE *(PENDEL MASSE +WAGEN MASSE) *PENDEL
        MASSE *PENDEL LÄNGE/aa [1/(Second*Second)]
b = -PENDEL MASSE*PENDEL LÄNGE /aa [1/(m*kg)]
c = -GRAVITATIONS KONSTANTE *PENDEL MASSE^2 *PENDEL LÄNGE^2 /aa
        [m/(Second*Second)]
d = (TrägheitsMoment Kugel +PENDEL MASSE *PENDEL LÄNGE^2) /aa [1/kg]

Regelparameter und Regelfunktion
POSITION RÜCKKOPPLUNG = 3 [kg/(Second*Second)]
FAHRGESCHWIND RÜCKKOPPLUNG = 10 [kg/Second]
WINKEL RÜCKKOPPLUNG = 100 [m*kg/(Second*Second)]
WINKELGESCHWIND RÜCKKOPPLUNG = 30 [m*kg/Second]
RegelFunktion = WINKEL RÜCKKOPPLUNG *Winkel +WINKELGESCHWIND RÜCK-
        KOPPLUNG *WinkelGeschwind +POSITION RÜCKKOPPLUNG *Position
        +FAHRGESCHWIND RÜCKKOPPLUNG *FahrGeschwind
        [m*kg/(Second*Second)]
StörFunktion = AMPLITUDE*(2*RANDOM UNIFORM (0, 1, 0) -1)
        [kg*m/(Second*Second)]

Balanzierdynamik
Änderung FahrGeschwind = c*Winkel +d*(RegelFunktion +StörFunktion) [m/(Sec^2)]
Änderung Position = FahrGeschwind [m/Second]
Änderung WinkelGeschwind = a*Winkel +b*(RegelFunktion +StörFunktion) [1/(Sec^2)]
Änderung Winkel = WinkelGeschwind [1/Second]
FahrGeschwind = INTEG (Änderung FahrGeschwind, 0) [m/Second]

Position = INTEG (Änderung Position, 0) [m]
WinkelGeschwind = INTEG (Änderung WinkelGeschwind, 0) [1/Second]
Winkel = INTEG (Änderung Winkel, ANFANGSWERT WINKEL) [1]
RegelLeistung = ABS (RegelFunktion *FahrGeschwind)
    [m*m*kg/(Second*Second*Second)]
RegelArbeit = INTEG (RegelLeistung, 0) [m*m*kg/(Second*Second)]

Simulationszeitschritte
INITIAL TIME = 0 [Second]
FINAL TIME = 10 [Second]
SAVEPER = TIME STEP [Second]
TIME STEP = 0.01 [Second]

Simulationsergebnisse

Die Voreinstellungen des Modells entsprechen einer relativ guten Lösung des Regel-problems für das umgekehrte instabile Stabpendel. Abb. Z209c zeigt das entsprechende dynamische Verhalten: Nach einer anfänglichen Auslenkung (Kippwinkel von 0.2 = 11.5 Grad) wird die Fallbewegung durch die Bewegung des Wagens rasch aufgehalten, das Pendel wird nach etwa 2 Sekunden in der senkrechten Lage stabilisiert, und der Wagen wird nach etwa 10 Sekunden wieder in die Ausgangsposition zurückgefahren.

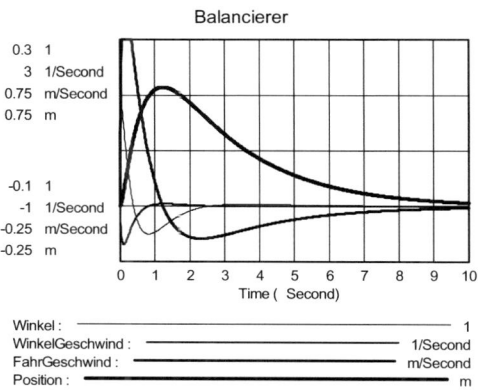

Abb. Z209c: Stabilisierung im Zeitverlauf nach anfangs starker Auslenkung.

Im Zustandsbild von Winkel und Position (Abb. Z209d) zeigt sich ebenfalls deutlich, dass der Winkel sehr rasch, die Position erst allmählich auf die Ausgangslage zurückgeregelt wird. Führt man zusätzlich eine stochastische Störung ein (AMPLITUDE = 10, Abb. Z209e), so bewährt sich auch hier die Regelfunktion und führt das Pendel trotz massiver Störungen zurück in die Ausgangslage. Mit zunehmender Stärke der

Störungen fällt dem System das Ausregeln schwerer, bis es schließlich diese Aufgabe nicht mehr erfüllen kann.

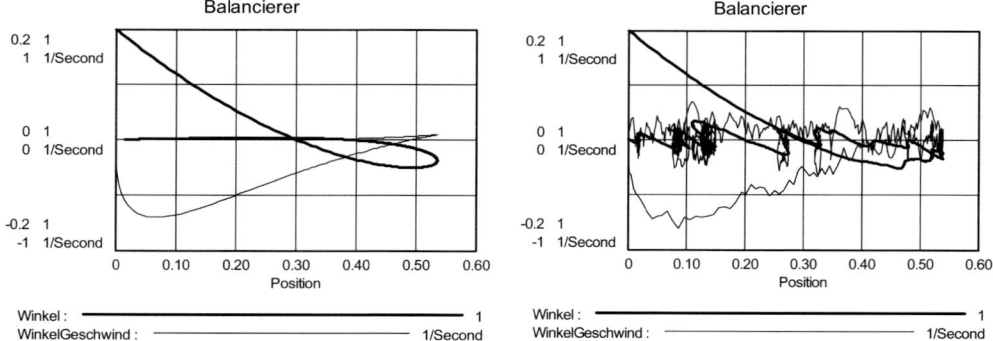

Abb. Z209d: Stabilisierung von Winkel und Winkelgeschwindigkeit im Zustandsbild.
Abb. Z209e: Stabilisierung bei starker stochastischer Störung.

Weitere Untersuchungen des Systems, insbesondere zum Auffinden optimaler Regelparameter, finden sich in Bossel a.a.O. Es zeigt sich, dass die Auswahl der Regelparameter nur in gewissen Bereichen zu stabilen Lösungen führt, und dass auch in diesen Grenzen Veränderungen der Regelparameter deutlich anderes dynamisches Verhalten des Systems ergeben. Hiervon sollte man sich durch einiges Experimentieren mit den vier Regelparametern überzeugen. Auch die Veränderung der Pendelmasse hat eine starke Änderung der Dynamik zur Folge.

Arbeitsvorschläge

1. Regeln Sie das System zunächst nur durch WINKELRÜCKKOPPLUNG (P-Regler). Verändern Sie diesen Regelparameter und lassen Sie die anderen drei Parameter zunächst auf 0. Bestimmen Sie den Regelparameterbereich für den sich (a) Stabilität und (b) Instabilität ergibt. Ermitteln Sie den kritischen Parameterwert, der die beiden Bereiche trennt und bei dem der anfängliche Kippwinkel unverändert bleibt. Führt die Stabilisierung des Kippwinkels hier auch zu einer Stabilisierung der Fahrposition? Erläutern Sie, was dieser Proportionalregler für den Kippwinkel bestenfalls erreichen kann.

2. Verbessern Sie jetzt den Regler, indem Sie zusätzlich zum Proportionalregler für den Kippwinkel noch das Differentialglied für die Ableitung des Kippwinkels (die Winkelgeschwindigkeit) (D-Glied) verwenden (d.h. den Regelparameter WINKELGESCHWIND RÜCKKOPPLUNG). (Diese Kombination wird als PD-Regler bezeichnet.) Die zusätzliche Verwendung der Kippgeschwindigkeit zur Regelung bedeutet jetzt, dass der Regler bereits reagieren kann, wenn die Auslenkung noch klein ist, die Winkelgeschwindig-

keit aber bereits eine bevorstehende Veränderung anzeigt. Finden Sie eine Kombination der beiden Regelparameter, die zu einem möglichst rasch gedämpften stabilen Verhalten führt. Was beobachten Sie in Bezug auf die Fahrposition? Können Sie die Positionsregelung durch entsprechende Wahl der beiden Winkelparameter verbessern?

3. Untersuchen Sie systematisch den Einfluss der beiden Parameter auf Frequenz und Dämpfung des geregelten Systems in Bezug auf die Winkelauslenkung. Zeichnen Sie in einem Diagramm (Abszisse WINKEL RÜCKKOPPLUNG, Ordinate WINKELGESCHWIND RÜCKKOPPLUNG) die Stabilitätsbereiche ein und skizzieren Sie im Diagramm die Systemreaktion als Funktion der beiden Parameter.

4. Verwenden Sie jetzt auch die beiden Parameter für die Rückkopplung der Position und der Fahrgeschwindigkeit. Finden Sie Kombinationen, die das Pendel möglichst rasch und gut gedämpft in die vertikale Lage und in die Ausgangsposition des Wagens zurückbringen.

5. Untersuchen Sie, ob die von Ihnen gefundene Reglerfunktion auch noch bei zufälligen Störungen durch eine Störkraft mit einer maximalen Amplitude von 10 Newton [1 N = 1 kg m sec^{-2}] stabil bleibt. Falls dies nicht der Fall ist, ermitteln Sie entsprechende Werte für die Regelparameter. Hinweis: Verwenden Sie bei der Beurteilung der Güte des Reglers u.a. auch das Phasenbild.

6. Ersetzen Sie die bisher verwendete lineare REGELFUNKTION durch einen (nichtlinearen) Dreipunktregler für jede der vier Zustandsgrößen. Dieser Regler reagiert in einem kleinen Bereich um den Nullwert der Zustandsgröße nicht, reagiert aber mit maximaler (positiver bzw. negativer) Regelkraft bei jeder Auslenkung außerhalb dieses Nullbereichs. Verwenden Sie hier die vier Regelparameter, um die maximale Regelkraft (= REGELFUNKTION) in Bezug auf jede der vier Zustandsgrößen für ein akzeptables und stabiles Verhalten zu ermitteln.

7. Verwenden Sie andere nichtlineare Ausdrücke für die REGELFUNKTION (z.B. quadratische oder kubische Ausdrücke) und untersuchen Sie den Einfluss auf das Regelverhalten. Versuchen Sie, Regelfunktion und Regelkonstanten so zu wählen, dass die Regelaufgabe mit einem minimalen Energieaufwand gelöst wird.

Literaturhinweise

Bossel, H. 1992: *Simulation dynamischer Systeme – Grundwissen, Methoden, Programme*. Vieweg Braunschweig und Wiesbaden, 2. Aufl.

Bossel, H. 1994: *Modellbildung und Simulation – Konzepte, Verfahren und Modelle zum Verhalten dynamischer Systeme*. Vieweg Braunschweig und Wiesbaden, 2. Aufl.

Bossel, H. 2004: *Systeme, Dynamik, Simulation – Modellbildung, Analyse und Simulation komplexer Systeme*. Books on Demand, Norderstedt.

Z210 Aufwindsuche

Aufgabenstellung

Beim motorlosen Fliegen – ob im Segelflugzeug, Hängegleiter (Drachen) oder Gleitschirm – geht es immer darum, unsichtbare Aufwinde zu finden und bestmöglich für den Flug zu nutzen. Möglichst rasch soll also der Bereich des besten Steigens gefunden und beibehalten werden – auch dann, wenn sich das Aufwindgebiet verändert oder vom Wind versetzt wird. Da der Pilot nicht sehen kann, wo die Luft aufsteigt, oder gar, wo sie am raschesten aufsteigt, scheint diese Aufgabe zunächst einmal nur durch Glück und Zufall lösbar zu sein.

Was würde ein intelligenter Blinder tun, der in einer ihm unbekannten hügeligen Gegend ausgesetzt wird mit der Aufgabe, den nächsten Berg möglichst rasch zu erklimmen? Der würde wahrscheinlich innehalten und umkehren, wenn er merkt, dass es bergab geht, würde suchen, wo es bergauf geht, und würde dort weiter steigen, wo der Pfad am steilsten zu sein scheint. Den Gipfel wird er schließlich daran erkennen, dass es nach allen Seiten nur noch bergab geht. Das Beispiel zeigt, dass es möglich ist, ein unsichtbares „Optimum" mit einer geeigneten Suchregel zu finden. Tatsächlich ist diese Optimierungsaufgabe ein alltägliches Problem in vielen Anwendungen. Wenn ein Simulationsprogramm vorhanden ist, können mathematische Optimierungsverfahren bei der Suche nach Optima (oft sind es mehrere) helfen. Sie verwenden unterschiedliche Regeln. Die (hier vom Blinden angewendete) Regel des „steilsten Anstiegs" ist eine der am häufigsten verwendeten.

Auch für die Aufwindsuche gibt es unter Fliegern unterschiedliche Regeln (Reichmann 1982, Hesse 1978, Bossel 1998). Ob eine Regel besser oder schlechter ist, lässt sich in der Praxis nicht eindeutig feststellen, da jeder Aufwind andere Bedingungen hat. Flugregeln können aber mit Hilfe der Simulation verglichen werden, da dann die Aufwindbedingungen genau definiert werden können. Wir wollen hier mit einem Simulationsmodell untersuchen, ob sich mit einer einfachen Flugregel Aufwindfelder sicher finden und erfolgreich nutzen lassen, auch wenn sich der Aufwindkern ständig verlagert und der Pilot keine Ahnung hat, wo der Kern sich genau befindet. Die mathematischen Gleichungen für Geradeausflug und Kurvenflug, sowie die Entscheidungsregeln für die Thermiksuche werden programmiert. Im Rechner wird ein räumliches Aufwindfeld vorgegeben. Nun können die Flugwege eines Fluggeräts für die verschiedenen Regeln berechnet, graphisch dargestellt und verglichen werden.

Ein solches Simulationsmodell muss Flugbewegungen und Flugleistungen möglichst realistisch wiedergeben. Das hier verwendete Simulationsmodell berücksichtigt u.a. die von Fluggeschwindigkeit und Kurvenradius abhängige Querneigung und die damit verbundene Erhöhung von Flug- und Sinkgeschwindigkeit, wie auch die verzögerten Reaktionen von Variometer-Anzeige und Pilot. (Das Variometer zeigt die jeweilige Steig- oder Sinkgeschwindigkeit an). Normalfluggeschwindigkeit, Sinkgeschwindigkeit und Winkelgeschwindigkeit der Kursänderung (d.h. wie viele Sekunden für einen Vollkreis?) lassen sich vorgeben, so dass Thermikflüge von Greifvögeln, Gleitschirmen, Drachen und Segelflugzeugen simuliert werden können. Starke und schwache, enge und weite Aufwindfelder können vorgegeben werden durch entsprechende Wahl der Parameter, die Ort, Gestalt und Stärke des Aufwindfeldes, sowie seine mögliche Neigung zur Senkrechten bestimmen. Auch anfängliche Position, Höhe und Kurs lassen sich vorgeben. Die Gleichungen der Flugmechanik sind in diesem Modell dem Zweck entsprechend extrem vereinfacht (im Vergleich zu den genauen Bewegungsgleichungen im Modell Z211 FLUGDYNAMIK).

Simulationsmodell

Im Folgenden wird das vollständige Simulationsprogramm aufgelistet. Das entsprechende Simulationsdiagramm ist in Abb. Z210a wiedergegeben. Unter „Thermikparameter" lassen sich die maximale Steiggeschwindigkeit im Aufwindkern, der Radius des kreisförmigen Aufwindfeldes und die Neigung des Aufwindzentrums zur Senkrechten angeben. Für die Untersuchung unterschiedlicher Fluggeräte sind die Flugparameter VNORM, VSINK und KREISDAUER zu ändern. Da intern mit Polarkoordinaten gerechnet wird, werden die Benutzerangaben über die Anfangsposition entsprechend umgerechnet. Bei der Berechnung von Flug- und Sinkgeschwindigkeit muss berücksichtigt werden, dass sich beide entsprechend der Schräglage (Querneigung) im Kurvenflug ändern. Ob bei der Aufwindsuche gekurvt oder geradeaus geflogen wird, hängt vom Ergebnis der Entscheidungsregel ab, die momentane Sinkgeschwindigkeit und die Veränderungsrate der Sinkgeschwindigkeit berücksichtigt. Unter „Steigen in der Thermik und Einkurventscheidung" werden zwei alternative Entscheidungsregeln aufgeführt (s. u.). Aus dem stückweise steileren und flacheren Kreisen und Geradeausflug während der Thermiksuche werden der jeweilige Kurs und die Position im dreidimensionalen Raum berechnet (x nach Osten, y nach Norden, z nach oben, Anfangshöhe 1000 m).

Konstanten
pi = 3.14159 [1]
Grad per Kreis = 360 [Grad]
a = Grad per Kreis/(2*pi) [Grad]
g = 9.81 [m/(Second*Second)] {*Gravitationsbeschleunigung*}
Rinf = 1e+006 [m]

Thermikparameter
steigmax = 5 [m/Second] {*Maximales Steigen im Zentrum des Bartes, Meter/ Sekunde*}
ThRadius = 150 [m] {*Radius des Aufwindbartes, Meter*}
ThermikNeigung = 45 [Grad] {*Neigung des Thermikbartes von der Vertikalen, Grad*}
theta = ThermikNeigung/a [1]

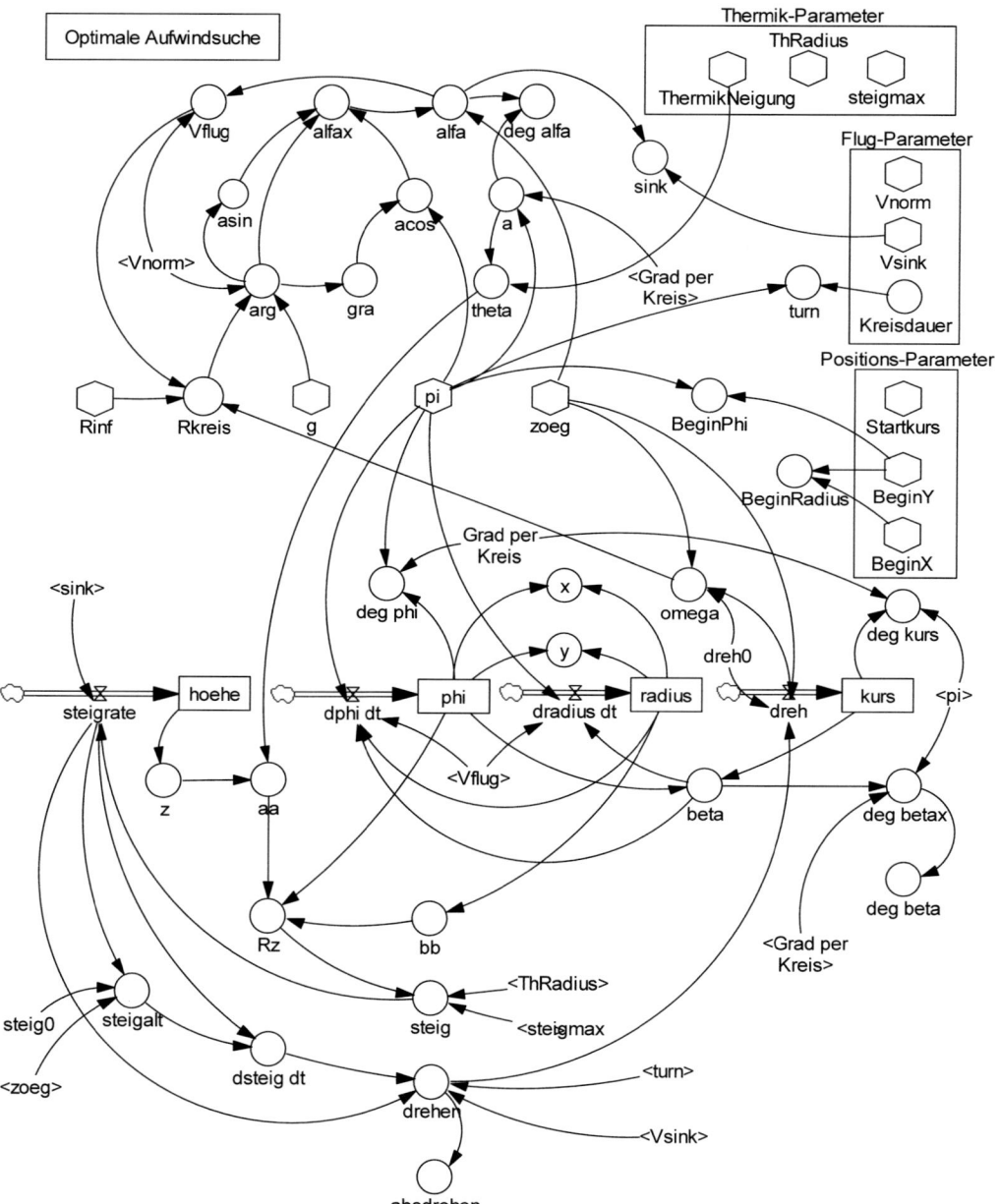

Abb. Z210a: Simulationsdiagramm für die Aufwindsuche.

Fluggerät

Vnorm = 10 [m/Second] {*normale Fluggeschwindigkeit, Meter/Sekunde*}
Vsink = 1 [m/Second] {*Sinkgeschwindigkeit im Normalflug, Meter/Sekunde*}
Kreisdauer = 10 [Second] {*Dauer eines Vollkreises, Sekunden*}
turn = 2*pi /Kreisdauer [1/Second]
zoeg = 1 [Second] {*Verzögerung*}

Anfangsposition

Startkurs = 90 [Grad] {*Flugkurs anfangs: Nord = 0, Ost = 90, Süd = 180, West = 270*}
BeginX = 0 [m] {*X-Anfangsposition, Meter östlich vom Ursprung; nicht verändern!*}
BeginY = 75 [m] {*Y-Anfangsposition, Meter nördlich vom Koordinaten-Ursprung*}
BeginRadius = SQRT (BeginX *BeginX +BeginY *BeginY) [m]
BeginPhi = IF THEN ELSE (BeginY >= 0, pi/2, -pi/2) [m]
dreh0 = 0 [1/Second]

Fluggeschwindigkeit, Querneigung, Sinkgeschwindigkeit

Rkreis = IF THEN ELSE ((ABS(omega) > 0.001), Vflug /ABS(omega), Rinf) [m]
arg = Vnorm *Vnorm /(Rkreis*g) [1]
gra = 1/arg [1]
asin = arg +arg^3/6 +(3/40)*arg^5 [1] {*Taylor-Reihe für arc sin, 3 Glieder*}
acos = pi/2-(gra +gra^3/6 +(3/40)*gra^5) [1] {*Taylor-Reihe für arc cos, 3 Glieder*}
alfax = IF THEN ELSE ((arg< = 1), asin, acos) [1]
alfa = DELAY1I (alfax, zoeg, 0) [1] {*Rollwinkel (Querneigung)*}
deg alfa = alfa*a [Grad]
Vflug = Vnorm *SQRT (1/cos(alfa)) [m/Second]
sink = Vsink /cos(alfa) [m/Second]

Steigen in der Thermik und Einkurventscheidung

hoehe = INTEG (steigrate,1000) [m] {*Flughöhe*}
z = hoehe -1000 [m]
aa = 200 +(z *(sin (theta) /cos(theta))) [m] {*Thermik 200 m östlich des Ursprungs*}
bb = radius [m]
Rz = SQRT (aa*aa +bb*bb -2*aa*bb*cos(phi)) [m]
steig = IF THEN ELSE ((Rz < ThRadius), steigmax*(1 -(Rz/ThRadius)), 0) [m/Second]
        {*Aufwindstärke steigt linear bis zum Zentrum des Bartes, dort maximal*}
steigrate = steig -sink [m/Second]
steig0 = -1 [m/Second]
steigalt = DELAY3I (steigrate, zoeg, steig0) [m/Second]
dsteig dt = steigrate -steigalt [m/Second]
drehen = IF THEN ELSE (((dsteig dt <0) :AND: (steigrate> -0.5*Vsink)), -turn, 0)
        [1/Second]
        {*Dies ist **Entscheidungsregel 1**: Falls Steigen nachlässt und Sinkrate noch
        kleiner ist als Normalsinken, dann Eindrehen; sonst geradeaus fliegen.*}
        {*Alternative ist **Entscheidungsregel 2**: Flach kreisen bei besser werdendem
        Steigen, steil Kreisen, wenn Steigen nachlässt. Hierfür verwenden:*}

drehen1 = IF THEN ELSE (((dsteig dt <0) :AND: (steigrate >-0.5*Vsink)),-turn, 0)
drehen = IF THEN ELSE (((dsteig dt >= 0) :AND: (steigrate > -0.5*Vsink)), -0.3
*turn, drehen1) }
absdrehen = ABS (drehen) [1/Second]
dreh = DELAY1I (drehen, zoeg, dreh0) [1/Second]
omega = DELAY1I (dreh, zoeg, dreh0) [1/Second]

Kurs und Position
kurs = INTEG (dreh, Startkurs/a) [1] {*Kurswinkel*}
deg kurs = (kurs/(2*pi) –INTEGER (kurs/(2*pi))) *Grad per Kreis [Grad]
beta = phi +kurs [1]
deg betax = (beta/(2*pi) –INTEGER (beta/(2*pi))) *Grad per Kreis [Grad]
deg beta = IF THEN ELSE ((deg betax > 180), deg betax -360, deg betax) [Grad]
phi = INTEG (dphi dt, BeginPhi) [1] {*Ortsberechnung in Polarkoordinaten: Winkel*}
deg phi = (phi/(2*pi) –INTEGER (phi/(2*pi))) *Grad per Kreis [Grad]
dphi dt = (Vflug/radius) *SIN((pi/2) -beta) [1/Second]
radius = INTEG (dradius dt, BeginRadius) [m] {*Ortsberechnung in Polarkoord: Radius*}
dradius dt = Vflug*cos((pi/2) -beta) [m/Second]
x = radius*cos(phi) [m]
y = radius*sin(phi) [m]

Simulationszeitparameter
INITIAL TIME = 0 [Second]
FINAL TIME = 250 [Second]
TIME STEP = 0.25 [Second]
SAVEPER = TIME STEP [Second]

Simulationsergebnisse

In den Simulationen werden zwei Regeln verglichen. Regel 2 entspricht der Regel des
ehemaligen Segelflugweltmeisters Reichmann, die dieser für die beste Methode hielt.

*Regel 1: Im Aufwindfeld geradeaus fliegen, wenn und solange das Steigen sich verbes-
sert oder gleich bleibt. Eng einkurven, sobald und solange das Steigen sich verschlechtert.*
*Regel 2: Im Aufwindfeld flach kreisen, wenn und solange das Steigen sich verbessert
oder gleich bleibt. Eng einkurven, sobald und solange das Steigen sich verschlechtert.*

Für die Simulationen nehmen wir ein kreisförmiges Aufwindfeld an. In ihm
steigt die Aufwindgeschwindigkeit linear an vom Rand bis zur Mitte (Abb. Z210b).
Das Fluggerät kann nur im inneren Bereich steigen, wo die Aufwindgeschwindigkeit
größer ist als die Sinkgeschwindigkeit. Um zu überprüfen, ob die Regeln auch mit
stark geneigter Thermik fertig werden, neigen wir die Thermikachse um 45 Grad.

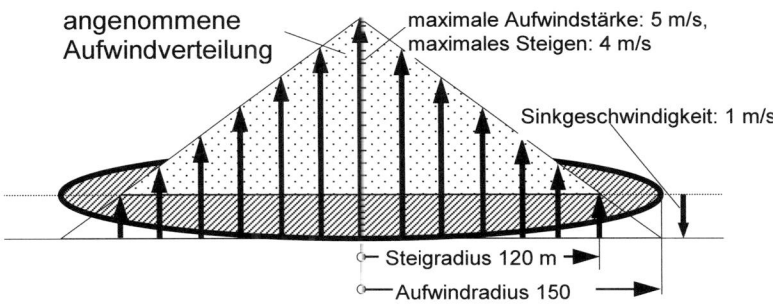

Abb. Z210b: Angenommene Aufwindverteilung

Verschiedene Fluggeräte können vor allem durch ihre Normalfluggeschwindigkeit definiert werden: Ein Greifvogel fliegt mit etwa 5 m/s (18 km/h), ein Gleitschirm mit 7.5 m/s (27 km/h), ein Drachen mit 10 m/s (36 km/h) und ein Segelflugzeug mit 25 m/s (90 km/h). Für diese Fluggeräte wird (vereinfachend) ein Sinken von 1 m/s bei ihrer Normalfluggeschwindigkeit angenommen. (Das Programm lässt leicht die Untersuchung anderer Sinkgeschwindigkeiten zu). Für das (enge) Einkurven wird für beide Regeln eine Winkelgeschwindigkeit angenommen, die einem 8-Sekunden-Kreis entspricht. Dieser Wert hat sich in den Simulationen als optimaler Wert erwiesen. Er entspricht einer Kurvenneigung von 22 Grad beim Greifvogel, 32 Grad beim Gleitschirm, 40 Grad beim Drachen und über 60 Grad beim Segelflugzeug. Für das flache Kreisen (in Regel 2) erweist sich ein 30-Sekunden-Kreis als optimal, entsprechend einer Schräglage von 7 Grad beim Greifvogel, 9 Grad beim Gleitschirm, 12

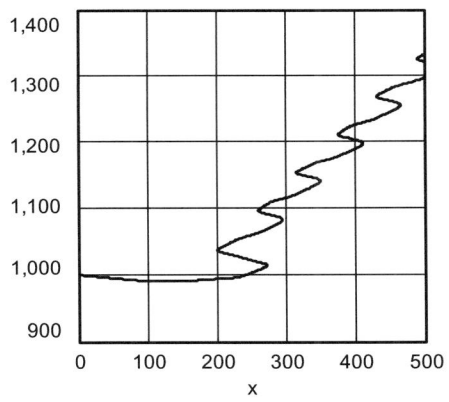

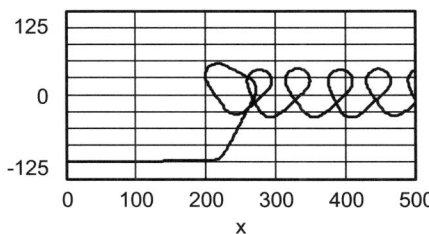

Abb. Z210c: Flugweg bei Thermiksuche.

Grad beim Drachen und 30 Grad beim Segelflugzeug. Da auch überprüft werden soll, wie gut die Regeln noch sind, wenn bei der Suche „falsch" herum (vom Aufwind weg) eingekurvt wird, wird bei den Simulationen die Drehrichtung nach links vorgeschrieben. Der Flugweg für die Parameter der Voreinstellung ist in Abb. Z210c gezeigt.

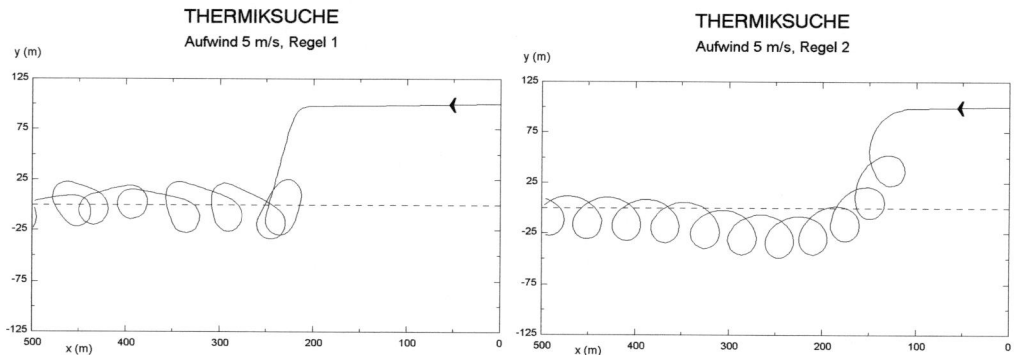

Abb. Z210d: Aufwindsuche nach Regel 1.
Abb. Z210e: Aufwindsuche nach Regel 2.

Die Abb. Z210d und e zeigen die Flugwege eines Drachens entsprechend den beiden Flugregeln beim Auffinden und Zentrieren eines Bartes. Die Thermik hat hier einen Radius von 150 m bei einem maximalen Aufwind von 5 m/s. Bei einer Sinkgeschwindigkeit von 1 m/s findet sich also Steigen in einem Radius von 120 m, mit dem Maximalwert von 4 m/s (siehe Abb. Z210b). In 1000 m Höhe liegt das Zentrum des Bartes 200 m in Flugrichtung und 100 m links vom Startpunkt mit Startkurs 270 Grad. Der Bart ist um 45 Grad in Kursrichtung geneigt; die Thermikkreise müssen also ständig verlagert werden.

Beide Regeln sind erfolgreich; in beiden Fällen wird der Bart gefunden und zentriert. Aber während Regel 1 ziemlich zielgenau mit wenigen Kreisen zum Zentrum führt, führt Regel 2 anfangs zu sehr viel mehr Suchkreisen. Als Ergebnis ist auch die nach 250 Sekunden erreichte Höhe unterschiedlich: 1663 m bei Regel 1, 1609 m bei Regel 2. Bei Regel 1 ergibt sich für das Fliegen im Bart im Mittel ein 14-Sekunden-Kreis, entsprechend einer Querneigung von 24 Grad; bei Regel 2 ein 12-Sekunden-Kreis mit einer Querneigung von 27 Grad.

Was passiert, wenn anfangs vom Aufwindzentrum weg gekurvt wird? Abb. Z210f und g zeigen die Such- und Flugwege eines Drachens unter gleichen Bedingungen wie eben, aber mit unterschiedlichen Startpositionen links und rechts vom Aufwindzentrum. Hier zeigt sich nun ein fliegerisch gravierender Unterschied zwischen den beiden Regeln. Bei Regel 2 wird der Aufwind nur gefunden, wenn bereits anfangs auf das Zentrum zu gekurvt wird. Bei Regel 1 wird der Aufwind auch rasch gefunden, wenn anfangs „falsch" herum gekurvt wurde. Die Steigschneise, d.h. die Breite des Flugkorridors, aus dem heraus der Bart noch sicher gefunden wird, ist bei Regel 1 fast doppelt so groß wie bei Regel 2!

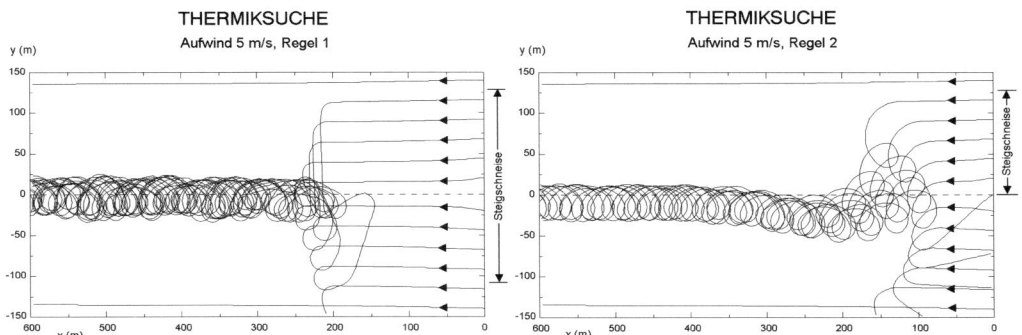

Abb. Z210f: Regel 1 erschließt eine fast doppelt so breite Steigschneise wie Regel 2.
Abb. Z210g: Regel 2 führt nicht zum Aufwind, wenn anfangs vom Aufwind weg ge-kreist wurde.

Wie funktionieren die Regeln bei anderem Fluggerät? Abb. Z210h und i zeigen die Flugwege für Greifvogel, Gleitschirm, Drachen und Segelflugzeug in der gleichen Aufwindsituation wie vorher. Auch hier sind die Unterschiede zwischen den Regeln deutlich: Mit Regel 1 wird der Bart rascher und genauer zentriert. In der gleichen Zeit (250 Sekunden) wird außerdem eine größere Höhe erreicht als mit Regel 2. Der ver-gleichsweise große Kurvenradius des Segelflugzeugs zwingt dieses, im äußeren Auf-windbereich zu fliegen, wo das Steigen geringer ist. Beim Vergleich der Flugwege für den Greifvogel zeigt sich auch, dass Regel 1 wahrscheinlich eher seinem natürlichen Flugverhalten entspricht.

Simulationen für andere Thermiksituationen (enge und weite, starke und schwa-che, senkrechte und geneigte Thermik) zeigen alle das gleiche Ergebnis: Mit Regel 1 wird der Bart rasch gefunden und genau zentriert, auch in Fällen bei denen man nach Regel 2 aus dem Aufwind „herausfällt". Vor allem aber, die Steigschneise (und damit die Aussicht, den Bart zu finden), ist bei Regel 1 (fast) doppelt so groß wie bei Regel 2! In die Praxis übersetzt, ergeben sich daraus folgende Empfehlungen für Suche und Zentrieren (entsprechend Regel 1):

- Wenn sich durch unruhige Luft, vermindertes Sinken oder Steigen ein Aufwindfeld bemerkbar macht, wird geradeaus geflogen, solange das Steigen zunimmt (oder das Sinken abnimmt) oder der Variometer-Wert gleichbleibt.
- Sobald das Steigen geringer (oder das Sinken größer) wird, wird relativ eng einge-kurvt. Dabei ist es (fast) egal, welche Drehrichtung anfangs gewählt wird.
- Wenn das Steigen wieder zunimmt (oder das Sinken wieder abnimmt), wird wieder solange geradeaus geflogen, bis das Steigen zurückgeht (oder das Sinken schlechter wird).
- Beim Kreisen im Aufwind selbst wird sanfter korrigiert, durch steileres und flache-res Eindrehen.

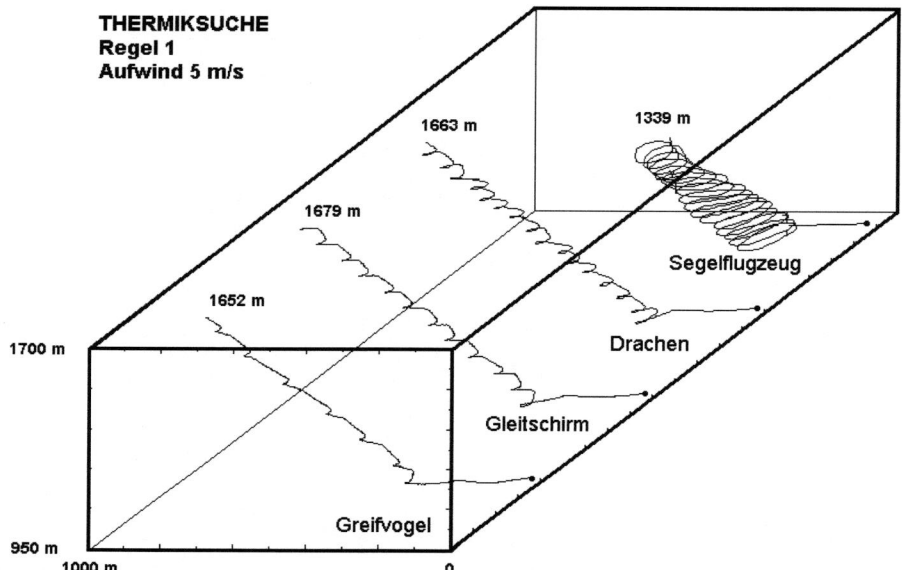

Abb. Z210h: Steigen in einem „schiefen" Thermikbart nach Regel 1.

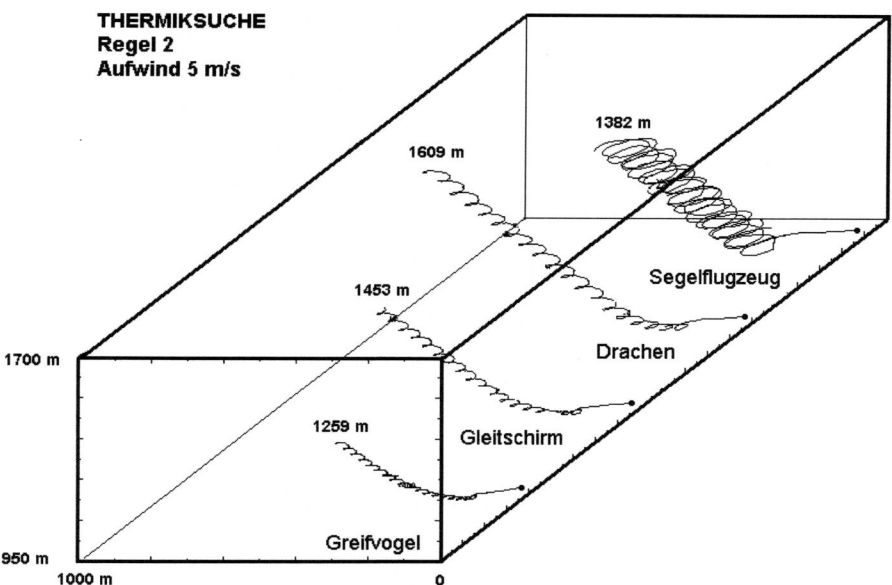

Abb. Z210i: Steigen in einem „schiefen" Thermikbart nach Regel 2.

Im Aufwindfeld gilt also die Regel:

- **Einkurven, sobald die Variometeranzeige sich verschlechtert, geradeaus flie-gen solange sie sich verbessert oder gleich bleibt.**

Wichtig ist also vor allem, auf die *Veränderung* der Variometeranzeige zu achten, nicht auf das Steigen und Sinken selber.

Arbeitsvorschläge

1. Wählen Sie die Parameter (VNORM, VSINK, KREISDAUER) für ein bestimmtes Fluggerät (s. Text) und einen senkrecht stehenden Aufwind (THERMIKNEIGUNG = 0) und untersuchen Sie durch Verändern der Anfangsposition, in welchem Einzugsbereich ein Aufwind noch sicher gefunden und ausgeflogen werden kann – zunächst mit Flugregel 1, dann mit Flugregel 2. Diskutieren Sie das Ergebnis.

2. Vergleichen Sie die Flugbahnen und erreichten Maximalhöhen nach 250 Sekunden Flug für (a) unterschiedliche Fluggeräte und (b) unterschiedliche Neigung des Aufwindkerns. Welche allgemeinen Schlüsse lassen sich daraus ziehen?

3. Untersuchen Sie, ob und unter welchen Umständen bei anderen Thermikparametern (STEIGMAX, THRADIUS, THERMIKNEIGUNG) für schwache, enge, starke, weite und „schiefe" Thermik die Flugregel 1 oder 2 günstiger ist.

4. Simulieren Sie die Aufwindsuche in einer rechteckigen Aufwindverteilung (gleiche Aufwindstärke innerhalb eines Zylinders). Vergleichen Sie die Ergebnisse mit den unter 1. erzielten.

5. Fügen Sie eine IF-Bedingung ein, um vor jeder Simulation leicht eine andere Flugregel wählen zu können.

6. Kopieren Sie die abgespeicherten Werte für *time*, *x*, *y* und *z* in ein entsprechendes (u.U. selbstgeschriebenes) Programm, um die Flugbahn im dreidimensionalen Raum darstellen zu können.

7. Um das Fliegen im Hangaufwind zu simulieren, ändern Sie das Aufwindfeld in ein rechteckiges Feld mit konstanter oder „dachförmiger" Aufwindverteilung. Zu welchen Flugbahnen führen die Flugregeln 1 und 2?

8. Überlagern Sie den stetigen Thermikaufwind mit mehr oder weniger starken stochastischen Schwankungen, um „bockige" Thermik zu simulieren. Wie bewähren sich die Suchregeln unter diesen Umständen?

Literaturhinweise

Hesse, F., Hesse, W. 1978: *Der Segelflugzeugführer*. Verlag Hesse, Breidenbach.

Reichmann, H. 1982: *Streckensegelflug*. Motorbuch Verlag, Stuttgart, 5. Aufl.

Bossel, H. 1998: Der beste Weg zum Aufwind. *Fly and Glide*, No. 5 (Mai), S.71-74, Nr. 10 (Oktober), S.80.

Z211 Flugdynamik

Aufgabenstellung

Bei der Entwicklung von Flugzeugen und bei der Pilotenausbildung spielt die Simulation des Flugverhaltens eine große Rolle. Bevor überhaupt ein Prototyp gebaut wird, kann ein neuer Flugzeugtyp am Computer gründlich ausgetestet und verbessert werden. Piloten können lernen, mit allen erdenklichen Gefahrenzuständen umzugehen, ohne sich und andere zu gefährden. Die genaue Simulation der Flugdynamik ist möglich, weil sich alle Bewegungsabläufe beim Flug in einem komplexen System von Differentialgleichungen abbilden lassen, in denen eine Vielzahl von Parametern die Eigenheiten des Flugzeugs und seiner Aerodynamik charakterisieren.

Für den Leistungssegelflug interessiert neben der aerodynamischen Güte eines Segelflugzeugs seine Reaktion auf Ruderausschläge und seine Wendigkeit. Das Segelflugzeug soll Richtungsänderungen unter möglichst kleinem Höhenverlust in möglichst kurzer Zeit durchführen können. Mit der Computersimulation der Flugdynamik ergibt sich die Möglichkeit, 1. sein Einkurv- und Kurvenwechselverhalten zu untersuchen, 2. das entsprechende Verhalten verschiedener Segelflugzeugmuster miteinander zu vergleichen, und 3. die Einflüsse der verschiedenen vom Flugzeugentwurf abhängigen aerodynamischen Beiwerte („Derivativa") genauer zu ermitteln.

Im Folgenden wird das Verfahren beschrieben und unter Verwendung der an anderer Stelle entwickelten komplexen Systemgleichungen (Bossel 1961) und berechneten Beiwerte (Heil 1961) auf ein bestimmtes Flugzeugmuster angewendet, um dessen Verhalten bei schnellem Kurvenwechsel zu untersuchen. Das Verfahren ist identisch mit dem für Flugzeuge beliebiger Bauart verwendeten Verfahren – bis auf die beim Segelflugzeug fehlenden Triebwerksterme. Im Simulationsmodell werden die Bezeichnungen der genannten Original-Veröffentlichungen verwendet.

Entwicklung der Systemgleichungen

Bei seiner Bewegung im Raum hat das Flugzeug (hier als starrer Körper vorausgesetzt) neun Freiheitsgrade (drei der Translation, drei der Rotation, drei der Ruder). Die Bewegung wird daher vollständig durch ein System von neun Gleichungen mit neun abhängigen Veränderlichen und der Zeit t als unabhängiger Veränderlicher beschrieben. Gibt man die Ruderausschläge vor, oder ermittelt man sie als Reaktion des Piloten auf die Flugbewegung, so verbleiben sechs Differentialgleichungen. Diese sind nichtlinear und nur numerisch berechenbar, d.h. durch Simulation.

Die Gleichungen werden in einem flugzeugfesten rechtwinkligen Achsensystem (x, y, z) entwickelt, dessen Ursprung im Schwerpunkt des Flugzeuges liegt (Abb. Z211a). Die x-Achse (Längsachse) zeigt in der Längsrichtung nach vorn und fällt mit der Anströmungsrichtung des Ausgangszustands zusammen, die y-Achse (Querachse) zeigt zur rechten Flügelspitze, die z-Achse (Hochachse) zeigt nach unten. Die x (bzw. z) Achse ist um den Winkel ε gegenüber der Hauptträgheitsachse x' (bzw. z') geneigt. Die drei Geschwindigkeitskomponenten der Translation (v_x, v_y, v_z) entsprechen den Achsenrichtungen. Die drei Winkelgeschwindigkeitskomponenten um die drei Achsen (ω_x, ω_y, ω_z) werden rechtsdrehend (im Uhrzeigersinn) positiv gezählt. Die Lage im Raum wird gegenüber einem erdfesten Achsensystem durch den Nickwinkel θ (um die Querachse), den Hängewinkel φ (um die Längsachse) und den Gierwinkel ψ (um die Hochachse) beschrieben. Abweichungen von der Ausgangsgeschwindigkeit und von der Anströmungsrichtung des Ausgangszustands geben die Geschwindigkeit u, der Anstellwinkel α und der Schiebewinkel β wieder. Die Ruderausschläge (Winkel) werden durch Querruderausschlag ξ (führt zu Drehung um Längsachse), Höhenruderausschlag η (führt zu Drehung um Querachse) und Seitenruderausschlag ζ (führt zu Drehung um Hochachse) ausgedrückt.

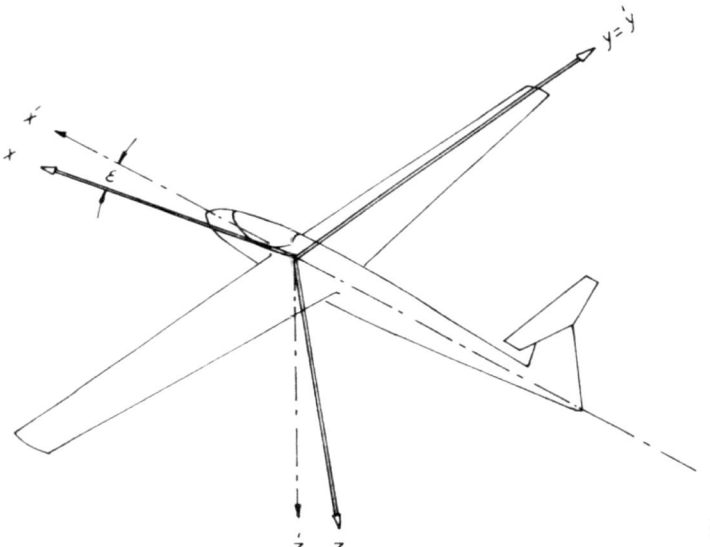

Abb. Z211a: Flugzeugfestes rechtwinkliges Achsensystem.

Für die drei Gleichungen der Translation gilt in jeder Achsrichtung (x, y, z):

Luftkräfte + Gewichtskräfte = Massenkräfte

und für die drei Bewegungsgleichungen der Rotation um die drei Achsen:

Luftmomente = Massenträgheitsmomente

Die Komponenten dieser Bewegungsgleichungen bestehen aus komplexen Ausdrücken, in denen u.a. die Geschwindigkeiten, Beschleunigungen, Winkelgeschwindigkeiten und Winkelbeschleunigungen des Flugzeugs für alle drei Achsen korrekt erfasst werden müssen. Für die weiteren Untersuchungen werden dimensionslose Größen eingeführt. Für die praktische Anwendung werden die Ergebnisse später wieder auf reale Größen im MKS-System (Meter, Kilogramm, Sekunde) zurückgerechnet.

Nach längerer komplizierter Ableitung ergeben sich schließlich sechs verkoppelte nichtlineare Differentialgleichungen für die Veränderungsraten der sechs Zustandsgrößen u, α, β, θ', φ', ψ'. Diese Größen folgen aus der numerischen Integration ihrer Veränderungsraten. Die weitere Integration führt zu den Zeitverläufen von θ, φ und ψ.

Es stellt sich heraus, dass die drei Gleichungen der Translation (für u, α, β) und die drei der Rotation (für θ', φ', ψ') nach Einführung von Taylorreihen für die Veränderlichen und Linearisierung in der Nähe des Ausgangszustands getrennt behandelt werden können. Aus den jeweils drei verkoppelten Gleichungen können die Veränderungsraten der Zustandsgrößen dann mit der Cramerschen Regel getrennt ermittelt und numerisch integriert werden. Das System der sechs Differentialgleichungen hat (in Matrizenform) die folgende Gestalt:

Translation:

$$\begin{bmatrix} +1 & -\alpha & +\beta \\ -\beta & 0 & -1 \\ +\alpha & +1 & -\alpha \cdot \beta \end{bmatrix} \begin{bmatrix} u' \\ \alpha' \\ \beta' \end{bmatrix} = \begin{bmatrix} r_1 \\ r_2 \\ r_3 \end{bmatrix}$$

Rotation:

$$\begin{bmatrix} 0 & +\Theta_x & -\Theta_x \sin\theta \\ +\Theta_y \cos\varphi & 0 & +\Theta_y \cos\varphi \\ -\Theta_z \sin\varphi & 0 & +\Theta_z \cos\varphi \end{bmatrix} \begin{bmatrix} \theta'' \\ \varphi'' \\ \psi'' \end{bmatrix} = \begin{bmatrix} r_4 \\ r_5 \\ r_6 \end{bmatrix}$$

Die Θ_x, Θ_y, Θ_z sind die (dimensionslosen) Massenträgheitsmomente um die x, y und z-Achse. Die rechten Seiten r_1 bis r_6 sind umfangreiche Ausdrücke, die aus den momentanen Zustandsgrößen, Flug- und Flugzeugparametern und (dimensionslosen) aerodynamischen Beiwerten (Derivativa) berechnet werden müssen (s.u.).

Zur Berechnung der Flugdynamik (insbesondere der Kurvenwechseldynamik) wird der Querruderausschlag ξ vorgegeben. Hieraus resultieren Abweichungen im Anstellwinkel α, Nickwinkel θ (Orientierung des Piloten am Horizont) und Schiebewinkel β, die vom Piloten durch Betätigung von Höhen- und Seitenruder zurück geregelt werden. In den Rudergleichungen werden entsprechende Regelkonstanten vorgesehen.

Simulationsmodell

Mit den momentanen Zustandswerten, den Parametern des Flugzeugs und den aerodynamischen Beiwerten (s.u.) werden zunächst die rechten Seiten der (2 mal 3) simultanen Gleichungen für die Veränderungsraten berechnet.

Rechte Seiten des Gleichungssystems für die Veränderungsraten

R1 = (1/EMU) *(-CW +(D7*OX) *OX +(D8 *XI +D9) *XI+(D10 *ZT +D11) *ZT) +(1/EMU)
    *((D1 *AL1DEL +D2 *XI +D3) *AL +(D4 *BT +D5 *BT1DEL +D6 *ZT) *BT-CAG
    TT) +AL(TT1 *COFI +PS1 *SIFI) +BT *(PS1 *COFI -TT1 *SIFI)

R2 = (1/EMU) *(D13 *OX +D14 *OZ +D15 *XI +D16 *ZT +D12 *BT +CAG *SIFI) +TT1
    *SIFIPS1 *COFI +AL*(FI1 -PS1 *TT)

R3 = (1/EMU) *(-CA +(D18 *OX) *OX +D19 *XI +D17 *AL +CAG *COFI) +TT1 *COFI
    +PS1 *SIFI +BT*(FI1 -PS1 *TT)

R4 = D24 *OX +D25 *OZ +D26 *XI +(D20 *BT +D21 *BT1DEL +D22 *OZ) *AL +D23
    *BT +T1 *PS1 *TT1 -T6*(TT1 *FS1 *COFI^2 +PS1^2 *SIFI *COFI-TT1^2 *SIFI
    *COFI -TT1 *PS1 *SIFI^2)

R5 = (D28 *OX) *OX +D29 *OY +D30 *ET +D27 *AL +T2*(TT1 *FI1 *SIFI-PS1 *FI1
    *COFI +TT1 *TT *SIFI) -T4*(FI1 *PS1 *COFI -TT1 *FI1 *SIFI -PS1^2 *TT *COFI
    +TT1 *PS1 *TT *SIFI)

R6 = D33 *OX +D34 *OZ +(D35 *XI +D36) *XI +D37 *ZT +(D31 *XI) *AL +D32 *BT
    +T3*(PS1 *FI1 *SIFI +PS1 *TT1 *TT *COFI +FI1 *TT1 *COFI) -T5*(FI1 *TT1
    *COFI -PS1 *TT1 *TT *COFI +FI1 *PS1 *SIFI -PS1^2 *TT *SIFI)

Determinanten

Mit R1 bis R6 werden die Nennerdeterminanten E4 und E8 und die Zählerdeterminanten E1 bis E3 und E5 bis E6 für die beiden Gleichungssysteme ermittelt und daraus die Zustandsraten nach der Cramerschen Regel bestimmt.

E1 = R1 -R2*(AL^2 *BT -BT) +R3 *AL
E2 = -R1*(AL *BT^2 +AL) -2 *R2 *AL *BT +R3*(1 -BT^2)
E3 = -R1 *BT -R2*(1 +AL^2) -R3 *AL *BT
E4 = 1 +AL^2 *BT^2 +AL^2 -BT^2
E5 = -R5 *T1 *T3 *COFI +R6 *T1 *T2 *SIFI
E6 = -T2 *COFI*(R4 *T3 *COFI +T1 *TT *R6) -T3 *SIFI*(R4 *T2 *SIFI +T1 *TT *R5)
E7 = -T2 *COFI *T1 *R6 -T3 *SIFI *T1 *R5
E8 = -T2 *COFI *T1 *T3 *COFI -T3 *S FI *T1 *T2 *SIFI

Lösung des Gleichungssystems

u' = U1 = E1/E4
α' = AL1 = E2/E4
β' = BT1 = E3/E4
θ" = TT2 = E5/E8
φ" = FI2 = E6/E8
ψ" = PS2 = E7/E8

Integration

Die drei ersten Zustandsraten werden einmal, die drei letzten zweimal numerisch integriert, um die entsprechenden (dimensionslosen) Zustandsgrößen zu erhalten. Der Index ..X kennzeichnet die auf reale Werte umgerechneten Zustandsgrößen.

α = AL = INTEG (AL1,0)
AL1DEL = DELAY FIXED (AL1, TIME STEP, 0)
ALX = AL *57.3 [Grad]

β = BT = INTEG (BT1,0)
BT1DEL = DELAY FIXED (BT1, TIME STEP, 0)
BTX = BT *57.3 [Grad]

θ = TT = INTEG (TT11,-0.0351)
TTX = TT *57.3 [Grad]

φ = FI = INTEG (FI11,0)
FIX = FI *57.3 [Grad]

ψ = PS = INTEG (PS11,0)
PSX = PS *57.3 [Grad]

θ' = TT1 = INTEG (TT2,0)
TT11 = TT1
TT1X = 57.3 *TT1 *V/EL [Grad/Sekunde]

φ' = FI1 = INTEG (FI2,0)
FI11 = FI1
FI1X = 57.3 *FI1 *V/EL [Grad/Sekunde]

ψ' = PS1 = INTEG (PS2,0)
PS11 = PS1
PS1X = 57.3 *PS1 *V/EL [Grad/Sekunde]

Querruder (Szenario)

Der Querruderausschlag ist als Szenario vorgegeben; Höhen- und Seitenruderausschlag folgen mit den entsprechenden Regelgleichungen und Regelkonstanten.

ξ = XI = DELAY FIXED (AXI *XISCEN, TIME STEP, 0)
XISCEN = WITH LOOKUP (TN,([(0, -2) -(200, 2)], (0, 0), (0, 0), (1, 1), (2, 1), (3, 0), (60,
    0), (61, -2), (62, -2), (63, 0), (70, 0), (71, -1), (72, -1), (73, 0), (100, 0), (200, 0)))
AXI = 0.183 [Bogengrad] *Querruder*
XIX = XI *57.3 [Grad]

Höhenruder

η = ET = C1 *(AL1DEL+TT1) +C2*(AL+TT)
ETX = ET *57.3 [Grad]

Seitenruder

ς = ZT = C4 *BT1DEL +C5 *BT
ZTX = ZT *57.3 [Grad]

Regelkonstanten Höhen-, Seiten- und Querruder
KDAL = 20   C1 = KDAL
KDBT = 20   C4 = KDBT
KPAL = 0.5   C2 = KPAL
KPBT = 0.5   C5 = KPBT
KPXI = 0.233

Ortsberechnung
Ort, Geschwindigkeit und Winkelgeschwindigkeiten des Flugzeugs werden mit den Zustandsgrößen berechnet. Die natürliche Zeit folgt aus der dimensionslosen Simulationszeit.

DX = V *COS (PS -BT) *EL/V
X = INTEG (DX, 0)
DY = V *SIN (PS -BT) *EL/V
Y = INTEG (DY, 0)

Geschwindigkeit
V = VDEL *(1 +U1 *TIME STEP)
V0 = 23.6
VDEL = DELAY FIXED (V, TIME STEP, V0)

Winkelgeschwindigkeiten
ω_x = OX = IF THEN ELSE (Time <= INITIAL TIME, AOX, FI1 -PS1 *TT)
OXX = 57.3*OX*V/EL [Grad/Sekunde]
ω_y = OY = IF THEN ELSE (Time <= INITIAL TIME, AOY, PS1 *SIFI)
OYX = 57.3*OY*V/EL [Grad/Sekunde]
ω_z = OZ = IF THEN ELSE (Time <= INITIAL TIME, AOZ, PS1 *COFI)
OZX = 57.3 *OZ *V/EL [Grad/Sekunde]

natürliche Zeit
TN = TNDEL +TIME STEP *EL/V [Sekunde]
TNDEL = DELAY FIXED (TN, TIME STEP, 0)

Auftriebs- und Widerstandsbeiwerte
Die in den obigen Rechnungen verwendeten Anfangswerte, Parameter des Flugzeugs und aerodynamischen Beiwerte (Heil 1961) gelten für das Segelflugzeug K 6 CR (Masse 300 kg). Die Standardeinstellung der Parameter entspricht der Flughöhe 1000 m bei einer Fluggeschwindigkeit V_o von 23.6 m/s = 85 km/h, einem Auftriebsbeiwert c_a = 0.767 und einem Widerstandsbeiwert von c_w = 0.0269.

ACAG = 0.7676   CA = 0.767
CAG = DELAY FIXED (ROMF/V^2, TIME STEP, ACAG)
CW = 0.0269

Massenträgheiten
Θ_x = T1 = 300
Θ_y = T2 = 73.5
Θ_z = T3 = 357
T4 = T1 -T3 = -57
T5 = T2 -T1 = -226.5
T6 = T3 -T2 = 283.5

Parameter
EL = 0.892
EMU = 48.6
ROMF = 426

Aerodynamische Beiwerte

D01 = -0.224	D11 = 0	D21 = -1.32	D31 = -8.15
D02 = -0.45	D12 = 0.38	D22 = 201	D32 = -0.915
D03 = 0.563	D13 = -1.65	D23 = 2.32	D33 = -8.66
D04 = 0.115	D14 = 1.72	D24 = -108	D34 = -6.12
D05 = -1.57	D15 = 0.058	D25 = 22.5	D35 = 0.63
D06 = -0.12	D16 = 0.222	D26 = 5.46	D36 = -0.975
D07 = 94.25	D17 = -6.128	D27 = -0.926	D37 = -1.01
D08 = -0.325	D18 = -123	D28 = -33.15	
D09 = 0.054	D19 = 0.3	D29 = -8.08	
D10 = -0.06	D20 = -10.1	D30 = -1.28	

Anfangswerte
AOX = 0
AOY = 0
AOZ = 0
ASIFI = 0
SIFI = IF THEN ELSE (Time <= INITIAL TIME, ASIFI, SIN(FI))
ACOFI = 1
COFI = IF THEN ELSE(Time <= INITIAL TIME, ACOFI, COS(FI))
AU = 0

Damit ist das System vollständig spezifiziert und kann simuliert werden. Die entsprechenden Simulationsdiagramme sind in Abb. Z211b bis f gezeigt. Für die Standardsimulation mit Runge-Kutta-Integration werden die folgenden Zeitschritte verwendet.

Simulationszeitparameter
FINAL TIME = 500 [dimlose Zeit]
INITIAL TIME = 0 [dimlose Zeit]
TIME STEP = 0.1 [dimlose Zeit]

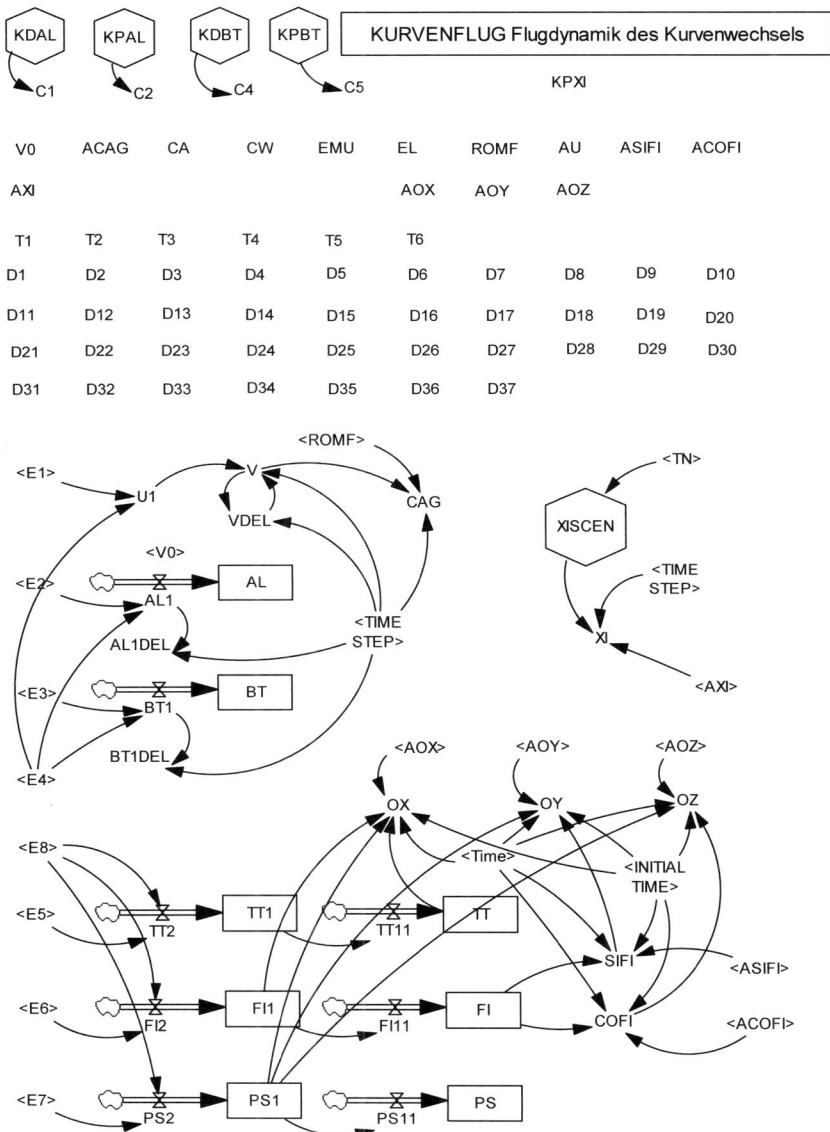

Abb. Z211b: Simulationsdiagramm für Flugdynamik – Teil 1.

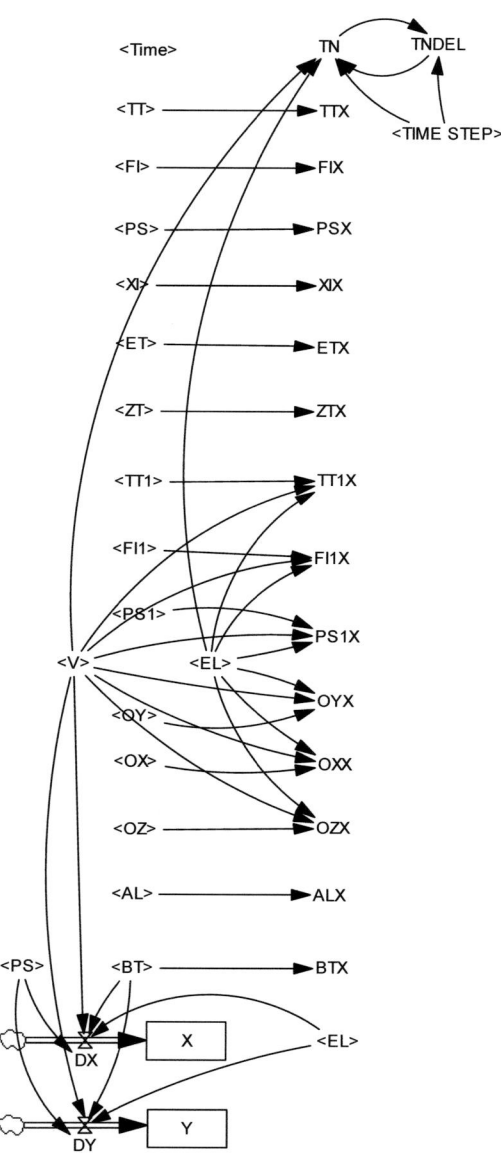

Abb. Z211c: Simulationsdiagramm für Flugdynamik – Teil 2.

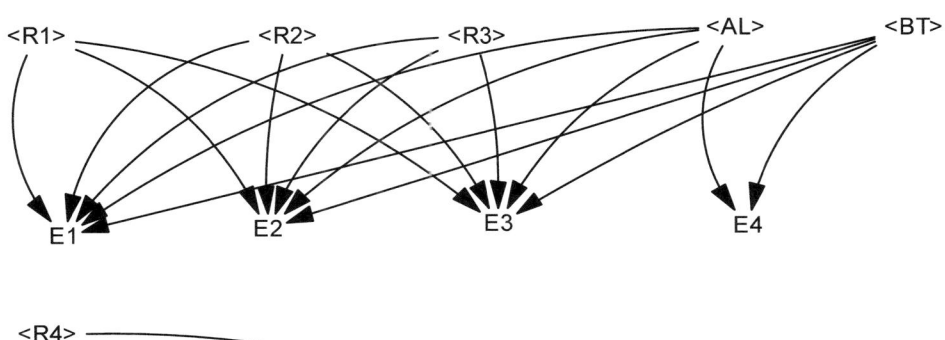

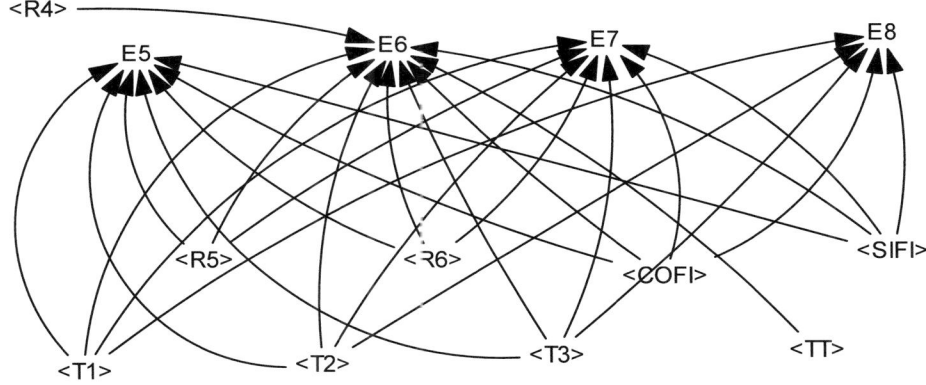

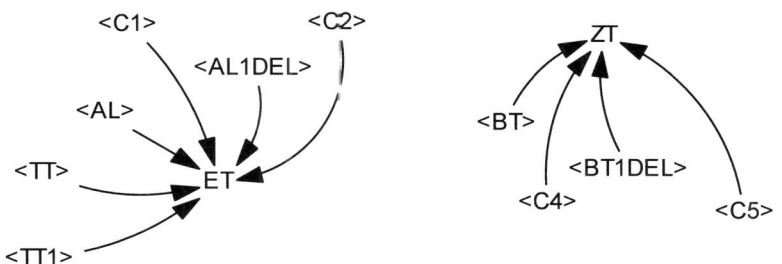

Abb. Z211d: Simulationsdiagramm für Flugdynamik – Teil 3.

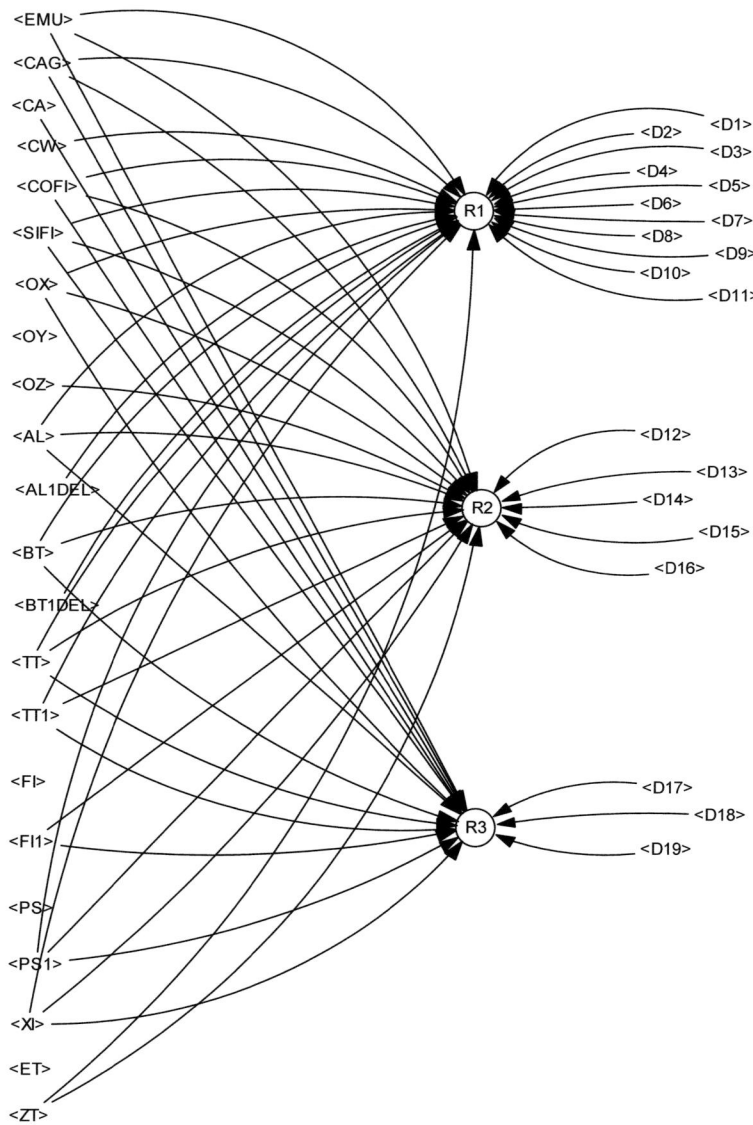

Abb. Z211e: Simulationsdiagramm für Flugdynamik – Teil 4.

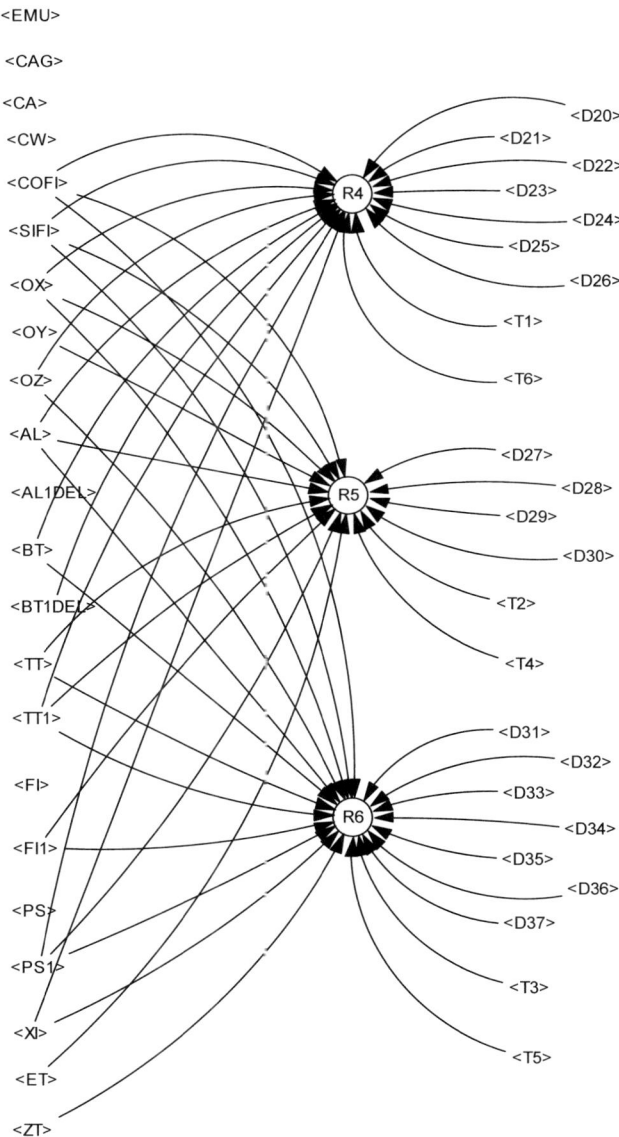

Abb. Z211f: Simulationsdiagramm für Flugdynamik – Teil 5.

Simulationsergebnisse

Simulationsergebnisse für den Kurvenwechselvorgang bei unterschiedlichen Flugge-schwindigkeiten (d.h. Auftriebsbeiwerten ACAG bzw. CA) zeigt die Abb. Z211g. Die entsprechenden Ruderausschläge für den „Normalfall" (Voreinstellung) sind in Abb. Z211h und i als Zeitfunktion wiedergegeben.

Hoher Auftriebsbeiwert bedeutet niedrigere Fluggeschwindigkeit und erlaubt daher engeres Kreisen. Die Flugbahn beginnt am Koordinatenursprung; anfangs fliegt das Flugzeug „nach Norden". In den drei Fällen ist der Steuervorgang zeitlich gleich: Anfangs wird mit Querruder rechts eine Rechtskurve eingeleitet, der Ruderausschlag wird gleich wieder zurück genommen. Nach 60 Sekunden wird die Rechtskurve durch starken Querruderausschlag nach links beendet. Nach kurzem Geradeausflug wird mit (gleich starkem Querruderausschlag wie bei der Rechtskurve) eine Linkskurve einge-leitet und bis zum Ende der Simulationszeit (etwa 250 Sekunden) geflogen.

In allen Fällen zeigt sich, dass sich das Flugzeug nach Kurveneinleitung oder Kurvenwechsel zügig in einen stabilen Kurvenflug begibt und diesen auch bei (fast) neutraler Steuerstellung weiterführt. Die Simulationsergebnisse werden durch die prak-tische Flugerfahrung mit dem Segelflugzeug K 6 CR bestätigt, das wegen seiner guten Ruderabstimmung und hervorragender Flugeigenschaften Jahrzehnte lang außerordent-lich beliebt war (Konstrukteur: Rudolf Kaiser, Segelflugzeugbau Schleicher, Poppen-hausen an der Wasserkuppe).

Arbeitsvorschläge

1. Untersuchen Sie das Kurvenflug- und Kurvenwechselverhalten bei unterschiedli-chen Fluggeschwindigkeiten (Auftriebsbeiwert ACAG verändern) und bei verschiede-nen Steuerszenarien (Querruderszenario XISCEN bzw. AXI). *Achtung*: Bei Zeitdia-grammen die natürliche Zeit *TN* als Zeitachse wählen!
2. Erzeugen Sie Zeitdiagramme der Ruderausschläge bei Kurveneinleitung und Kur-venwechsel. Untersuchen Sie die Wirkung unterschiedlicher Regelkonstanten (KDAL, KPAL, KDBT, KPBT) auf „Glätte" und Stabilität des Steuervorgangs.
3. Produzieren Sie die Simulationsläufe für die drei in Abb. Z211g gezeigten Fälle (Veränderung der Parameter AXI und ACAG). Erzeugen Sie Zeitdiagramme mit den jeweils drei Kurven z.B. für die Ruderausschläge (Querruder *XIX*, Seitenruder *ZTX*, Höhenruder *ETX*), für die Winkelgeschwindigkeiten (*OXX*, *OYX*, *OZX*), für Geschwindig-keit *V* und Hängewinkel *FIX*. Diskutieren und vergleichen Sie die Ergebnisse.
4. Ergänzen Sie das Simulationsprogramm durch Berechnung der Sinkgeschwindigkeit und der daraus resultierenden Flughöhe als Funktion der Zeit (Diagramm). Ermitteln Sie, wie Kurvenwechsel in kürzester Zeit mit geringstem Höhenverlust geflogen wer-den sollten. (Diese Aufgabe setzt einige Kenntnisse der Flugmechanik voraus.)

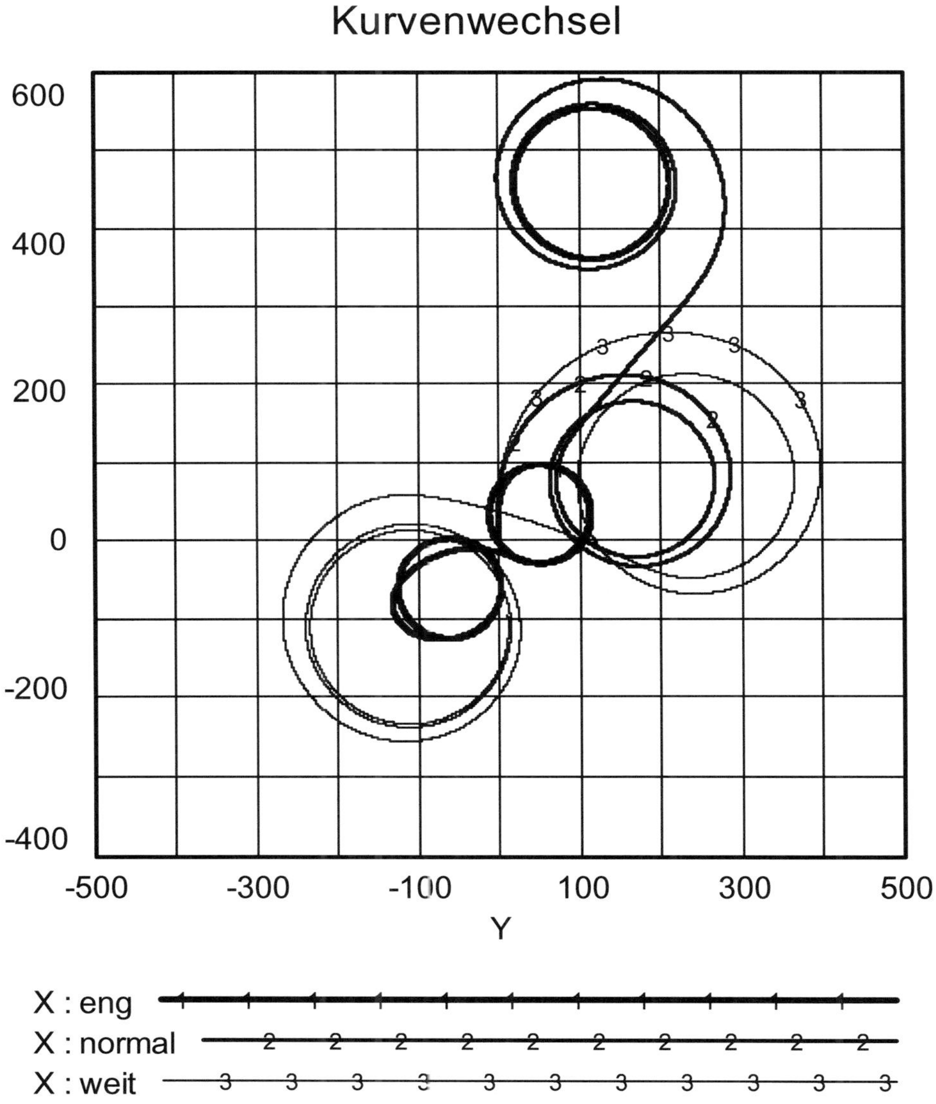

Kurvenwechsel

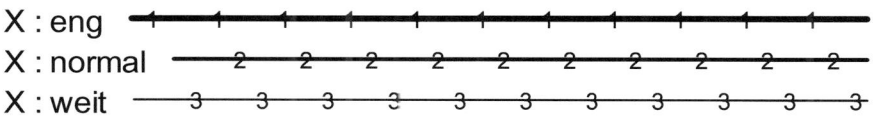

Abb. Z211g: Simulation des Kurvenwechsels für drei Flugfälle:
eng: (enger Kreis)   AXI = 0.3,   CA = 1.5
normal: (normaler Kreis) AXI = 0.183, CA = 0.7676
weit: (weiter Kreis)   AXI = 0.183, CA = 0.5

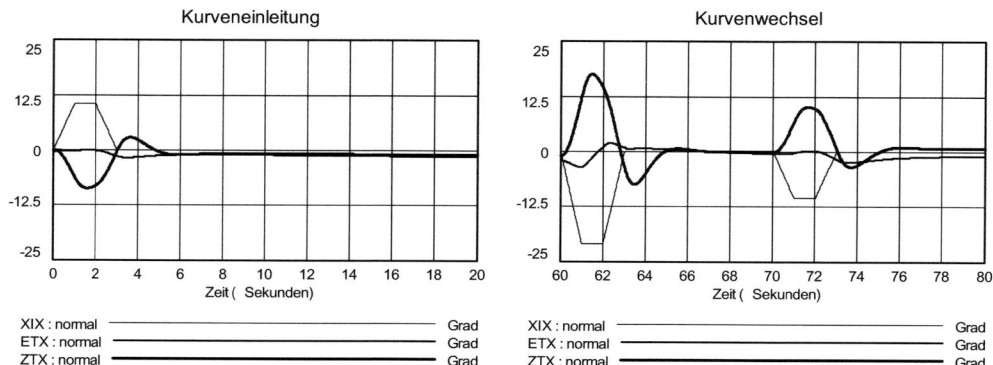

Abb. Z211h: Steuerausschläge bei der Kurveneinleitung (Flugfall: normaler Kreis).
Abb. Z211i: Steuerausschläge bei Kurvenausleitung, kurzem Geradeausflug und Kurveneinleitung in die entgegengesetzte Drehrichtung.

Literaturhinweise

Bossel, H. 1961: *Berechnung des Kurvenwechselvorgangs von Segelflugzeugen.* Lehrstuhl und Institut für Luftfahrttechnik, Technische Hochschule Darmstadt; Forschungsberichte der Flugwissenschaftlichen Forschungsstelle München der Deutschen Forschungs- und Versuchsanstalt für Luft- und Raumfahrt DFVLR Nr. 102, München.
Anmerkung: 1961 reichte die Rechenkapazität des „Großrechners" IBM 650 der TH Darmstadt mit 1000 Speicherplätzen nicht aus, um den Flugvorgang mit dem damals entwickelten Simulationsmodell zu berechnen – das konnte erst Jahrzehnte später nachgeholt werden.
Heil, W. 1961: *Ermittlung der Derivativa für das Segelflugzeug K 6 CR und Untersuchung einiger Flugzustände.* Lehrstuhl und Institut für Luftfahrttechnik, Technische Hochschule Darmstadt.
Etkin, B. 1959: *Dynamics of Flight, Stability and Control.* John Wiley, New York.

Dieser Beitrag ist dem Andenken von Dipl.-Ing. **Hans Zacher** *(1912-2003) gewidmet, der die Diplomarbeit Bossel 1961 wissenschaftlich betreute und über Jahrzehnte die flugwissenschaftliche Forschungsarbeit der Akademischen Fliegergruppen an deutschen Technischen Hochschulen und Universitäten ganz wesentlich förderte. (Für Flugleistungsmessungen hat sich der Begriff „zachern" eingebürgert).*

Z212 Hausheizung

Aufgabenstellung

Ein Haus soll vor der Witterung schützen. In den kühleren Breiten bedeutet das vor allem auch, dass es während der kalten Jahreszeit eine relativ warme Umgebung schaffen muss. Das ist meist nur mit Energiezufuhr, d.h. einer Heizung möglich. Das Haus und seine Heizung stellen ein System dar, das seinen Bewohnern die Energiedienstleistung „Raumwärme" verschaffen soll. Diese Energiedienstleistung „Raumwärme" kann z. B. mit einem Wert von „50 Kubikmeter Raum bei 20 Grad Celsius für jeden Bewohner" angegeben werden. Dieses Beispiel zeigt, dass es sich bei Energiedienstleistungen oft um Größen handelt, die nicht in Energieeinheiten gemessen werden können. Die Angabe der gewünschten Energiedienstleistung lässt völlig offen, wie sie bereitgestellt werden soll. Dies mag mit einem Kaminfeuer und offenem Fenster bei enormem Energieverbrauch geschehen, es könnte aber auch durch die clevere Nutzung der spärlichen winterlichen Sonnenenergie in einem gut wärmegedämmten Haus erfolgen. Funktion des Hauses und seines Heizsystems ist es also, den Abfluss von Energie in die kältere Umgebung weitgehend zu verhindern und die unvermeidlich abfließende Energie aus einer Heizquelle zu ersetzen.

Bleibt die Temperatur im Haus gleich, z.B. auf einer gewünschten Raumtemperatur von 20 Grad Celsius, so steht der Abfluss von Energie durch die Außenhülle genau im Fließgleichgewicht mit der vom Heizsystem nachgelieferten Energie. Aus einer Bilanz sämtlicher Zuflüsse und Abflüsse von Energie (außer der Heizung) ist damit die Heizleistung berechenbar, die notwendig ist, um die gewünschte Raumtemperatur zu erhalten. Die Wärmeverluste eines Hauses entstehen in erster Linie durch die Wärmedurchgänge durch die Wände, die Fenster, die Decke und das Dach sowie den Fußboden und den Keller. Diese Wärmedurchgänge lassen sich zweckmäßig in Watt pro Quadratmeter Wandfläche und Grad Kelvin Temperaturdifferenz zwischen der Innen- und der Außenwand angeben. Der entsprechende Zahlenwert wird mit k-Wert bezeichnet. Dieser k-Wert ist klein bei gut wärmegedämmten Wänden und groß bei entsprechend schlecht wärmegedämmten Wänden. Weitere Wärmeverluste treten auf durch den notwendigen Luftwechsel, durch das Öffnen von Außentüren usw. Abgesehen von seiner Heizung verzeichnet das Haus aber auch Wärmegewinne, die in der Wärmebilanzierung besonders bei gut wärmegedämmten Häusern eine beträchtliche Rolle spielen können. Hierzu zählt zum einen die Wärmeabgabe eines jeden Bewohners, die etwa 100 Watt beträgt. Weiter zählen dazu die Wärmeabgaben von Beleuchtung und Geräten sowie der oftmals beträchtliche Wärmegewinn durch Südfenster, wie auch durch Sonneneinstrahlung auf die Außenwände.

Werden diese Wärmegewinne und -verluste bilanziert, so zeigt sich oft, dass gerade während der Übergangszeit im Frühjahr und im Herbst für längere Zeit nicht geheizt werden muss, obwohl die Außentemperatur längst unter die gewünschte Innentemperatur gesunken ist. Besonders bei gut wärmegedämmten Häusern überwiegen die Wärmegewinne die Wärmeverluste, und es muss erst bei tieferen Außentemperaturen zugeheizt werden. Die Außentemperatur, bei der Zuheizung erforderlich wird, heißt Heizgrenztemperatur. Sie liegt umso tiefer, je besser wärmegedämmt das Haus ist. Unterschreitet die Außentemperatur die Heizgrenztemperatur, so muss zugeheizt werden, wobei sich die Menge der zugeführten Heizenergie wiederum nach der Wärmedämmung des Hauses richtet. Für die Auslegung eines Neubaus oder die Sanierung eines Altbaus interessiert unter anderem, mit welchen Heizenergieeinsparungen bei verschiedenen Wärmedämm-Maßnahmen oder Fensteranordnungen (Südfenster!) zu rechnen ist.

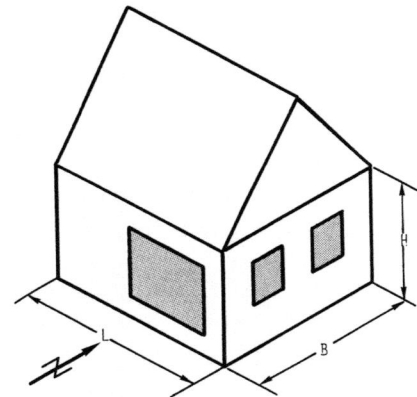

Abb. 212a: Hausgeometrie und Orientierung.

Simulationsmodell

Das Modell Z212 HEIZUNG ist der (einfache) Prototyp eines interaktiven Simulationsmodells zur Energieberatung. Das Modell entspricht einem einfachen rechteckigen Einfamilienhaus, dessen Achsen in Nord-Süd- bzw. Ost-West-Richtung verlaufen (Abb. Z212a). Als wärmegedämmter Bauteil wird ein Quader von der Länge L, der Breite B und der Höhe H angenommen, für dessen sechs Außenflächen (4 Seitenwände, Fußboden zum Erdboden ohne Keller, Decke zum Dach) die prozentualen Fensterflächen, deren Wärmedämmwerte und die Wärmedämmwerte der Wand vorgegeben werden. Entsprechend der nach Süden gerichteten Fensterfläche wird außerdem der jahreszeitlich vom Sonnenstand abhängige Wärmegewinn berücksichtigt. Der Jahresgang der Außentemperatur, die (konstante) Temperatur im Erdreich und die gewünschte Innentemperatur werden vorgegeben. Fugen- und Lüftungsverluste werden in diesem einfachen Modell nicht berücksichtigt.

Das Simulationsdiagramm des Modells ist in Abb. Z212b wiedergegeben. Die Modellgleichungen sind im Folgenden vollständig aufgelistet.

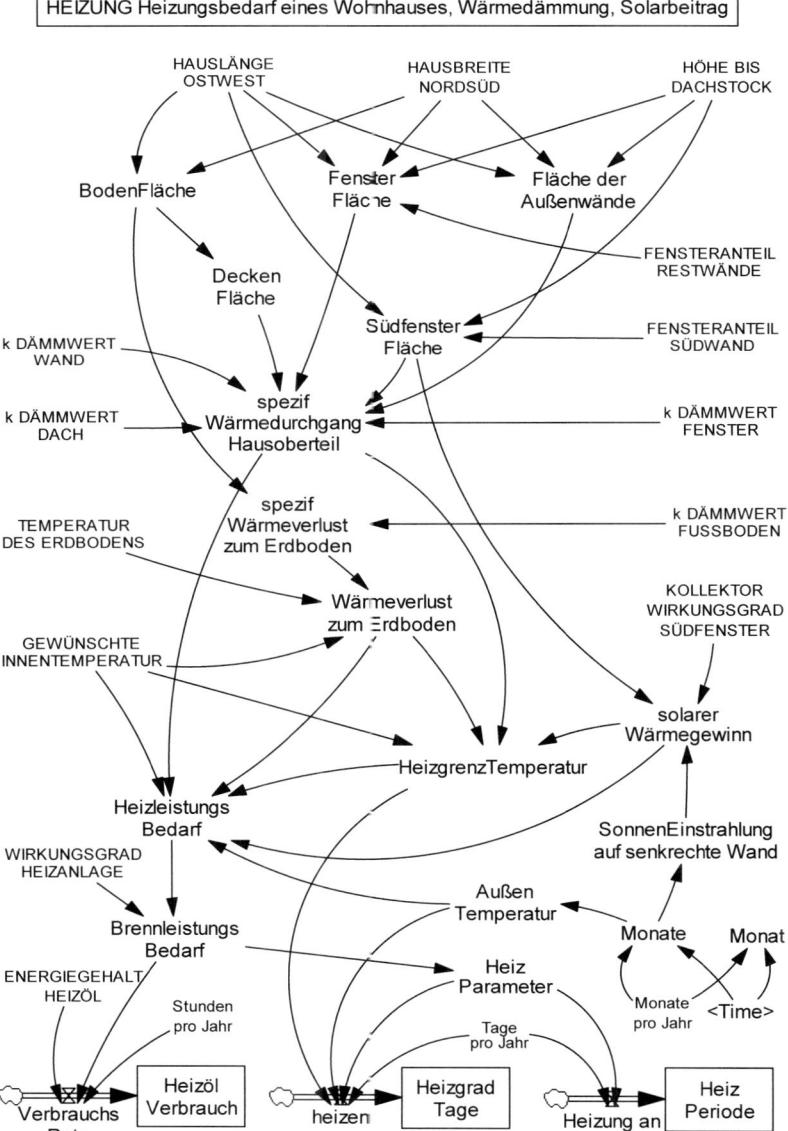

Abb. Z212b: Simulationsdiagramm der Hausheizungsdynamik.

Zunächst müssen die Dimensionen des Hauses und die relativen Fensteranteile an der Südfläche und den anderen Seitenflächen eingegeben werden. Hieraus können die Deckenfläche (zum Dach), die Bodenfläche, die Seitenwandfläche (ohne Fenster), die Fensterfläche nach Süden sowie die restliche Fensterfläche berechnet werden. Weiter sind die Wärmeübergangswerte der Wände, zum Dach, zum Erdboden und die der Fenster sowie die gewünschte Innentemperatur anzugeben.

Mit diesen Werten können nun die Wärmedurchgänge zum Dach, durch die Wände und durch die Fenster pro Grad Temperaturdifferenz ermittelt werden. Zusammen mit dem Wärmeverlust zum Boden und dem Wärmegewinn durch die Südfenster sowie der gewünschten Innentemperatur ergibt sich hieraus die Heizgrenztemperatur, die angibt, ab welcher Außentemperatur geheizt werden muss. Mit der Temperaturdifferenz zur Außentemperatur folgen der Heizbedarf, die Heizleistung und schließlich die Heizenergie-Verbrauchsrate. Wird dieser Verbrauch über die Heizsaison aufintegriert, so erhält man den gesamten Heizölverbrauch. Die Tabellenfunktionen für die solare Einstrahlung durch vertikale Südfenster und für die Außentemperatur entsprechen der geographischen Breite von Kassel.

Hausparameter
HAUSLÄNGE OSTWEST = 12.5 [m]
HAUSBREITE NORDSÜD = 8 [m]
HÖHE BIS DACHSTOCK = 3 [m]
FENSTERANTEIL SÜDWAND = 0.8 [1]
FENSTERANTEIL RESTWÄNDE = 0.2 [1]
Fläche der Außenwände = 2*HAUSBREITE NORDSÜD *HÖHE BIS DACHSTOCK
　　　+2*HAUSLÄNGE OSTWEST *HÖHE BIS DACHSTOCK [m²]
BodenFläche = HAUSBREITE NORDSÜD *HAUSLÄNGE OSTWEST [m²]
DeckenFläche = BodenFläche [m²]
SüdfensterFläche = FENSTERANTEIL SÜDWAND *HAUSLÄNGE OSTWEST *HÖHE
　　　BIS DACHSTOCK [m²]
FensterFläche = FENSTERANTEIL RESTWÄNDE *(2*HAUSBREITE NORDSÜD
　　　*HÖHE BIS DACHSTOCK +HAUSLÄNGE OSTWEST *HÖHE BIS DACH-
　　　STOCK) [m²]

Wärmedurchgangswerte
k DÄMMWERT WAND = 0.15 [W/(m²*C)]
k DÄMMWERT DACH = 0.2 [W/(C*m²)]
k DÄMMWERT FUSSBODEN = 0.2 [W/(C*m²)]
k DÄMMWERT FENSTER = 1.6 [W/(C*m²)]
KOLLEKTOR WIRKUNGSGRAD SÜDFENSTER = 0.8 [1]

Sonneneinstrahlung, Außen- und Innentemperatur
TEMPERATUR DES ERDBODENS = 9 [CGrad Celsius]
GEWÜNSCHTE INNENTEMPERATUR = 19 [C, Grad Celsius]

SonnenEinstrahlung auf senkrechte Wand = WITH LOOKUP (Monate, ([(0, 0) -(12,
125)], (0, 102), (0.5, 101), (1.5, 111), (2.5, 105), (3.5, 79), (4.5, 45), (5.5, 38),
(6.5, 48), (7.5, 69), (8.5, 99), (9.5, 102), (10.5, 106), (11.5, 104), (12, 102)))
[W/(m²)]

AußenTemperatur = WITH LOOKUP (Monate, ([(0, 0) -(12, 20)], (0, 17), (0.5, 17.8),
(1.5, 17.3), (2.5, 14.2), (3.5, 9.1), (4.5, 4.9), (5.5, 1.5), (6.5, 0), (7.5, 0.8), (8.5,
4.6), (9.5, 8.8), (10.5, 13.2), (11.5, 16.4), (12, 17))) [C]

Heizungsdaten
ENERGIEGEHALT HEIZÖL = 11900 [W*Hour/liter]
WIRKUNGSGRAD HEIZANLAGE = 0.85 [1]

Wärmegewinne, Wärmeverluste
solarer Wärmegewinn = SüdfensterFläche *KOLLEKTOR WIRKUNGSGRAD SÜD-
FENSTER *SonnenEinstrahlung auf senkrechte Wand [W]

spezif Wärmedurchgang Hausoberteil = (k DÄMMWERT WAND *(Fläche der Außen-
wände -(FensterFläche +SüdfensterFläche))) + k DÄMMWERT DACH
*DeckenFläche +k DÄMMWERT FENSTER *(FensterFläche
+SüdfensterFläche) [W/C]

spezif Wärmeverlust zum Erdboden = k DÄMMWERT FUSSBODEN *BodenFläche
[W/C]

Wärmeverlust zum Erdboden = spezif Wärmeverlust zum Erdboden *(GEWÜNSCHTE
INNENTEMPERATUR -TEMPERATUR DES ERDBODENS) [W]

Heizvorgang
HeizgrenzTemperatur = GEWÜNSCHTE INNENTEMPERATUR +(Wärmeverlust zum
Erdboden -solarer Wärmegewinn) /spezif Wärmedurchgang Hausoberteil [C]

heizen = (HeizgrenzTemperatur -AußenTemperatur) *Tage pro Jahr *HeizParameter
[C*Day/Year]

HeizleistungsBedarf = IF THEN ELSE (HeizgrenzTemperatur <= AußenTemperatur, 0,
spezif Wärmedurchgang Hausoberteil *(GEWÜNSCHTE INNENTEMPERATUR
-AußenTemperatur) +Wärmeverlust zum Erdboden -solarer Wärmegewinn) [W]

BrennleistungsBedarf = HeizleistungsBedarf /WIRKUNGSGRAD HEIZANLAGE [W]

HeizParameter = IF THEN ELSE (BrennleistungsBedarf > 0, 1, 0) [1]

Heizung an = HeizParameter *Tage pro Jahr [Day/Year]

HeizölVerbrauch = INTEG (VerbrauchsRate, 0) [liter]

HeizgradTage = INTEG (heizen, 0) [Day*C]

HeizPeriode = INTEG (Heizung an, 0) [Day]

VerbrauchsRate = (Stunden pro Jahr /(ENERGIEGEHALT HEIZÖL))
*BrennleistungsBedarf [liter/Year]

Zeitumrechnungen
Monat = (Time*Monate pro Jahr) [Month]
Monate = (Time -INTEGER(Time)) *Monate pro Jahr [Month]
Monate pro Jahr = 12 [Month/Year]

Tage pro Jahr = 365 [Day/Year]
Stunden pro Jahr = 8760 [Hour/Year]

Simulationszeitschritte
INITIAL TIME = 0 [Year]
FINAL TIME = 1 [Year]
SAVEPER = TIME STEP [Year]
TIME STEP = 0.02 [Year]

Simulationsergebnisse

Wir zeigen hier Simulationsergebnisse im Jahresverlauf für ein „Normalhaus" mit üblichen Wärmedämmwerten (Abb. Z212c) und zum Vergleich dazu die Ergebnisse für ein „Energiesparhaus" mit sehr guter Wärmedämmung und großen Südfenstern (Abb. Z212d). Bei diesen Diagrammen liegt die Heizperiode in der Mitte (Monat 6 ist hier der Dezember). Es werden die folgenden Werte verwendet:

Parameter	Normalhaus	Energiesparhaus
Länge Ost-West [m]	10	12.5
Breite Nord-Süd [m]	10	8
Höhe bis Dach [m]	3	3
Fensteranteil Südwand [%]	30	80
Fensteranteil Restwände [%]	25	20
Dämmwert Wände [W/m² K]	1.3	0.15
Dämmwert Dach [W/m² K]	1	0.2
Dämmwert Fußboden [W/m² K]	0.9	0.2
Dämmwert Fenster [W/m² K]	4	1.6
Innentemperatur [C]	19	19

Die Simulation liefert die folgenden Ergebnisse für ein Jahr:

Ergebnisse	Normalhaus	Energiesparhaus
Heizölverbrauch [Liter/Jahr]	3196	220
Heizgradtage [Grad C · Tage]	3950	868
Heizperiode [Tage]	365	119

Beim Normalhaus ist im Monatsmittel während des ganzen Jahres Heizung erforderlich, um eine Innentemperatur von 19 Grad Celsius zu erreichen. Im Januar erreicht die erforderliche Heizleistung ihren höchsten Mittelwert mit etwa 8000 W. Der gesamte Ölverbrauch beläuft sich auf etwa 3200 Liter im Jahr.

Im Gegensatz dazu muss im Energiesparhaus nur wenige Monate geheizt werden und dann nur mit einem Maximalwert von etwa 1400 W im Januar. Entsprechend gering ist auch der gesamte Heizölverbrauch mit etwa 220 Liter pro Jahr. Hauptursache dieser erheblichen Energieeinsparung im Vergleich zum Normalhaus ist die sehr gute Wärmedämmung aller Außenwände.

Über die Zuordnung von Wandaufbau und Wärmedurchgangswert (k-Wert) vermittelt die folgende Tabelle einen Eindruck. Sie kann auch für weitere Simulationsläufe verwendet werden.

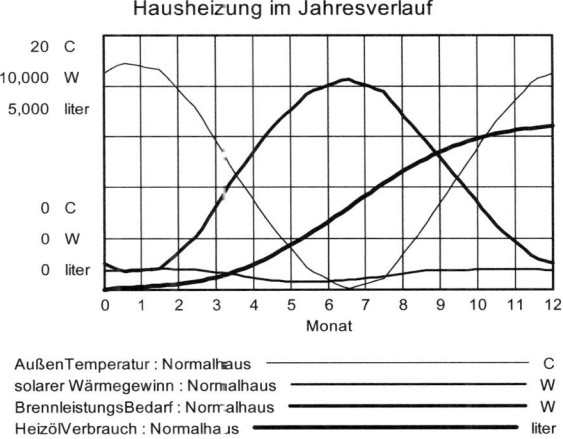

Abb. Z212c: Heizgrößen bei schlecht wärmegedämmtem Normalhaus.

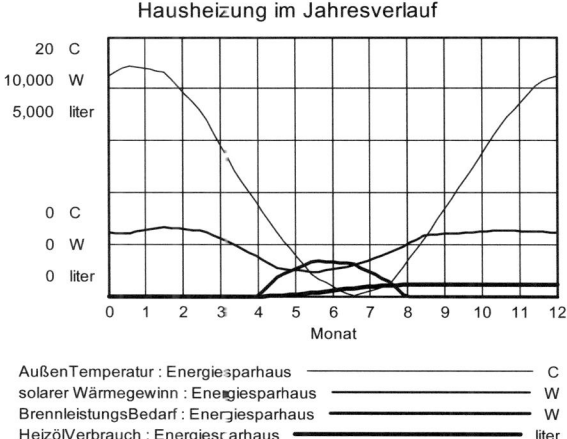

Abb. Z212d: Heizgrößen bei gut wärmegedämmtem Energiesparhaus.

WÄRMEDURCHGANGSWERTE (k-Wert) [W/(m^2 h)]

	sehr gut	*heutiger Baubestand*	*schlecht*
Außenwand	0.15	1.3	1.6
Dach	0.2	1.0	1.2
Fußboden	0.2	0.9	1.1
Fenster	1.6	4.0	5.7

Arbeitsvorschläge

1. Experimentieren Sie mit verschiedenen Werten für die Wärmedämmung der Fenster und Wände, für die Innentemperatur, und für die Aufteilung der Fensterflächen, besonders im Süden. Verschaffen Sie sich damit einen Überblick über das Spektrum der möglichen Energieverbräuche für die gleiche Energiedienstleistung.
2. Untersuchen Sie systematisch die Konsequenzen besserer Wärmedämmung aller Bauteile auf den Heizölverbrauch, auf die Zahl der Heizgradtage und die Länge der Heizperiode (gleiche Hausgeometrie und Innentemperatur beibehalten).
3. Untersuchen Sie systematisch die Konsequenzen verschiedener Hausgeometrien (z.B. Normalhaus, große Südfenster, Erdhaus).
4. Untersuchen Sie die Konsequenzen verschieden hoher Innentemperaturen.
5. Verwenden Sie zur Heizung unterschiedliche Heizanlagen (Brennwertkessel, Wärmepumpen usw.). Hierbei ist der WIRKUNGSGRAD HEIZANLAGE entsprechend zu ändern.
6. Erweitern Sie das Modell z.B. durch Hinzufügen der Luftwechselverluste. Wie ändern sich die Ergebnisse, besonders bei den sehr gut wärmegedämmten Häusern?

Literaturhinweise

Feist, W.: *Das Passivhaus*. C. F. Müller, Heidelberg 1999.
Krause, F., Bossel, H., Müller-Reißmann, K.F. 1980: *Energie-Wende – Wachstum und Wohlstand ohne Erdöl und Uran*. Fischer, Frankfurt/M. 1980.
H. Bossel 1985: *Umweltdynamik – 30 Programme für kybernetische Umwelterfahrungen auf jedem BASIC-Rechner*. Te-wi Verlag, München (S. 321-334).

Z213 Integralrelationen und Wärmefluss

Aufgabenstellung

Wir haben uns bisher ausschließlich mit Systemen befasst, deren Zustandsgrößen einzig eine Funktion der Zeit, nicht aber auch des Ortes sind. Das System wird dann durch Einsatz gewöhnlicher Differentialgleichungen beschrieben. Es tauchen hier ausschließlich Ableitungen der Zustandsgrößen nach der Zeit auf.

Nicht alle in der Praxis interessierenden Probleme lassen sich auf diese Weise als Modelle darstellen und in ihrer Dynamik simulieren. Es gibt eine weite Klasse von Systemen, bei denen es gerade auf die räumliche Verteilung der Zustandsgrößen ankommt, bei denen also zwischen benachbarten Punkten Gradienten der Zustandsgrößen bestehen, die durch weitere Differentialquotienten, diesmal für die Raumkoordinaten dargestellt werden müssen. Müssen also in eine solche Systemdarstellung Differentialquotienten in Bezug auf mehr als eine Koordinate (bisher war dies ausschließlich die Zeit) aufgenommen werden, so spricht man von partiellen Differentialgleichungen.

Systeme, bei denen auf eine räumliche Verteilung der Zustandsgrößen nicht verzichtet werden kann, sind z.B. die Strömung an einem Tragflügel, die Druck- und Temperaturverteilung beim Wetter, die Diffusion von Schadstoffen in der Atmosphäre oder im Grundwasser, die Verteilung von Spannungen in einer tragenden Schalenkonstruktion oder die Wärmediffusion in einem Baukörper.

Im Prinzip lässt sich ein solches System durch eine Modelldarstellung approximieren, bei der der interessierende Raum mit einem möglichst engmaschigen Netz von Punkten überzogen wird, um dann an jedem dieser Punkte eine oder mehrere Zustandsgrößen zu definieren und deren Abhängigkeit von den Zuständen der Nachbarpunkte und der Zeit über dort geltende partielle Differentialgleichungen zu berechnen.

Es ist leicht einzusehen, dass selbst eine relativ grobe Auflösung die Berechnung einer sehr großen Zahl von Zustandsgrößen erfordert und damit auch die Geschwindigkeit und Speicherkapazität sehr großer Rechner schnell überfordert sind. So etwa sind auch Berechnungen der Wetterentwicklung enorm aufwendig und können prinzipiell nur von Großrechnern geleistet werden.

Die Effizienz der Lösung partieller Differentialgleichungen lässt sich in vielen Fällen dadurch verbessern, dass die Verteilung der Feldgrößen gewissen Bedingungen (Anfangsbedingungen, Randbedingungen, Stetigkeitsbedingungen) folgen muss und daher nicht völlig beliebig ist. Unter Verwendung dieses Vorwissens lassen sich dann Approximationsansätze verwenden, die zu effizienteren Berechnungsverfahren führen. So hat sich in Anwendungen besonders die Methode der finiten Elemente bewährt.

Wir beschreiben hier die damit verwandte Methode der Integralrelationen (auch Methode der gewichteten Residuale- oder Ritz-Galerkin-Methode). Mit dieser Methode lassen sich viele partielle Differentialgleichungen in zwei Koordinaten zurückführen auf ein System von gewöhnlichen Differentialgleichungen in einer Koordinate (z.B.

der Zeit). Das Verfahren wird z.B. bei der Berechnung von Strömungsgrenzschichten oder von Wirbelströmungen verwendet. Wir wenden es hier beim Modell Z213 auf die partielle Differentialgleichung der Diffusion, genauer auf die zeitabhängige Wärmeleitung in einem isolierten Stab an. Im Modell Z214 wird das Verfahren dann auch für die kompliziertere Aufgabe der Berechnung einer Grenzschichtströmung eingesetzt.

Die Methode der Integralrelationen

Wir betrachten im Folgenden ein Verfahren zur Lösung partieller Differentialgleichungen in zwei Koordinaten für eine Feldvariable (verteilte Variable) $u(x, y)$, die von zwei Koordinaten x und y abhängig ist, wobei eine dieser Größen die Zeit t sein kann. Sowohl die Methode der Integralrelationen wie die Methode der finiten Differenzen lösen eine entsprechende partielle Differentialgleichung numerisch durch Approximation der abhängigen Größe, hier $u(x, y)$. Das erste Verfahren verwendet dabei (wenigstens stückweise) kontinuierliche Approximationsfunktionen, das zweite Verfahren verwendet Diskretisierung an den Maschenpunkten des Rechennetzes und Annäherung der partiellen Differentiale durch Ausdrücke, die die Funktionswerte an benachbarten Maschenpunkten enthalten. Die Lösung besteht dann aus der Bestimmung der Parameter der Approximation.

Bei der Methode der finiten Differenzen sind die vorgegebenen Funktionen $\delta(y_n)$ Dirac'sche Deltafunktionen und die $u_n(x)$ sind die zu bestimmenden Parameterlösungen.

$$u(x, y) \approx u*(x, y) = \sum_{n=1}^{N} u_n(x) \cdot \delta(y_n)$$

Im Allgemeinen erfordert die Methode der finiten Differenzen weit mehr Parameter für eine genaue Lösung als die Methode der Integralrelationen. Letztere Methode hat daher einen Vorteil in Bezug auf die Rechenzeit. Allerdings ist die Formulierung der Integralrelationen im Allgemeinen komplizierter als die Formulierung der Ausdrücke für die Methode der finiten Differenzen.

Bevor wir später auf konkrete Anwendungen eingehen, sollen zunächst die Schritte beschrieben werden, die bei der Formulierung der Methode der Integralrelationen durchlaufen werden müssen. Es sei eine (nichtlineare oder lineare) partielle Differentialgleichung zu lösen, die wir symbolisch darstellen als

$$L(u) = 0$$

Diese Gleichung soll für die abhängige Feldgröße $u(x, y)$ unter Beachtung der an den Grenzen des interessierenden Integrationsbereichs geltenden Bedingungen gelöst werden. Wir entwickeln das Verfahren hier insbesondere für die partiellen Differentialgleichungen der Diffusion und der Grenzschichtströmung oder anderer Strömungen mit parabolischem Charakter (Anfangswertprobleme), bei denen ein anfängliches Verteilungsprofil $u(x, y)$ und Grenzbedingungen $u(x, c)$ (am unteren Rand) und $u(x, d)$ (am oberen Rand) vorgegeben sind. Die Integration läuft dann von $x = a$ in der Richtung von zunehmendem x (Abb. Z213a).

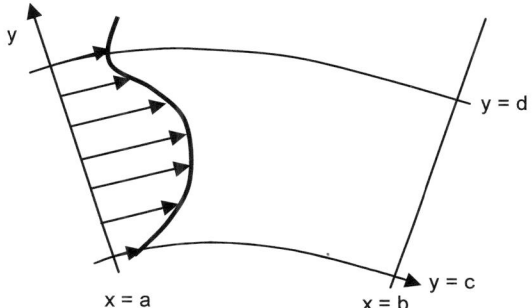

Abb. Z213a: Zur Anwendung der Methode der Integralrelationen auf ein System (parabolischer) partieller Differentialgleichungen in zwei unabhängigen Koordinaten x und y. Approximation der Lösungsfunktion in einer Dimension (y) mit Parametern $a(x)$ und numerische Integration in der anderen Dimension (x). Vorgegeben sind das Anfangsprofil bei $x = a$ und die Grenzbedingungen bei $y = c$ und $y = d$.

Bei der Methode der Integralrelationen wird die unbekannte Lösung $u(x, y)$ durch eine Approximationsfunktion $u^*(x, y)$ approximiert. Dieser Ausdruck enthält vorgegebene Funktionen f_n in der einen unabhängigen Variablen (y bei Grenzschichtproblemen), die mit zunächst unbekannten Parametern a_n multipliziert sind, die wiederum eine Funktion der anderen unabhängigen Variablen (hier: x) sind.

$$u(x, y) \approx u^*(x, y) = \sum_{n=1}^{N} a_n(x) \cdot f_n(y)$$

Die $f_n(y)$ werden normalerweise so gewählt, dass sie die Grenzbedingungen $u(x, c)$ und $u(x, d)$ erfüllen. Wird dieser Approximationsausdruck mit zunächst beliebigen Parametern a in die partielle Differentialgleichung eingesetzt, so ist diese im Allgemeinen zunächst einmal nicht erfüllt, und es ergibt sich ein Fehler (Residual):

$$L(u^*) = R(x, y) \neq 0$$

Die n Parameter $a_n(x)$ werden nun aus der Bedingung bestimmt, dass n Integrale dieses Fehlers über den Integrationsbereich in der y-Richtung verschwinden müssen. Um einen Satz linear unabhängiger Gleichungen für die $a_n(x)$ zu erhalten, muss R vor der Integration mit Elementen aus einer Menge linear unabhängiger Wichtungsfunktionen $w_k(y)$ multipliziert werden, d.h.

$$\int_c^d w_k\, R(x,y)\, dy = 0\,, \quad k = 1, 2, \cdots, N$$

Diese Vorgehensweise entspricht daher der Multiplikation der partiellen Differential-gleichung $L(u) = 0$ mit den Wichtungsfunktionen $w_k(y)$, der formalen Integration in Bezug auf y und dem Ersetzen von $u(x, y)$ in den Integralen durch $u^*(x, y)$, um die Integration zu ermöglichen und damit die y-Abhängigkeit zu eliminieren.

$$\int_c^d w_k(y) \cdot L\{u^*[a_n(x), f_n(y)]\}\, dy = 0$$

Nach dieser Integration verbleibt ein Satz von N gewöhnlichen Differentialgleichungen in x für die $a_n(x)$. Diese gewöhnlichen Differentialgleichungen lassen sich dann numerisch in der x-Richtung mit üblichen Methoden integrieren (Euler-Cauchy, Runge-Kutta oder Predictor-Corrector-Methoden). Durch Einsetzen der hiermit gewonnenen $a_n(x)$ in den Approximationsausdruck ergibt sich die Lösung der Aufgabe.

Der Erfolg einer bestimmten Anwendung der Methode der Integralrelationen hängt wesentlich von der Wahl der Approximationsfunktionen $f_n(y)$ und zum Teil auch von der Auswahl der Wichtungsfunktionen $w_k(y)$ ab. Richtig formulierte Ansätze zeigen Konvergenz zur exakten Lösung, wenn die Zahl der Parameter a_n erhöht wird. Wenige Approximationsglieder ($N = 1$ oder 2) führen im Allgemeinen zu guten (ingenieurmäßigen) Abschätzungen, während sich für $N = 3$ und höher bereits sehr genaue Lösungen erzielen lassen.

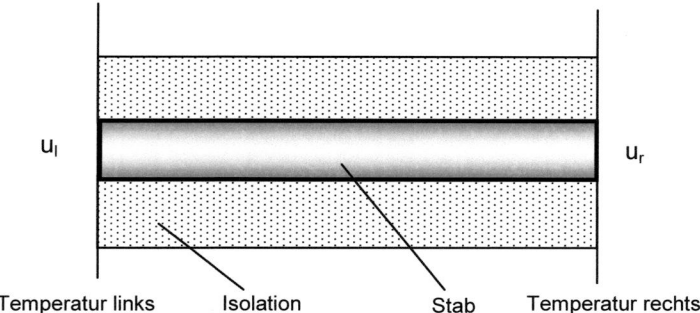

Abb. Z213b: Wärmegedämmter Stab mit vorgegebenen Temperaturverläufen an beiden Stabenden.

Differentialgleichung der Wärmeleitung in einem Stab

Die Aufgabe ist in Abb. Z213b skizziert. Ein bis auf seine beiden Enden vollständig isolierter Stab mit einer konstanten Anfangstemperatur wird an den beiden Enden im

Laufe der Zeit auf unterschiedliche Temperaturen erwärmt bzw. abgekühlt (Abb. Z213c). Es ist die sich mit der Zeit t verändernde Temperaturverteilung an den Orten X im Stab zu berechnen. Für dieses Problem gilt die eindimensionale Wärmediffusionsgleichung. Diese partielle Differentialgleichung enthält die erste Ableitung der Temperatur nach der Zeit t [h] sowie die zweite Ableitung der Temperatur nach dem Ort X [m]. An jedem Punkt des Stabes ergibt sich somit eine andere orts- und zeitabhängige Temperaturentwicklung. Die Wärmeleitung ist abhängig von der Wärmeleitzahl α [m²/h]. Die Diffusionsgleichung lautet

$$\frac{\partial u}{\partial t} = \alpha \frac{\partial^2 u}{\partial X^2} \tag{1}$$

mit der Anfangsbedingung

$$u(X,0) = u_a$$

und den Randbedingungen (links und rechts, Stablänge L [m])

$$u(0,t) = u_l(t)$$
$$u(L,t) = u_r(t)$$

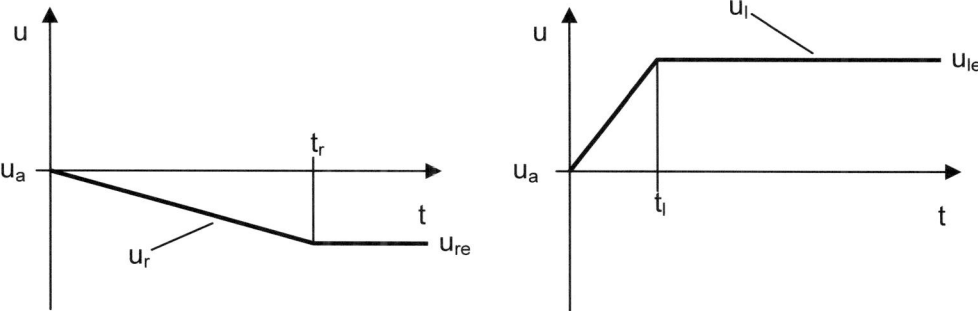

Abb. Z213c: Bezeichnungen der Parameter der Temperaturverläufe am rechten (Index r) und linken Ende (Index l).

Die Temperatur u ist hier als relative (dimensionslose) Größe ausgedrückt. Zur realen Temperatur T [K] besteht die folgende Beziehung:

$$u = \frac{T - T_0}{T_1 - T_0} = \frac{\Delta T}{\Delta T_{ges}}$$

Die dimensionslose Temperatur u entspricht dem Verhältnis der augenblicklichen Temperaturdifferenz ΔT zur maximalen Temperaturdifferenz, wobei

T = augenblickliche (lokale) Temperatur [K]
T_0 = minimale Temperatur des Stabes [K]
T_1 = maximale Temperatur [K]

Es ist zweckmäßig, durchweg mit dimensionslosen Größen zu arbeiten. Die dimensionslosen Stabkoordinate x lässt sich definieren als

$$x = \frac{X}{L}$$

Hierbei ist X = reale Koordinate [m] und L = Stablänge [m]. In dimensionsloser Zeit

$$\tau = \frac{\alpha t}{L^2}$$

bedeuten t = reale Zeit [h] und α = Temperaturleitzahl [m²/h]. Die reale Zeit t ergibt sich damit aus

$$t = \frac{L^2 \tau}{\alpha}$$

Die Temperaturleitzahl unterscheidet sich sehr stark bei verschiedenen Werkstoffen (Hütte 1955, S. 495).

Werkstoff	Temperaturleitzahl [m²/h]
Kupfer	0.4
Stahl	0.04
Beton	0.002
Kork	0.0005

Nach Ersetzen von t durch τ und von X durch x ergibt sich jetzt die dimensionslose Form der Wärmediffusionsgleichung, die wir bei der weiteren Arbeit verwenden.

$$\frac{\partial u}{\partial \tau} = \frac{\partial^2 u}{\partial x^2} \tag{1'}$$

Die Temperaturleitzahl erscheint jetzt nicht mehr als Parameter in der Gleichung, hat aber nach wie vor sehr wohl einen entscheidenden Einfluss auf das Ergebnis für die realen Größen, da diese erst durch der Umrechnung aus den dimensionslosen Größen bestimmt werden. Insbesondere gilt dies für die Temperaturleitzahl. Ist sie klein (schlechte Wärmeleitung), so wird die Realzeit entsprechend „gestreckt": Der Diffusionsvorgang läuft dann entsprechend langsamer ab.

Modellformulierung

Bei der Anwendung auf die unstete Wärmeleitung in einem Stab halten wir uns an den oben besprochenen allgemeinen Ansatz. Einzelheiten der Ableitung der Integralrelationen finden sich in Bossel 1992, S. 273-277.

(1) Die partielle Differentialgleichung des Problems (Diffusionsgleichung) wird zunächst mit einer nicht näher spezifizierten Wichtungsfunktion f_k multipliziert und formal über die x-Koordinate (Ortskoordinate) integriert. Bevor die entstehende Gleichung weiterbearbeitet werden kann, müssen geeignete Formulierungen für die Approximation der Lösung $u(x, \tau)$ und die Wichtungsfunktionen $f_k(x)$ gewählt werden.

(2) Als Approximationsfunktion wird ein Ausdruck gewählt, der die Randbedingungen an den beiden Enden des Stabes bereits automatisch erfüllt und dessen Approximationsglieder darüber hinaus die Darstellung der zu erwartenden Temperaturprofile ermöglichen. In diesem Anwendungsfall eignet sich offensichtlich eine Fourier-Approximation mit Faktoren $a_k(\tau)$ und Sinuskomponenten, die an den beiden Enden verschwinden. Wir wählen hier, mit den zeitabhängigen Randbedingungen $u_r(\tau)$ und $u_l(\tau)$ am rechten und am linken Stabende

$$u(x, \tau) = u_l(\tau) + (u_r - u_l)x + \sum_{n=1}^{N} a_n(\tau) \cdot \sin n\pi x$$

(3) Die Wichtungsfunktionen $f_k(x)$ müssen Elemente aus einer Menge von linear unabhängigen Funktionen darstellen, die außerdem noch zu möglichst einfachen Integralausdrücken führen sollen. Die für die Approximation gewählte Fourier-Darstellung legt auch hier die Verwendung von Sinusfunktionen nahe.

$$f_k(x) = \sin k\pi x$$

(4) Werden nun die gewählten Approximations- und Wichtungsfunktionen in die Integralrelationen eingesetzt und über x integriert, so verschwindet damit die x-Abhängigkeit, und es verbleibt ein System von zeitabhängigen gewöhnlichen Differentialgleichungen.

(5) Die Integralausdrücke lassen sich unter Beachtung der anwendbaren Integrationsregeln erheblich vereinfachen. Es verbleibt ein System von k Differentialgleichungen für die a_k, die nun zu jedem Zeitpunkt als Funktion der Temperaturbedingungen am linken und am rechten Ende und deren erster Ableitung nach der Zeit berechnet werden können.

(6) Die so ermittelten Veränderungsraten der Zustandsgrößen a_k lassen sich mit üblichen Verfahren numerisch integrieren. Werden die so erhaltenen Parameter $a_k(\tau)$ in die anfänglich gewählte Approximationsfunktion für die orts- und zeitabhängige Temperaturverteilung $u(x, \tau)$ eingesetzt, so erhält man damit die orts- und zeitabhängige Lösung des Problems.

Für die Veränderungsraten $\dot{a}_k$ der Approximationsparameter a_k ergeben sich mit diesem Verfahren die gewöhnlichen Differentialgleichungen

$$\dot{a}_k = \frac{da_k}{dt}$$

$$= 2\left[\frac{\dot{u}_r}{k\pi}\cos k\pi - \frac{\dot{u}_l}{k\pi} + \left\{(u_l - u_r \cos k\pi)k\pi - \pi^2 k^2\left[\frac{u_l}{k\pi} - \frac{u_r}{k\pi}\cos k\pi + \frac{a_k}{2}\right]\right\}\right]$$

Hier müssen die Randbedingungen u_l und u_r für die Temperaturentwicklung rechts und links und ihre ersten Ableitungen nach der Zeit ($\dot{u}_r$ und $\dot{u}_l$) vorgegeben werden. Wir wählen einen linearen Anstieg zwischen der Anfangstemperatur des Stabes und der vorzugebenden Endtemperatur links (u_{le}) bzw. rechts (u_{re}). Die Endtemperatur soll links nach der Zeit τ_l, rechts nach τ_r erreicht sein (Abb. Z213c). Damit ergeben sich die Randbedingungen
links:

$$\dot{u}_l = \frac{u_{le} - u_a}{t_l}\ ,\quad u_l = u_a + \dot{u}_l\,\tau\quad \textit{für } 0 \le \tau < \tau_l$$

$$\dot{u}_l = 0 \qquad\quad ,\quad u_l = u_{le} \qquad\quad \textit{für } \tau > \tau_l$$

rechts:

$$\dot{u}_r = \frac{u_{re} - u_a}{t_r}\ ,\quad u_r = u_a + \dot{u}_r\,\tau\quad \textit{für } 0 \le \tau < \tau_r$$

$$\dot{u}_r = 0 \qquad\quad ,\quad u_r = u_{re} \qquad\quad \textit{für } \tau > \tau_r$$

Die gewöhnlichen Differentialgleichungen für die a_k werden mit diesen Randbedingungen und der Anfangsbedingung

$$u(x,0) = u_a$$

numerisch gelöst.

Simulationsmodell

Das Programm ist im Folgenden aufgelistet (Normalschrift für $N = 3$, kleinere Schrift für die Ergänzungen für $N = 9$). Die entsprechenden Simulationsdiagramme für drei Approximationsglieder ($N = 3$) zeigen Abb. Z213d und e. Bei mehr Approximationsgliedern sind sie analog zu ergänzen.

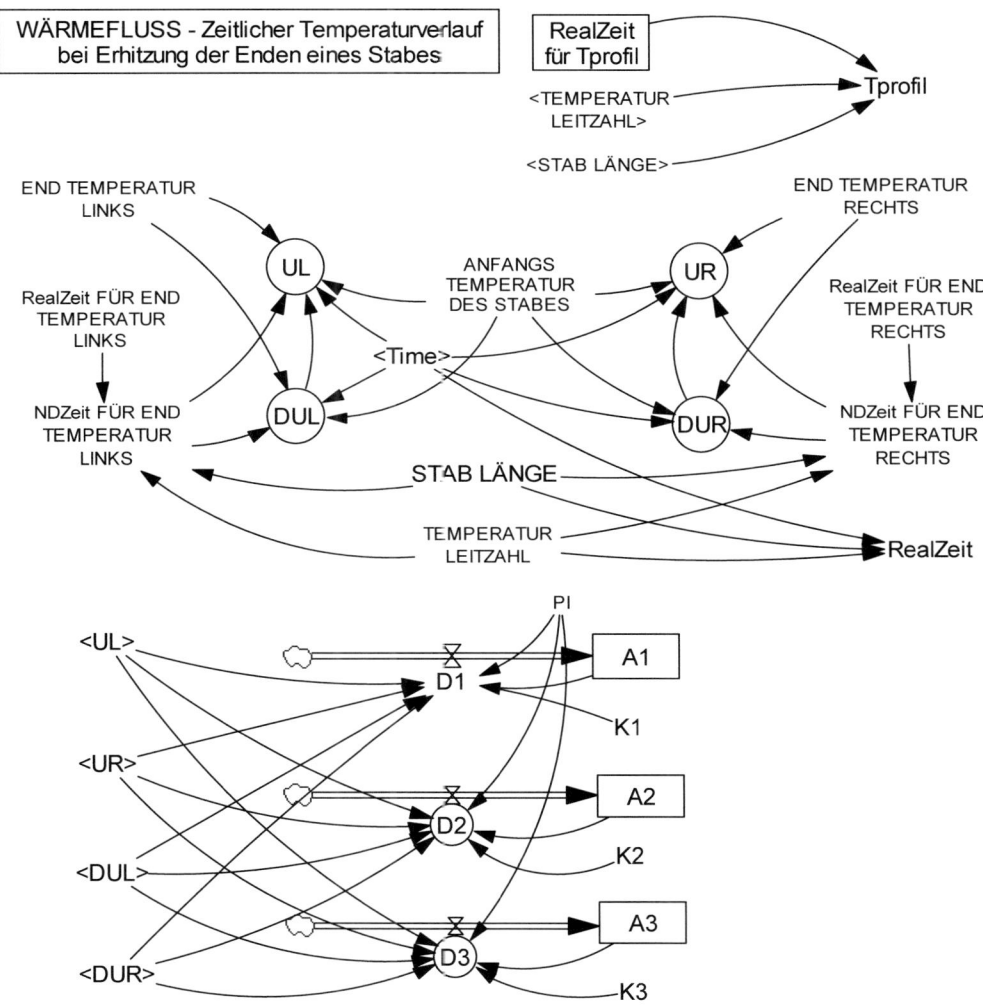

Abb. Z213d: Simulationsdiagramm zur Berechnung des Wärmeflusses im Stab mit der Methode der Integralrelationen – Teil 1: Berechnung der Approximationsparameter.

Zunächst sind Stablänge, (relative) Anfangstemperatur und Temperaturleitzahl einzugeben (0.1 gilt für Messing). Weiter werden die (relativen) Endtemperaturen beider Stabenden angegeben sowie die Realzeiten, wann diese erreicht sind. Diese Zeiten werden in die bei der Simulation verwendete dimensionslose Zeit (*Time* [1]) umgerechnet. Die Temperaturverläufe am linken (*UL*) und rechten (*UR*) Stabende werden als lineare Verläufe angenommen. Die entsprechenden Steigungen (*DUL* und *DUR*) werden berechnet. Mit diesen Daten, die die zeitliche Entwicklung der Randbedingungen vorschreiben, können die Veränderungsraten D_k der Approximationsparameter A_k berechnet werden. Diese folgen durch numerische Integration über die dimensionslose Zeit *Time*. Zur Darstellung der Ergebnisse in Realzeit muss die dimensionslose Simulationszeit *Time* durch Multiplikation mit (STABLÄNGE^2 / TEMPERATURLEITZAHL) in *Realzeit* umgerechnet werden.

Mit den berechneten Approximationsparametern $A_k = a_k(t)$ lässt sich nun mit der hier verwendeten Approximationsformel für den Temperaturverlauf $u(x, t)$ (s.o.) die Temperaturverteilung im Stab zu jedem Zeitpunkt berechnen. Falls die Zeitreihen für die Parameter A_k in ein Tabellen-Kalkulationsprogramm kopiert werden, können die Temperaturprofile $u(x, t)$ u.a. auch dreidimensional dargestellt werden.

Das Programm berechnet das Temperaturprofil für einen bestimmten Zeitpunkt (*RealZeit für Tprofil*). Die entsprechenden Programmanweisungen finden sich im Folgenden unter „Temperaturprofil für einen bestimmten Zeitpunkt". Sobald die (Simulations-) Zeit den Wert *Tprofil* erreicht, werden die weiteren Zeitschritte als Rechenschritte in der *x*-Richtung umdefiniert, um den Längsschnitt des Temperaturprofils im Stab zu diesem Zeitpunkt zu berechnen. Dieses Profil kann dann als *TempProfil(x)* gezeichnet werden.

Konstanten und Parameter
PI = 3.14159 [1]
STAB LÄNGE = 1 [m]
TEMPERATUR LEITZAHL = 0.1 [m*m/Hour]
RealZeit für Tprofil = 1

Anfangsbedingungen und Randbedingungen
ANFANGS TEMPERATUR DES STABES = 0 [1] dim.lose Temperatur zwi. 0 und 1
END TEMPERATUR LINKS = 1 [1] dimensionslose Temperatur
RealZeit FÜR END TEMPERATUR LINKS = 0.2 [Hour]
NDZeit FÜR END TEMPERATUR LINKS = RealZeit FÜR END TEMPERATUR
     LINKS*TEMPERATUR LEITZAHL/STAB LÄNGE^2 [1] dimensionslose Zeit
END TEMPERATUR RECHTS = 1 [1] dimensionslose Temperatur
RealZeit FÜR END TEMPERATUR RECHTS = 0.8 [Hour]
NDZeit FÜR END TEMPERATUR RECHTS = RealZeit FÜR END TEMPERATUR
     RECHTS*TEMPERATUR LEITZAHL/STAB LÄNGE^2 [1] dimensionslose Zeit
UL = IF THEN ELSE(Time>NDZeit FÜR END TEMPERATUR LINKS, END TEM-
     PERATUR LINKS, ANFANGS TEMPERATUR DES STABES+Time*DUL) [1]
UR = IF THEN ELSE(Time>NDZeit FÜR END TEMPERATUR RECHTS, END TEM-
     PERATUR RECHTS , ANFANGS TEMPERATUR DES STABES+Time*DUR) [1]
DUL = IF THEN ELSE(Time>NDZeit FÜR END TEMPERATUR LINKS, 0,(END TEM-
     PERATUR LINKS -ANFANGS TEMPERATUR DES STABES) /NDZeit FÜR
     END TEMPERATUR LINKS) [1]

DUR = IF THEN ELSE(Time>NDZeit FÜR END TEMPERATUR RECHTS, 0,(END
    TEMPERATUR RECHTS -ANFANGS TEMPERATUR DES STABES) /NDZeit
    FÜR END TEMPERATUR RECHTS) [1]

Zeitumrechnung
RealZeit = Time*STAB LÄNGE^2/TEMPERATUR LEITZAHL [Hour]

Koeffizienten
K1 = 1 [1]
K2 = 2 [1]
K3 = 3 [1]

K4 = 4 [1]
K5 = 5 [1]
K6 = 6 [1]
K7 = 7 [1]
K8 = 8 [1]
K9 = 9 [1]

Veränderungsraten der Approximationsparameter
D1 = 2*(DUR*COS(K1*PI) /(K1*PI) -DUL/(K1*PI) +((UL-UR*COS(K1*PI)) *K1*PI-
    PI*PI*K1* K1*(UL/(K1*PI) -UR*COS(K1*PI) /(K1*PI) +A1/2))) [1]
D2 = 2*(DUR*COS(K2*PI) /(K2*PI) -DUL/(K2*PI) +((UL-UR*COS(K2*PI)) *K2*PI-
    PI*PI*K2* K2*(UL/(K2*PI) -UR*COS(K2*PI) /(K2*PI) +A2/2))) [1]
D3 = 2*(DUR*COS(K3*PI) /(K3*PI) -DUL/(K3*PI) +((UL-UR*COS(K3*PI)) *K3*PI-
    PI*PI*K3* K3*(UL/(K3*PI) -UR*COS(K3*PI) /(K3*PI) +A3/2))) [1]

D4 = 2*(DUR*COS(K4*PI) /(K4*PI) -DUL/(K4*PI) +((UL-UR*COS(K4*PI)) *K4*PI-PI*PI*K4* K4*(UL/(K4*PI) -UR*COS(K4*PI) /(K4*PI) +A4/2))) [1]
D5 = 2*(DUR*COS(K5*PI) /(K5*PI) -DUL/(K5*PI) +((UL-UR*COS(K5*PI)) *K5*PI-PI*PI*K5* K5*(UL/(K5*PI) -UR*COS(K5*PI) /(K5*PI) +A5/2))) [1]
D6 = 2*(DUR*COS(K6*PI) /(K6*PI) -DUL/(K6*PI) +((UL-UR*COS(K6*PI)) *K6*PI-PI*PI*K6* K6*(UL/(K6*PI) -UR*COS(K6*PI) /(K6*PI) +A6/2))) [1]
D7 = 2*(DUR*COS(K7*PI) /(K7*PI) -DUL/(K7*PI) +((UL-UR*COS(K7*PI)) *K7*PI-PI*PI*K7* K7*(UL/(K7*PI) -UR*COS(K7*PI) /(K7*PI) +A7/2))) [1]
D8 = 2*(DUR*COS(K8*PI) /(K8*PI) -DUL/(K8*PI) +((UL-UR*COS(K8*PI)) *K8*PI-PI*PI*K8* K8*(UL/(K8*PI) -UR*COS(K8*PI) /(K8*PI) +A8/2))) [1]
D9 = 2*(DUR*COS(K9*PI) /(K9*PI) -DUL/(K9*PI) +((UL-UR*COS(K9*PI)) *K9*PI-PI*PI*K9* K9*(UL/(K9*PI) -UR*COS(K9*PI) /(K9*PI) +A9/2))) [1]

Approximationsparameter als Integrale der dimensionslosen Zeit TIme
A1 = INTEG(D1, 0) [1]
A2 = INTEG(D2, 0) [1]
A3 = INTEG(D3, 0) [1]
A4 = INTEG(D4, 0) [1]
A5 = INTEG(D5, 0) [1]
A6 = INTEG(D6, 0) [1]
A7 = INTEG(D7, 0) [1]
A8 = INTEG(D8, 0) [1]
A9 = INTEG(D9, 0) [1]

Temperaturprofil für einen bestimmten Zeitpunkt *Tprofil*
Tprofil = RealZeit für Tprofil *TEMPERATUR LEITZAHL /STAB LÄNGE^2

Änderungsraten der Profilparameter:
dAp1 = A1 *PULSE(Tprofil, TIME STEP) /TIME STEP
dAp2 = A2 *PULSE(Tprofil, TIME STEP) /TIME STEP
dAp3 = A3 *PULSE(Tprofil, TIME STEP) /TIME STEP
dAp4 = A4 *PULSE(Tprofil, TIME STEP) /TIME STEP
dAp5 = A5 *PULSE(Tprofil, TIME STEP) /TIME STEP
dAp6 = A6 *PULSE(Tprofil, TIME STEP) /TIME STEP
dAp7 = A7 *PULSE(Tprofil, TIME STEP) /TIME STEP
dAp8 = A8 *PULSE(Tprofil, TIME STEP) /TIME STEP
dAp9 = A9 *PULSE(Tprofil, TIME STEP) /TIME STEP

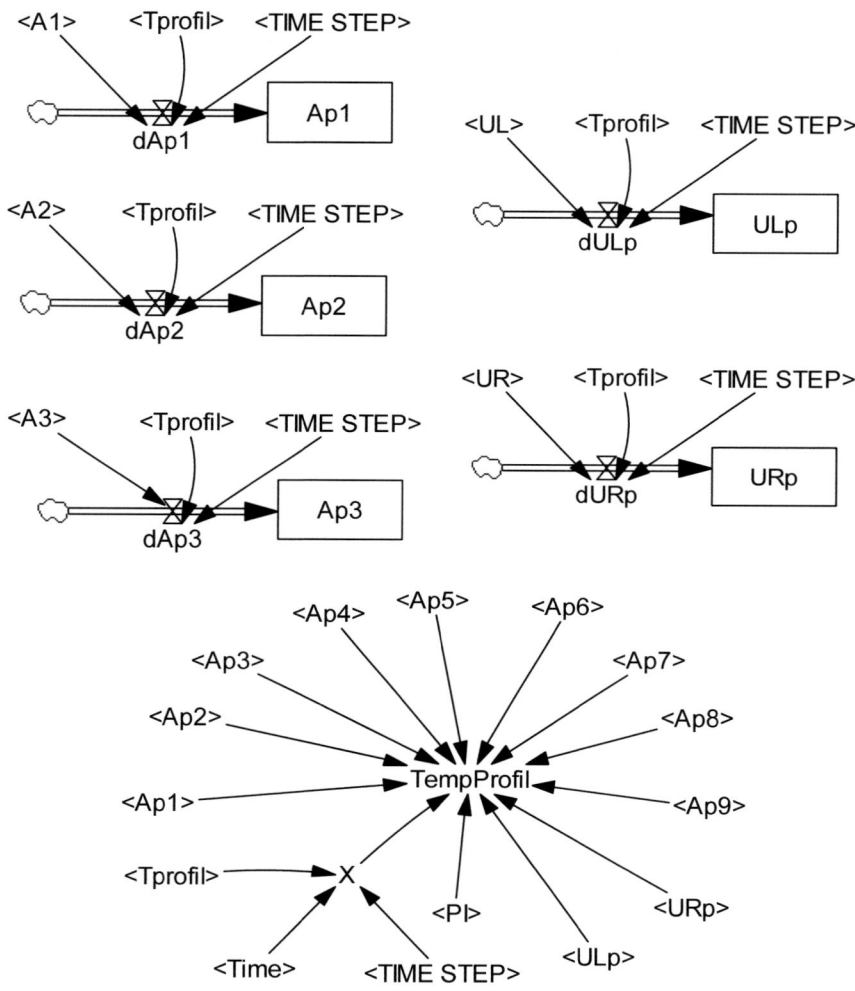

Abb. Z213e: Simulationsdiagramm zur Berechnung des Wärmeflusses im Stab mit der Methode der Integralrelationen – Teil 2: Berechnung des Temperaturprofils.

Profilparameter:
Ap1 = INTEG (dAp1, 0)
Ap2 = INTEG (dAp2, 0)
Ap3 = INTEG (dAp3, 0)
Ap4 = INTEG (dAp4, 0)
Ap5 = INTEG (dAp5, 0)
Ap6 = INTEG (dAp6, 0)

```
Ap7 = INTEG (dAp7, 0)
Ap8 = INTEG (dAp8, 0)
Ap9 = INTEG (dAp9, 0)
```

Grenzbedingungen:
```
dULp = UL *PULSE(Tprofil, TIME STEP) /TIME STEP
dURp = UR *PULSE(Tprofil, TIME STEP) /TIME STEP
ULp = INTEG (dULp, 0)
URp = INTEG (dURp, 0)
```

Temperaturprofil für Zeit = Tprofil:
```
X = IF THEN ELSE(Time >= Tprofil :AND: Time <= Tprofil +100 *TIME STEP, (Time-
     Tprofil) /(100 *TIME STEP), 0)
```

Temperaturprofil als f(X):
```
TempProfil = ULp+(URp -ULp) *X
     +Ap1 *SIN(PI *X) +Ap2 *SIN(2 *PI *X) +Ap3 *SIN(3 *PI *X)
     +Ap4 *SIN(4 *PI *X) +Ap5 *SIN(5 *PI *X) +Ap6 *SIN(6 *PI *X)
     +Ap7 *SIN(7 *PI *X) +Ap8 *SIN(8 *PI *X) +Ap9 *SIN(9 *PI *X)
```

Simulationszeitparameter
```
INITIAL TIME = 0 [1]
FINAL TIME = 0.2 [1]
TIME STEP = 0.001 [1]
SAVEPER = TIME STEP [1]
```

Simulationsergebnisse

Die Ergebnisse eines Simulationsbeispiels mit $N = 9$ sind in Abb. Z213f und Z213g gezeigt. In diesem Falle wurde das linke Ende des Stabes relativ rasch, das rechte Ende nur langsam erwärmt. Das erste Bild zeigt die zeitlichen Verläufe der ersten 6 Approximationsparameter a_k, das zweite zeigt die Temperaturverteilung im Stab zu drei verschiedenen Zeitpunkten nach Beginn der Erwärmung der Enden. Eine dreidimensionale Darstellung dieser Ergebnisse (nach Berechnung von $u(x, t)$ in einem Tabellen-Kalkulationsprogramm) ist in Abb. Z213h gezeigt. Das Bild zeigt deutlich, wie im Laufe der Zeit die Randtemperaturen erst langsam in die Mitte diffundieren, bis schließlich der ganze Stab die neue Temperatur einnimmt. Abb. Z213i zeigt den Wärmefluss bei einer weiteren Simulation bei Kühlung rechts und Erwärmung links.

Mit dem Programm lassen sich gut die Abhängigkeit der Approximationsgüte und deren Konvergenz mit zunehmender Zahl der Approximationsglieder untersuchen. Es zeigt sich, dass bereits eine sehr kleine Zahl von Approximationsgliedern (zwei oder drei) zu recht guten Ergebnissen führt.

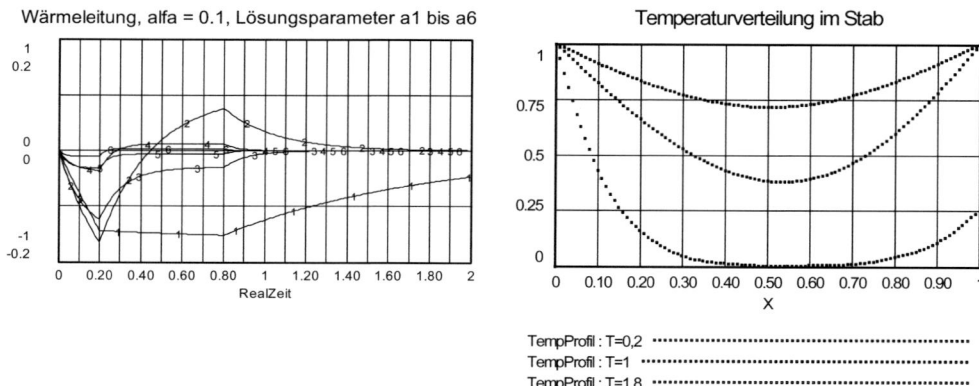

Abb. Z213f: Zeitverlauf der Approximationsparameter für die Wärmeflussberechnung.
Abb. Z213g: Temperaturverteilung im Stab für (Real-)Zeit T = 0.2, 1.0, 1.8.

Arbeitsvorschläge

1. Variieren Sie die Anfangstemperatur des Stabes im Bereich von 0 bis 1 und wählen Sie verschieden rasche und starke Veränderungen der Endtemperaturen rechts und links, um unterschiedliche Anwendungsfälle zu erzeugen. Arbeiten Sie dabei durchweg mit der gleichen Zahl von Approximationsgliedern (z.B. 4 oder 6).

2. Betrachten Sie die Zeitbilder für die N Approximationsparameter a_k. Erklären Sie deren Verläufe in Abhängigkeit von den gewählten Randbedingungen. Was können Sie in Bezug auf die Beträge der Approximationsparameter in Abhängigkeit von der Ordnung (Zahl k) des Parameters sagen? Können Sie aus diesen Beobachtungen auf Konvergenz der Ergebnisse schließen?

3. Formulieren Sie oder beschaffen Sie sich numerische Lösungen der partiellen Differentialgleichung mit der Methode der finiten Differenzen. Wenden Sie die Methode der Integralrelationen und die der finiten Differenzen auf gleiche Anfangs- und Randbedingungen an. Vergleichen Sie Ergebnisse und den jeweiligen Programmieraufwand.

4. Wie erklärt sich, dass bei symmetrischen Randbedingungen die Approximationsparameter mit geradem Index verschwinden? Unter welchen Bedingungen verschwinden die Approximationsparameter mit ungeradem Index?

Literaturhinweise

Akademischer Verein Hütte (Hg.) 1955: *Hütte – Des Ingenieurs Taschenbuch.* Verlag Wilhelm Ernst, Berlin, 28. Aufl.

Bossel, H. 1992: *Simulation dynamischer Systeme – Grundwissen, Methoden, Programme.* Vieweg Verlag, Braunschweig und Wiesbaden, 2. Aufl.

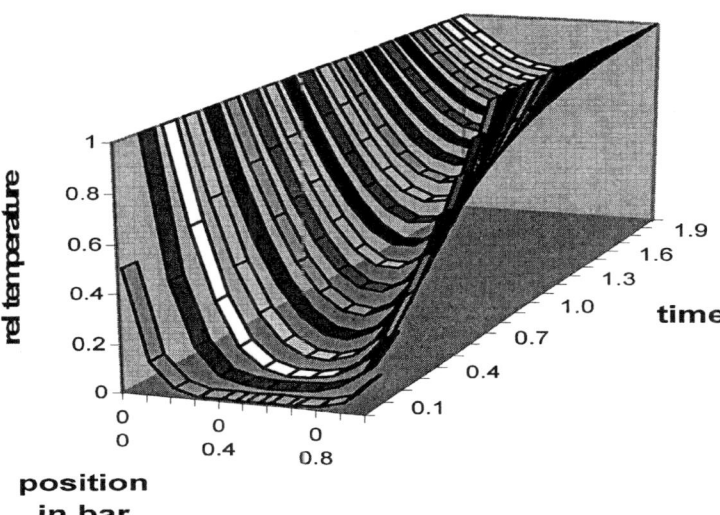

Abb. Z213h: Zeitverlauf des Wärmeflusses: rechts langsame, links schnelle Erwärmung.

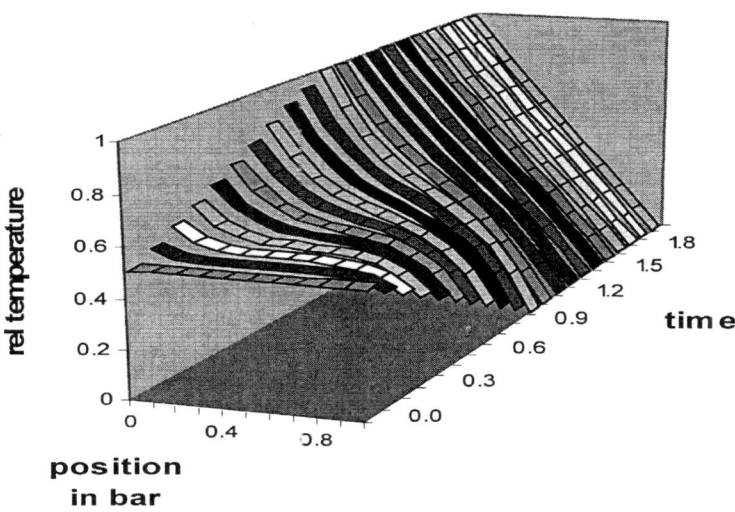

Abb. Z213i: Zeitverlauf des Wärmeflusses: rechts Kühlung, links Erwärmung.

Z214 Grenzschichtströmung

Aufgabenstellung

Um den Energieverbrauch von Flugzeugen zu senken oder die Gleitleistung von Segelflugzeugen zu verbessern, müssen Tragflächenprofile entwickelt werden, die den notwendigen Auftrieb mit möglichst geringem Luftwiderstand erzeugen. Optimale, an der konkreten Anwendung orientierte Profile oder auch andere Strömungskörper werden heute nur noch mit entsprechenden Rechenverfahren entwickelt. Die Berechnung ist aufwendig, weil Strömungen mit nichtlinearen partiellen Differentialgleichungen, den Navier-Stokes-Gleichungen, beschrieben werden müssen. Sie berücksichtigen, dass (im Prinzip) die Strömung an jedem Punkt eines Strömungsfeldes auch die an jedem anderen Punkt beeinflusst. Das ganze Strömungsfeld muss also mit großem Aufwand gleichzeitig an allen Punkten berechnet werden. Auch heutige Großrechner brauchen hierzu noch Tage, wie etwa für längerfristige Wetter- und Klimarechnungen.

Unter gewissen Bedingungen, die für die Praxis der Strömungsdynamik von Bedeutung sind, können die vollen Strömungsgleichungen vereinfacht werden und sind dann weit einfacher berechenbar. So gelten z.B. in der freien Strömung außerhalb der „Grenzschicht" um einen Körper die Differentialgleichungen für reibungsfreie Strömung. Sie sind linear und lassen sich durch Überlagerung fundamentaler Lösungen bearbeiten (Beispiele zur Berechnung von Wirbelströmungen und Windtunneldüsen: Bossel 1969a, 1969b). In der Grenzschicht selbst, in der durch Reibung die Strömungsgeschwindigkeit von der Geschwindigkeit der äußeren freien Strömung bis zur Körperoberfläche auf Null verringert wird, reduzieren sich die vollen Navier-Stokes-Gleichungen auf die nichtlinearen Grenzschichtgleichungen. Diese zeichnen sich dadurch aus, dass die Rückwirkung entgegen der Strömungsrichtung entfällt. Das Strömungsfeld muss also nicht mehr simultan ermittelt werden, sondern die Strömung in der Grenzschicht kann schrittweise in Strömungsrichtung berechnet werden – so wie wir bei den meisten Simulationen in diesem Buch schrittweise mit der zunehmenden Zeit rechnen, ohne dass die Zukunft einen Einfluss auf das Ergebnis haben kann.

Bei der zweidimensionalen Strömung (z.B. um ein Tragflächenprofil) verbleibt dann immer noch ein System nichtlinearer partieller Differentialgleichungen in zwei Raumkoordinaten für das Geschwindigkeitsfeld $u(x, y)$. Die Koordinate x liegt in Strömungsrichtung und beginnt (meist) am Staupunkt des Körpers. Die Koordinate y liegt quer dazu, beginnt an der Wand und zählt bis zum Ende der Grenzschicht und Beginn der freien Strömung. Mit der beim Modell Z213 WÄRMEFLUSS beschriebenen Methode der Integralrelationen lassen sich auch die zweidimensionalen Grenzschichtgleichungen so umformulieren, dass nur noch ein System gewöhnlicher Differentialgleichungen verbleibt, das schrittweise in x-Richtung gelöst werden kann. Damit lassen sich Grenzschichtströmungen mit dem gleichen Verfahren bearbeiten, das wir bisher für zeitabhängige gewöhnliche Differentialgleichungen verwendet haben.

Entwicklung der Integralrelationen

Mit der Einführung der dimensionslosen Reynolds-Zahl $Re = u_\infty \cdot l / v$ (mit u_∞ [m/s] = Geschwindigkeit der freien Strömung, l [m] = charakteristische Länge, v [m²/s] = kinematische Zähigkeit) und den üblichen Umformungen

$$X = x/l, \quad Y = Re^{1/2}\, y/l, \quad U = u/u_\infty, \quad V = Re^{1/2}\, v/u_\infty$$

werden die Grenzschichtgleichungen für laminare inkompressible Strömung dimensionslos und können geschrieben werden als (Impuls- und Kontinuitätsgleichung)

$$\frac{\partial U^2}{\partial X} + \frac{\partial (VU)}{\partial Y} = U_e \frac{dU_e}{dX} + \frac{\partial^2 U}{\partial Y^2}$$

$$\frac{\partial U}{\partial X} + \frac{\partial V}{\partial Y} = 0$$

mit den Grenzbedingungen

$$U(X, 0) = 0, \quad U(X, \infty) = U_e(X), \quad V(X, 0) = V_0(X)$$
$$U(0, Y) = \text{Anfangsprofil}$$

Mit der Methode der Integralrelationen (Methode der gewichteten Residuen) werden die partiellen Differentialgleichungen in X und Y zu einem Satz von gewöhnlichen Differentialgleichungen in X reduziert. Die Y-Abhängigkeit wird eliminiert, indem das Geschwindigkeitsprofil durch $U(Y, a_n(X))$ approximiert wird. Es wird also die Funktionsform in der Y-Richtung vorausgesetzt, deren N freie Parameter a_n als Funktion von X bestimmt werden müssen. Die angenommene Funktion soll die Grenzbedingungen einhalten. Nach Einsetzen dieser Approximationsfunktion für U kann die Impulsgleichung formal in der Y-Richtung (über $0 \le Y \le \infty$) integriert werden. Durch Multiplikation der Impulsgleichung mit N linear unabhängigen Wichtungsfunktionen $f_k(Y)$ entsteht ein Satz von N linear unabhängigen Gleichungen für die Veränderungsraten $a_n(X)$. Hiermit ergeben sich die folgenden Integralrelationen für die ebene laminare inkompressible Grenzschichtströmung:

$$\frac{d}{dX} \int_0^\infty f_k\, U^2\, dY - \int_0^\infty f'_k\, VU\, dY - \int_0^\infty f''_k\, U\, dY + \left[f_k \frac{\partial U}{\partial Y} \right]_{Y=0} - U_e \frac{dU_e}{dX} \int_0^\infty f_k\, dY = 0 \quad ,$$
$$k = 1, 2, \cdots, N$$

Durch Integration der Kontinuitätsgleichung wird V in dieser Gleichung ersetzt:

$$V(X, Y) = -\int_0^Y \frac{\partial U}{\partial X}\, dY + V_0(X)$$

Hier ist $V_0(X)$ die gegebene Absaug- oder Ausblasgeschwindigkeit (Absaugen negativ).

Um die Integrale zu berechnen, werden Wichtungsfunktionen $f_k(Y)$ und Approximationsfunktion $U(Y, a_n(X))$ für die Geschwindigkeit U gewählt. Wir setzen an

$$f_k(Y) = e^{-\sigma_k Y} \; , \; k = 1, 2, \cdots, N$$

$$U(X,Y) = (1 - e^{-\alpha Y}) \cdot \left[U_e(X) + \sum_{n=1}^{N} a_n(X) e^{-n\alpha Y}\right]$$

Die Konstante α sollte dem exponentiellen Verlauf des Geschwindigkeitsprofils entsprechen. Die Approximation für U erfüllt die Grenzbedingungen für $Y = 0$, $Y \rightarrow \infty$.

Werden diese Funktionen in die obigen Integralrelationen eingesetzt, so ergibt sich nach der Integration über Y ein Satz von N simultanen gewöhnlichen Differentialgleichungen 1. Ordnung der allgemeinen Form

$$\sum_{n=1}^{N} C_{n,k} \frac{da_n}{dX} = D_k \quad , \quad k = 1, 2, \cdots, N \tag{1}$$

wobei

$$C_{n,k} = \sum_{l=0}^{N} a_l \, P(k,l,n)$$

$$D_k = \frac{\dot{U}_e U_e}{\sigma_k} - \alpha \sum_{l=0}^{N} a_l - \dot{U}_e \sum_{l=0}^{N} a_l \, Q(k,l) - (V_0 \sigma_k - \sigma_k^2) \sum_{l=0}^{N} a_l \, R(k,l)$$

Hier ist $a_0(X) = U_e(X)$; d/dX ist durch einen Punkt ersetzt. Die P, Q und R sind Koeffizienten, die nur einmal berechnet werden müssen.

$$P(k,l,n) = 2[\sigma_k + (n+l)\alpha]^{-1} - 4[\sigma_k + (n+l+1)\alpha]^{-1} + 2[\sigma_k + (n+l+2)\alpha]^{-1}$$

$$+ \frac{\sigma_k}{n\alpha}\Big[[\sigma_k + (n+l)\alpha]^{-1} - [\sigma_k + l\alpha]^{-1} - [\sigma_k + (n+l+1)\alpha]^{-1} + [\sigma_k + (l+1)\alpha]^{-1}\Big]$$

$$+ \frac{\sigma_k}{(n+1)\alpha}\Big[[\sigma_k + l\alpha]^{-1} - [\sigma_k + (n+l+1)\alpha]^{-1} + [\sigma_k + (n+l+2)\alpha]^{-1} - [\sigma_k + (l+1)\alpha]^{-1}\Big]$$

$$Q(k,l) = 2[\sigma_k + l\alpha]^{-1} - 4[\sigma_k + (l+1)\alpha]^{-1} + 2[\sigma_k + (l+2)\alpha]^{-1}$$

$$+ \frac{\sigma_k}{\sigma_k + l\alpha}\Big[\alpha^{-1} - [\sigma_k + l\alpha]^{-1}\Big] + \frac{\sigma_k}{\sigma_k + (l+1)\alpha}\Big[[\sigma_k + (l+1)\alpha]^{-1} - 2\alpha^{-1}\Big]$$

$$+ \frac{\sigma_k}{\alpha}[\sigma_k + (l+2)\alpha]^{-1}$$

$$R(k,l) = [\sigma_k + l\alpha]^{-1} - [\sigma_k + (l+1)\alpha]^{-1}$$

Aus dem Gleichungssystem (1) werden zunächst die Veränderungsraten berechnet und dann numerisch über X integriert. Mit den sich hieraus ergebenden Approximationsparametern a_n können dann das lokale Geschwindigkeitsprofil, die Wandschubspannung, die Verdrängungsdicke und andere Ergebnisse berechnet werden.

Dimensionslose Geschwindigkeit:

$$U(X,Y) = (1 - e^{-\alpha Y}) \cdot [U_e(X) + \sum_{n=1}^{N} a_n(X) e^{-n\alpha Y} \qquad (2)$$

Geschwindigkeit: $u = u_\infty U$ [m/s]

Dimensionslose Wandschubspannung:

$$T_w = \left.\frac{\partial U}{\partial Y}\right|_{Y=0} = \alpha(U_e + \sum_{n=1}^{N} a_n) \qquad (3)$$

Wandschubspannung: $\tau_w = (\rho \cdot u_\infty^2 \, Re^{-1/2}) \, T_w$ [(kg/m³) (m/s)² = (kg (m/s²)/m²) = N/m²]

Dimensionslose Verdrängungsdicke:

$$\Delta_1 = \int_0^\infty (1 - \frac{U}{U_e}) dY = \frac{1}{\alpha U_e} \left[U_e + \sum_{n=1}^{N} a_n \left(\frac{1}{n+1} - \frac{1}{n} \right) \right] \qquad (4)$$

Verdrängungsdicke: $\delta_1 = (l \, Re^{-1/2}) \, \Delta_1$ [m]

Simulationsmodell

Das Simulationsprogramm wurde für $N = 3$ (drei Approximationsterme) entwickelt, da für drei simultane Differentialgleichungen die Lösung des Gleichungssystems (1) für die Veränderungsraten $ADOT$ (= da_n/dX) der Approximationsparameter A (= a_n) auch noch ohne indizierte Variablen geleistet werden kann (die erst in anspruchsvoller Simulationssoftware vorgesehen sind). Wo eine solche Software verfügbar ist, kann das Programm unter Verwendung von Matrizen umgeschrieben und dann auch für Approximationen höherer Ordnung verwendet werden, die zu noch genaueren Ergebnissen führen. Die mit $N = 3$ erzielten Ergebnisse haben bereits hohe Genauigkeit und unterscheiden sich nur geringfügig von exakten Lösungen. Die in der Simulationssoftware intern verwendete unabhängige Variable *Time* wird als Raumkoordinate X umdefiniert.

Die Simulationsanweisungen zur Berechnung der Grenzschichtströmung an einem Kreiszylinder mit Absaugung sind im Folgenden vollständig aufgelistet. Die Simulationsdiagramme sind in Abb. Z214a bis c wiedergegeben.

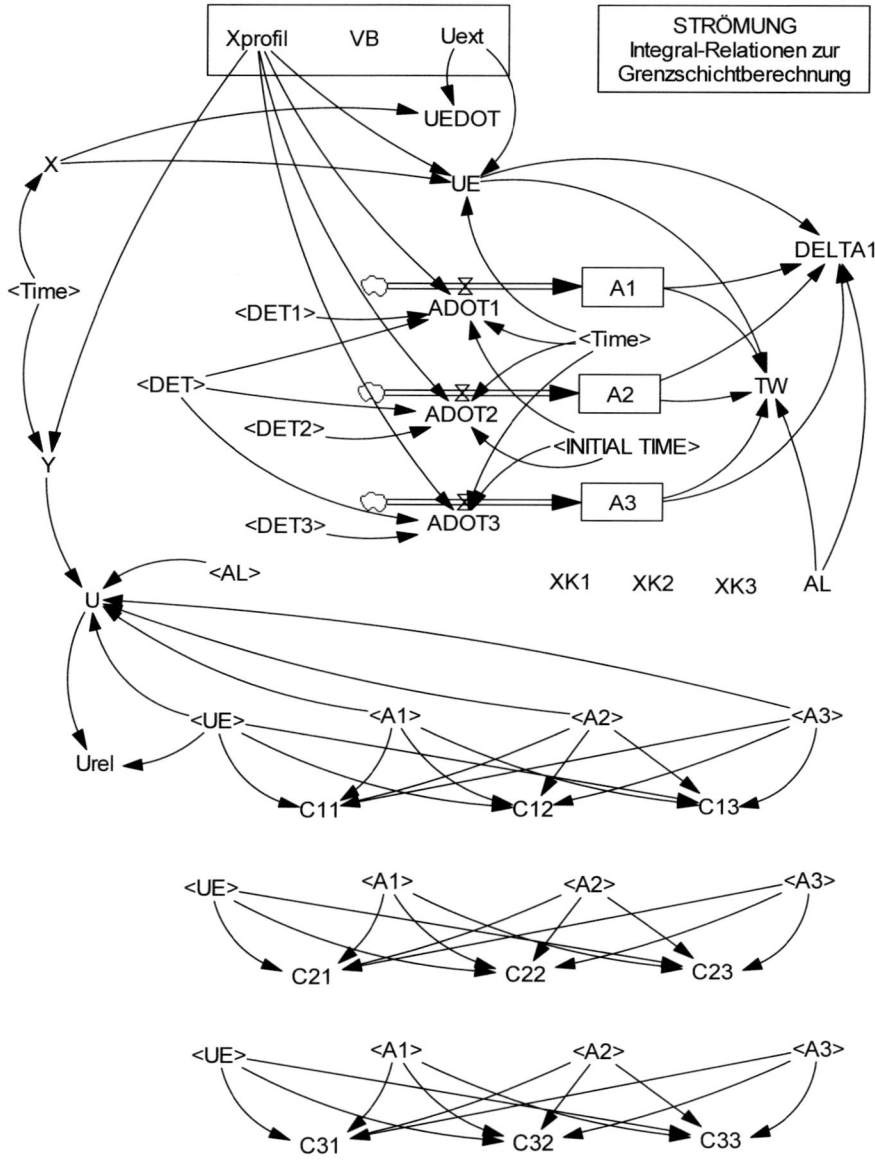

Abb. Z214a: Simulationsdiagramm für die Grenzschichtberechnung – Teil 1.

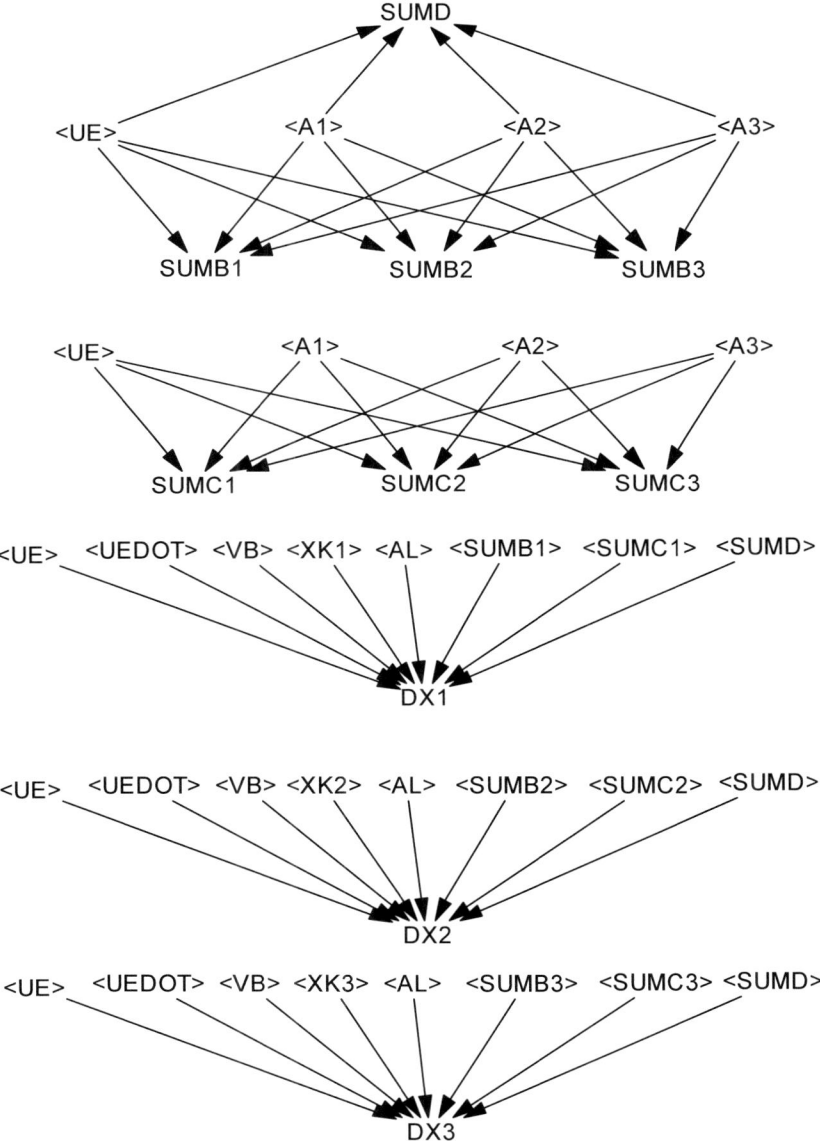

Abb. Z214b: Simulationsdiagramm für die Grenzschichtberechnung – Teil 2.

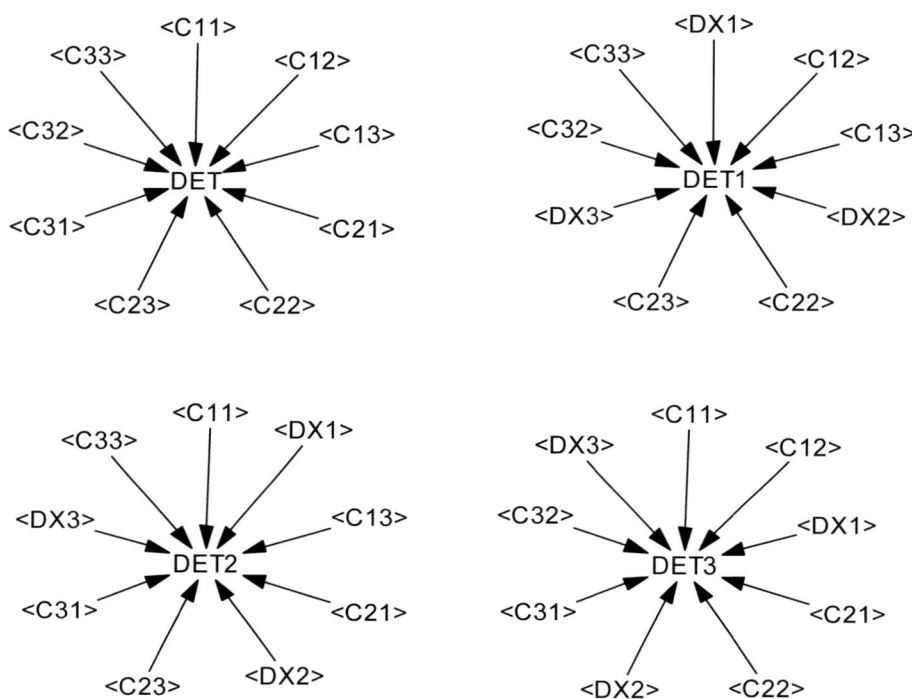

Abb. Z214c: Simulationsdiagramm für die Grenzschichtberechnung – Teil 3.

Zunächst werden die Strömungsgeschwindigkeit außerhalb der Grenzschicht (UE) und die Absaugegeschwindigkeit (VB) angegeben. Die konstanten Koeffizienten $P(k, l, n)$, $Q(k, l)$ und $R(k, l)$ wurden für den Fall $N = 3$ mit Standard-Programmsoftware (wie Visual Basic) vorher berechnet und in die Berechnungen für die Koeffizienten der Systemmatrix $C_{n,k}$ und die in den rechten Seiten D_k verwendeten Summen eingesetzt. Mit der Cramerschen Regel ergaben sich aus der Systemmatrix und dem Spaltenvektor der rechten Seite die Veränderungsraten $ADOT_n$ der drei Zustandsgrößen A_n. Sie werden numerisch integriert (Runge-Kutta-4, TIME STEP = 10^{-4}). Mit den A_n werden (mit Gl. 2 bis 4) die lokale Wandschubspannung (TW), die Verdrängungsdicke (DELTA 1) und das lokale Geschwindigkeitsprofil (U) berechnet.

Da die Simulationssoftware für gewöhnliche Differentialgleichungen nur die Integration und Darstellung der Ergebnisse in Bezug auf eine einzige unabhängige Variable vorsieht (meist die Zeit), können die lokalen Geschwindigkeitsprofile nicht laufend berechnet und gespeichert werden. Die berechneten Zeitreihen für die Approximationsparameter können aber in ein Tabellen-Kalkulationsprogramm übertragen werden, um damit die Geschwindigkeitsprofile an jeder beliebigen Stelle zu berechnen.

Hier wird ein einfacherer Weg beschritten: An einer vorher vom Benutzer angegebenen Stelle *Xprofil* werden die Veränderungsraten *ADOT* auf Null gesetzt. Im weiterlaufenden Programm werden jetzt die Schritte von *Time* (bzw. *X*) als Schritte in der *Y*-Richtung umdefiniert, um damit das Geschwindigkeitsprofil in dieser Richtung zu berechnen (*U* bzw. *Urel = U/Ue*). Bei *Urel*(*Y*) ist die Geschwindigkeit in der Grenzschicht auf die Geschwindigkeit an ihrem Rand (*Ue*) normiert (und daher dort = 1). Das Geschwindigkeitsprofil lässt sich als *U*(*Y*) vom Programm zeichnen.

Parameter des Simulationsfalls (*Kreiszylinder Ue = Uext sin (x/R), Absaugung Vb*)
Uext = 1 [1]
UE = IF THEN ELSE (Time < Xprofil, Uext *sin(X), Uext *sin(Xprofil)) [1]
UEDOT = Uext *cos(X) [1]
VB = -0.5 [1] *Absaugung negativ*
Xprofil = 2 [1]
X = Time [1] *Die interne unabhängige Variable Time wird als x-Koordinate benutzt*

Konstanten
AL = 1 [1]   XK1 = 1 [1]   XK2 = 2 [1]   XK3 = 3 [1]

Veränderungsraten der Profilparameter
(sobald X = XProfil erreicht ist, bleiben die Profilparameter konstant, um das Geschwindigkeitsprofil an dieser Stelle zu berechnen)
ADOT1 = IFTHENELSE ((Time<Xprofil) :AND: (Time>INITIAL TIME), DET1/DET, 0) [1]
ADOT2 = IFTHENELSE ((Time<Xprofil) :AND: (Time>INITIAL TIME), DET2/DET, 0) [1]
ADOT3 = IFTHENELSE ((Time<Xprofil) :AND: (Time>INITIAL TIME), DET3/DET, 0) [1]

Integration der Profilparameter, mit Anfangswerten
A1 = INTEG (ADOT1, 1.06658 *INITIAL TIME) [1]
     Staupunkt: 1.06658, Blasius: -2.38035
A2 = INTEG (ADOT2, -1.32149 *INITIAL TIME) [1]
     Staupunkt: -1.32149, Blasius: 3.60073
A3 = INTEG (ADOT3, 0.45108 *INITIAL TIME) [1]
     Staupunkt: 0.45108, Blasius: -2.00504

Determinanten zur Berechnung der Veränderungsraten
DET = C11 *C22 *C33 +C12 *C23 *C31 +C13 *C21 *C32 -C13 *C22 *C31 -C12 *C21
     *C33 -C11 *C23 *C32 [1]
DET1 = DX1 *C22 *C33 +C12 *C23 *DX3 +C13 *DX2 *C32 -C13 *C22 *DX3 -C12
     *DX2 *C33 -DX1 *C23 *C32 [1]
DET2 = C11 *DX2 *C33 +DX1 *C23 *C31 +C13 *C21 *DX3 -C13 *DX2 *C31 -DX1
     *C21 *C33 -C11 *C23 *DX3 [1]
DET3 = C11 *C22 *DX3 +C12 *DX2 *C31 +DX1 *C21 *C32 -DX1 *C22 *C31 -C12
     *C21 *DX3 -C11 *DX2 *C32 [1]

Koeffizienten der Systemmatrix mit Faktoren P [4]
C11 = UE/24 +A1/24 +A2/40 +A3/64.6154 [1]
C12 = UE/120 +A1/51.4286 +A2/72 +A3/105 [1]
C13 = UE*0 +A1/96.9231 +A2/118.588 +A3/160 [1]
C21 = UE/60 +A1/60 +A2/84 +A3/120 [1]
C22 = UE/180 +A1/114.546 +A2/140 +A3/184.39 [1]
C23 = UE/630 +A1/201.6 +A2/219.13 +A3/270 [1]
C31 = UE/120 +A1/120 +A2/152.727 +A3/201.6 [1]
C32 = UE/280 +A1/210 +A2/240 +A3/296.471 [1]
C33 = UE/672 +A1/347.586 +A2/360 +A3/420 [1]

Rechte Seiten der Differentialgleichungen
DX1 = -UEDOT*SUMB1 -(VB*XK1-XK1^2) *SUMC1 +UE*UEDOT/XK1 -AL*SUMD [1]
DX2 = -UEDOT*SUMB2 -(VB*XK2-XK2^2) *SUMC2 +UE*UEDOT/XK2 -AL*SUMD [1]
DX3 = -UEDOT*SUMB3 -(VB*XK3-XK3^2) *SUMC3 +UE*UEDOT/XK3 -AL*SUMD [1]

Teilsummen mit Faktoren Q, R
SUMB1 = UE/4 +A1/9 +A2/19.4595 +A3/36.3636 [1]
SUMB2 = UE/18 +A1/27.6923 +A2/46.1538 +A3/73.2558 [1]
SUMB3 = UE/48 +A1/63.1579 +A2/91.3044 +A3/130.667 [1]
SUMC1 = UE/2 +A1/6 +A2/12 +A3/20 [1]
SUMC2 = UE/6 +A1/12 +A2/20 +A3/30 [1]
SUMC3 = UE/12 +A1/20 +A2/30 +A3/42 [1]
SUMD = UE +A1 +A2 +A3 [1]

Wandschubspannung, Verdrängungsdicke
TW = AL*(UE +A1 +A2 +A3) [1]
DELTA1 = (1/(AL*UE)) *(UE +A1*(1/2-1) +A2*(1/3-1/2) +A3*(1/4-1/3)) [1]

Profilberechnung bei X = Xprofil
Y = (Time-Xprofil)*10 [1]
U = (1 -EXP(-AL*Y))*(UE +A1*EXP(-AL*Y) +A2*EXP(-2*AL*Y) +A3*EXP(-3*AL*Y)) [1]
Urel = U/UE [1]

Simulationszeitparameter
INITIAL TIME = 0.01 [1]
FINAL TIME = 3 [1]
TIME STEP = 1e-004 [1 [0], SAVEPER = 0.001 [1]

---

[4] Der Koeffizient C_{21} war inkorrekt in der 1. Auflage von *Systemzoo 1* (2004) und führte dort zu fehlerhaften Simulationsergebnissen.

Simulationsergebnisse

Die Ergebnisse für die Strömung in der laminaren Grenzschicht an einem Kreiszylinder mit Absaugung zeigen die Abb. Z214d bis f. Die Strömung an einem Kreiszylinder hat vieles gemeinsam mit der Strömung um ein Tragflächenprofil – anfangs Beschleunigung der Strömung beginnend am Staupunkt (Geschwindigkeit Null), danach Verzögerung hinter der größten Profildicke und schließlich Ablösung der Strömung, Verwirbelung und Turbulenz. Der Ablösepunkt, an dem die Wandschubspannung auf Null sinkt und eine Rückströmung einsetzt, markiert auch gleichzeitig das Ende des Bereichs, an dem die (parabolischen) Grenzschichtgleichungen für die Strömungsberechnung gültig sind. Dies wird auch in der Simulation deutlich: kurz vor diesem Punkt werden die Gradienten sehr groß und die Rechnung produziert unrealistische Ergebnisse. Im Falle der Absaugung löst sich die Strömung nahe $X = 2$ ab (was sich auch aus dem Verlauf der Wandschubspannung T_w schließen lässt, die dort Null wird.)

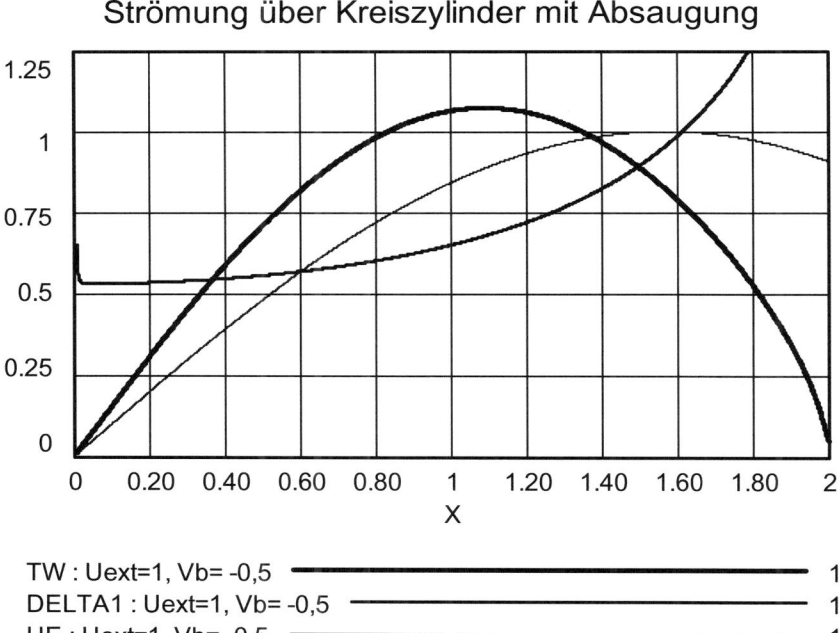

Strömung über Kreiszylinder mit Absaugung

TW : Uext=1, Vb= -0,5		1
DELTA1 : Uext=1, Vb= -0,5		1
UE : Uext=1, Vb= -0,5		1

Abb. Z214d: Verlauf von Wandschubspannung, Verdrängungsdicke und Geschwindigkeit in der reibungsfreien Strömung am Kreiszylinder mit Absaugung.

Die Ergebnisse in dimensionslosen Größen müssen mit den oben angegebenen Beziehungen (Gl. 2 bis 4) in reale Größen umgerechnet werden. So ergibt sich beispielsweise aus der gleichen dimensionslosen Rechnung, dass Wandschubspannung und Grenzschichtdicke bei der Strömung in einem zähen Medium (z.B. Öl) viel größer sein werden als in einem wenig zähen (z.B. Wasser).

Abb. Z214d zeigt die (dimensionslosen) Größen U_e, Wandschubspannung T_w und Verdrängungsdicke Δ_1 als Funktion des Winkels X (Strecke x auf der Zylinderoberfläche geteilt durch seinen Radius, $X = x/R$). Die Strömungsgeschwindigkeit außerhalb der Grenzschicht ist vorgegeben als $U_e = \sin X = \sin x/R$. Sie ist Null am Staupunkt ($X = 0$) und hat ihr Maximum von $U_e = 1$ an der dicksten Stelle, d.h. bei $X = \pi/2 = 1.57$ (für $R = 1$). Dieser Fall ist von mehreren Autoren berechnet worden (Terrill 1960, Schönauer 1964, Bethel 1968), so dass Vergleiche möglich sind. Die Wandschubspannung T_w hat ihr Maximum bei $X \approx 1$, d.h. bei etwa 60 Grad. Danach sinkt sie ab, um am Ablösepunkt bei $X \approx 2$ (etwa 115 Grad) Null zu erreichen. Die Verdrängungsdicke wächst kontinuierlich, und zwar besonders stark hinter der größten Profildicke, wo sich die Geschwindigkeit U_e wieder verlangsamt. Die Ergebnisse decken sich sehr genau mit denen der anderen Autoren. Werden noch mehr Approximationsglieder berücksichtigt, so lässt sich die Genauigkeit weiter erhöhen (Bossel 1970b).

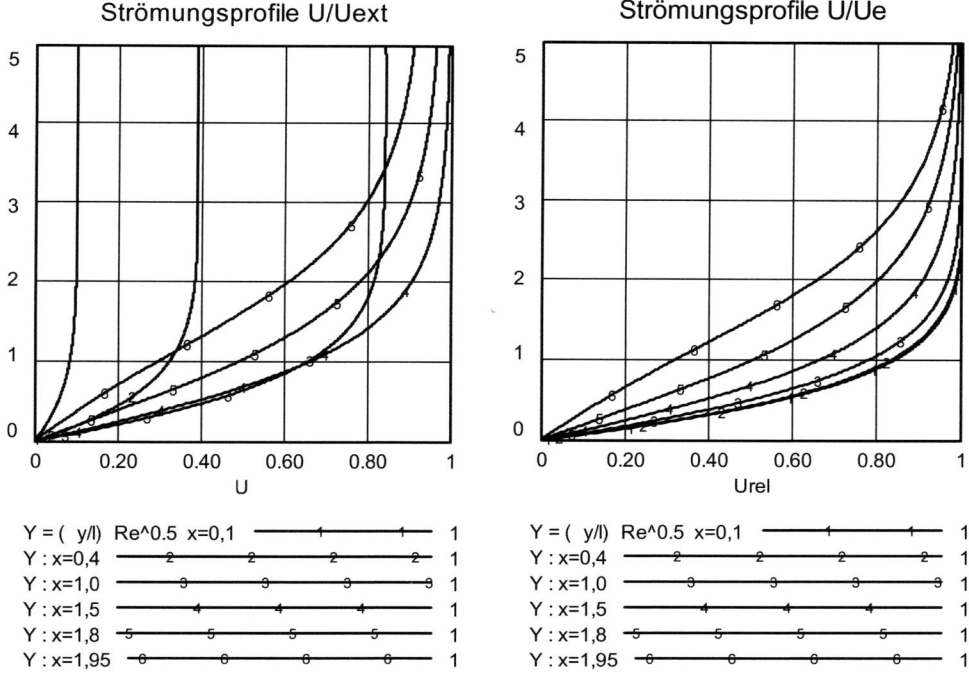

Abb. Z214e: Geschwindigkeitsprofile in der Grenzschicht.
Abb. Z214f: Auf die reibungsfreie Außenströmung normierte Geschwindigkeitsprofile in der Grenzschicht.

Abb. Z214e für die (relative) Geschwindigkeit (U/U_{ext}) zeigt, wie sich die Strömung im vorderen Teil des Zylinders rasch von Null am Staupunkt auf die Maximalgeschwindigkeit (bei 90 Grad, d.h. $X = 1.57$) beschleunigt, um sich hinter der größten Dicke wieder zu verlangsamen. In Abb. Z214f sind die auf die Geschwindigkeit U_e am Grenzschichtrand normierten Geschwindigkeitsprofile gezeigt. Hier wird auch deutlich, wie sich mit zunehmender Annäherung an den Ablösepunkt die Strömungsgeschwindigkeit in der Wandnähe zunehmend verlangsamt.

Abb. Z214g zeigt Ergebnisse der Grenzschichtberechnung für einen Kreiszylinder *ohne* Absaugung. In diesem Fall wächst die Grenzschichtdicke rascher, und die Grenzschicht löst sich früher ab.

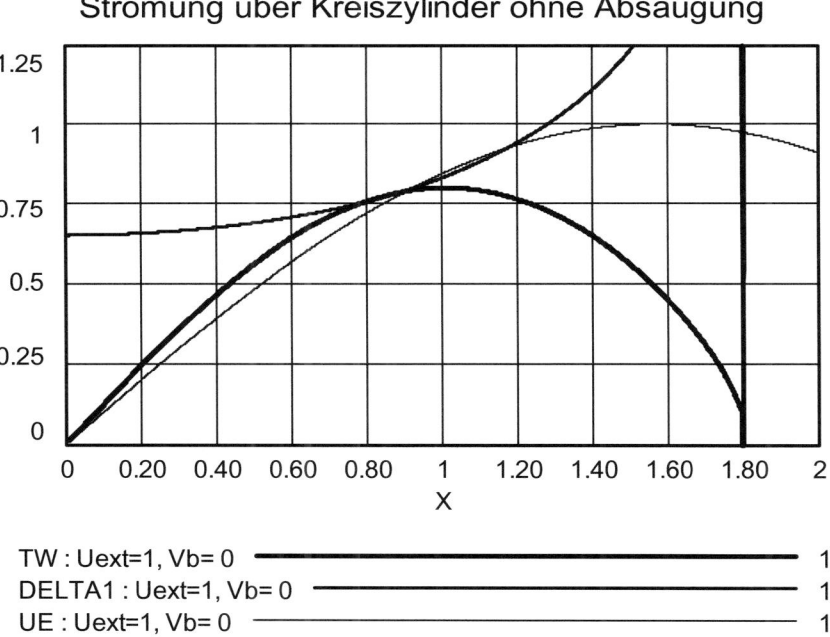

Abb. Z214g: Verlauf von Wandschubspannung, Verdrängungsdicke und Geschwindigkeit in der reibungsfreien Strömung am Kreiszylinder *ohne* Absaugung.

Arbeitsvorschläge

1. Untersuchen Sie den Einfluss der Rechenschrittweite auf die „Glätte" der Ergebnisse (mit Runge-Kutta-4). Vergleichen sie die Werte für einige Schlüsselgrößen (wie T_w, a_k) für gleiche X-Stellen für zunehmend kleinere Rechenschrittweite. Können Sie Konvergenz feststellen? Wie erklärt sich, dass der Fehler bei zunehmend kleiner Schrittweite

schließlich wieder größer wird? Welche Schrittweite empfehlen Sie?

2. Variieren Sie die Außengeschwindigkeit U_{ext} sowie die Absauge- oder Ausblasgeschwindigkeit v_b. Welche Konsequenzen hat das besonders für Wandschubspannung, Verdrängungsdicke und Ablösepunkt?

3. Rechnen Sie die dimensionslosen Ergebnisse um in reale Strömungen, z.B. um einen Mast mit $l = R = 2$ m bei Strömungsgeschwindigkeit $U_{ext} = 10$ m/s bei kinematischer Zähigkeit von (a) Wasser (bei 20°C): $v = 1 \cdot 10^{-6}$ [m^2/s], (b) Luft (bei 20°C): $v = 15 \cdot 10^{-6}$. Berechnen und vergleichen Sie die Grenzschichtprofile bei $X = 1$.

4. Verändern Sie das Programm durch Vorgabe der entsprechenden Außen- und Absaugegeschwindigkeit, um damit andere Strömungen z.B. an einer ebenen Platte mit diskontinuierlicher Absaugung (s. hierzu Bossel 1970) oder für die vorgegebene Geschwindigkeitsverteilung an einem Tragflächenprofil zu berechnen. Versuchen Sie, eine Geschwindigkeitsverteilung mit oder ohne Absaugung vorzusehen, die den Ablösepunkt möglichst weit nach hinten verschiebt.

5. Falls eine Simulationssoftware verfügbar ist, bei der mit indizierten Variablen und Matrizen gearbeitet werden kann, entwickeln Sie das Verfahren für diese Software und berechnen Sie verschiedene Fälle für $N = 2$ bis 5 oder 10. Prüfen Sie die Konvergenz der Ergebnisse für zunehmendes N und entscheiden Sie, welches N für ausreichend genaue Ergebnisse empfohlen werden kann.

6. Implementieren Sie das in Bossel 1970 beschriebene etwas komplexere Verfahren, bei dem noch eine Streckungsfunktion $g(X)$ eingeführt wurde. Berechnen Sie Fälle wie die oben erwähnten.

7. Untersuchen Sie die Einflüsse der Exponenten α (*AL*) und σ_k (*XK1*, *XK2*, *XK3*) auf Ergebnisse und Konvergenz.

8. Klären Sie (z.B. anhand Bossel 1970a, 1970c, 1971, Mitra und Bossel 1971) welche Ergänzungen und Änderungen eingeführt werden müssen, um das Verfahren auch für Wirbel- und Strahlströmungen und für kompressible Strömungen anwenden zu können.

Literaturhinweise

Bossel, H. 1969a: Vortex Breakdown Flowfield. *Physics of Fluids*, Vol. 12, No. 3, March 1969, pp. 498-508.

Bossel, H. 1996b: Computation of Axisymmetric Contractions. *AIAA Journal*, Vol. 7, No. 10, October 1969, pp. 2017-2020.

Bossel, H. 1970a: Use of Exponentials in the Integral Solution of the Parabolic Equations of Boundary Layer, Wake, Jet, and Vortex Flows. *Journal of Computational Physics*, Vol. 5, No. 3, 1970, pp. 359-382.

Bossel, H. 1970b: Boundary Layer Computation by an N Parameter Integral Method Using Exponentials. *AIAA Journal*, Vol. 8, No. 10, October 1970. pp. 1840-1845.
Achtung: Die dort auf S. 1842 rechts unten angegebene Formel für P muss korrekt lauten: $P(k, l, n) = 2 [\sigma_k + \dots$

Bossel, H. 1970c: Vortex Computation by the Method of Weighted Residuals Using Exponentials. *AIAA Journal*, Vol. 9, No. 10, 1971, pp. 2327-2334.

Mitra, N. K., Bossel, H. 1971: Compressible Boundary Layer Computation by the Method of Weighted Residuals Using Exponentials. *AIAA Journal*, Vol. 9, No. 12, 1971, pp. 2370-2377.

Bossel, H. 1971: Study of Vortex Flows at High Swirl by an Integral Method using Exponentials. *Lecture Notes in Physics*, Vol. 8, Springer-Verlag, New York 1971, pp. 365-370.

Terrill, R. M. 1960: Laminar Boundary-Layer Flow Near Separation With and Without Suction. *Philosophical Transactions of the Royal Society*, London, Vol. A 253, Sept. 1960, pp. 55-100.

Schlichting, H. 1960: *Boundary Layer Theory*. McGraw Hill, New York, 4th ed.

Bethel, H. E. 1968: Approximate Solution of the Laminar Boundary-Layer Equations with Mass Transfer. *AIAA Journal*, Vol. 6, No. 2, Feb. 1968, pp. 220-225.

Schönauer, W. 1964: Ein Differenzenverfahren zur Lösung der Grenzschichtgleichung für stationäre, laminare, inkompressible Strömung. *Ingenieur-Archiv*, Vol. 33, 1964, pp. 173-189.

SYSTEMZOO VERÖFFENTLICHUNGEN
von Hartmut Bossel

Systemzoo 1 – Elementarsysteme, Technik und Physik
Books on Demand, Norderstedt 2004/2007, 208 p. (ISBN 3-8334-1239-9)

Systemzoo 2 – Klima, Ökosysteme und Ressourcen
Books on Demand, Norderstedt 2004, 236 p. (ISBN 3-8334-1240-2)

Systemzoo 3 – Wirtschaft, Gesellschaft und Entwicklung
Books on Demand, Norderstedt 2004, 308 p. (ISBN 3-8334-1241-0)

Systeme, Dynamik, Simulation –
Modellbildung, Analyse und Simulation komplexer Systeme
Books on Demand, Norderstedt 2004, 400 p. (ISBN 3-8334-0984-3)

Systemzoo CD – 100 Simulationsmodelle
co.Tec Verlag, Rosenheim 2005

Weltmodell World3-03 – Simulationsmodell CD
co.Tec Verlag, Rosenheim 2006, (ISBN 3-86563-387-0)

Bücher und CDs erhältlich im lokalen oder Internet-Buchhandel

English publications *(distribution outside German speaking area, available in local and internet book stores):*

System Zoo 1 Simulation Models – Elementary Systems, Physics, Engineering
Books on Demand, Norderstedt, 2007, 184 p. (ISBN 978-3-8334-8422-3)

System Zoo 2 Simulation Models – Climate, Ecosystems, Resources
Books on Demand, Norderstedt, 2007, 204 p. (ISBN 978-3-8334-8423-0)

System Zoo 3 Simulation Models – Economy, Society, Development
Books on Demand, Norderstedt, 2007, 272 p. (ISBN 978-3-8334-8424-7)

Systems and Models – Complexity, Dynamics, Evolution, Sustainability
Books on Demand, Norderstedt, 2007, 372 p. (ISBN 978-3-8334-8121-5)